TURING 图灵程序设计丛书

POWERSHELL FOR SYSADMINS

PowerShell实战

[美] 亚当·伯特伦（Adam Bertram）◎著

安道 ◎ 译

U0300085

人民邮电出版社

北　京

图书在版编目（CIP）数据

PowerShell实战 /（美）亚当•伯特伦
(Adam Bertram) 著 ; 安道译. -- 北京 : 人民邮电出版
社, 2022.5
（图灵程序设计丛书）
ISBN 978-7-115-59050-3

Ⅰ. ①P… Ⅱ. ①亚… ②安… Ⅲ. ①Windows操作系
统 Ⅳ. ①TP316.7

中国版本图书馆CIP数据核字(2022)第051725号

内 容 提 要

本书通过大量实例带领系统管理员将成千上万的日常任务自动化，构建自定义工具，充分利用神通广大的 PowerShell。全书分为三大部分。第一部分概述 PowerShell 的基本功能和用法，以及一些基本的编程概念，如变量、对象、函数、模块等。第二部分详述日常任务的自动化，内容包括如何解析结构化数据，以及如何构建服务器管理工具。第三部分介绍如何构建模块，内容涉及优秀的模块设计策略，以及将测试服务器环境自动化，预置 Hyper-V 虚拟机，安装操作系统，部署和配置 SQL 服务器等。

本书适合初级和中级系统管理员阅读。此外，DevOps 工程师也可以通过本书了解如何用 PowerShell 执行自动化测试或将持续交付流水线自动化。

◆ 著　[美] 亚当•伯特伦（Adam Bertram）
译　安 道
责任编辑　张海艳
责任印制　彭志环

◆ 人民邮电出版社出版发行　北京市丰台区成寿寺路 11 号
邮编　100164　电子邮件　315@ptpress.com.cn
网址　https://www.ptpress.com.cn
固安县铭成印刷有限公司印刷

◆ 开本：800×1000　1/16
印张：16.75　　2022年 5 月第 1 版
字数：374千字　　2024 年 10 月河北第 5 次印刷

著作权合同登记号　图字：01-2021-1725号

定价：89.80元

读者服务热线：(010)84084456-6009　印装质量热线：(010)81055316

反盗版热线：(010)81055315

广告经营许可证：京东市监广登字 20170147 号

版权声明

Copyright © 2020 by Adam Bertram. Title of English-language original: *PowerShell for Sysadmins*, ISBN 9781593279189, published by No Starch Press Inc. 245 8th Street, San Francisco, California United States 94103. Simplified Chinese-language edition copyright © 2022 by Posts and Telecom Press. All rights reserved.

No part of this work may be reproduced or transmitted in any form or by any means, electronic or mechanical, including photocopying, recording, or by any information storage or retrieval system, without the prior written permission of the copyright owner and the publisher.

本书中文简体字版由 No Starch Press 授权人民邮电出版社有限公司独家出版。未经出版者书面许可，不得以任何方式复制或抄袭本书内容。

版权所有，侵权必究。

献给敢于质疑现状、勇于挑战公司因循守旧文化、努力打破陈规的人们。

推 荐 序

从 2016 年开始，细心的 Windows 10 用户发现，右键单击桌面的开始按钮，“命令提示符”选项不见了，取而代之的是“Windows PowerShell”。这意味着存在多年的“小黑窗”遇到了变革。事实上，PowerShell 的第一个版本发布于 2006 年。作为新式的命令行 shell、脚本语言和配置管理框架，它已伴随我们走过 16 个年头。如今 PowerShell 已成为 Windows 高级用户、企业 IT 工程师、云服务管理员得心应手的利器。2016 年，开源及跨平台版推出后，PowerShell 在 Windows、Linux 和 macOS 平台上迎来了快速增长期，甚至使 Linux 用户成为 PowerShell 的核心用户。

PowerShell 之父 Jeffrey Snover 介绍了开发 PowerShell 项目的动机——主要是由于 Windows 和 Linux 核心架构的区别。在 Linux 中，一切管理操作的配置都是文本文件，因此所有的管理类软件其实就是处理文本文件的程序。而 Windows 其实是基于 API 的操作系统，所有的 API 返回的都是结构化的数据，因此那些 Unix 软件没什么帮助。这些需求推动了 PowerShell 的诞生。

从诞生之初，PowerShell 就具有一系列惊艳的特点。

- 一致性的设计，语法、命名清晰明了。
- 简单易学，能兼容现有的脚本程序和命令行工具。
- 内置丰富的标准命令（cmdlet），在默认环境下即可完成常见的系统管理工作。
- 具备完整的扩展体系（PowerShellGet）、庞大的模块和脚本市场（PowerShell Gallery）。
- 完整的强类型支持。它构建在.NET CLR 基础之上，能接受并返回.NET 对象。对象甚至能在管道和进程之间传递。
- 最新的 PowerShell 7 是开源和跨平台的，其推动的不仅是一家企业的产品，而是整个行业。

伟大的设计必然对应宏大叙事，理论上需要一部鸿篇巨著才能将诸多特性介绍清楚。而当出版社向我推荐这本《PowerShell 实战》（英文原版名为 *PowerShell for Sysadmins: Workflow Automation Made Easy*）时，粗略浏览目录后，我感到十分惊讶——作者是如何仅用区区 200 多页的篇幅，兼顾语法基础、操作实战，以至完成大型项目？带着浓浓的好奇心，我读完了整本书。

作者的写作思路是针对 IT 系统管理员完成日常管理任务这一核心目标，循序介绍必要的知识，以任务目标为导向带领读者逐步构建实用的脚本，穿插介绍有用的技巧、设计模式和最佳实践。对于有兴趣的读者，作者还给出了获取扩展资料的指引，这是一种友好的结构。全书分为三个部分，层层递进。第一部分用近全书一半的篇幅介绍 PowerShell 语法、远程处理功能、自动化测试框架，这是一切后续行动的基础。语法部分避免“回字有四种写法”的枯燥理论，例如只介绍[CmdletBinding()]高级函数的编写，但不再介绍基本函数。而对错误处理，则重点着墨，有利于培养技术人员良好的素养。第二部分带领读者完成管理报表、AD 管理、Azure 管理、AWS 管理等日常管理任务，让读者在理论学习和动手实践的结合中产生现实收益。第三部分带领读者构建一款名为 PowerLab 的 PowerShell 模块，不时地放慢脚步对代码进行重构整理，使脚本随时处于可阅读、可维护的最佳状态。无论是 PowerShell 新手、高级用户，还是 IT 运维人员，都能从中受益。

致敬原著者 Adam Bertram（微软 Cloud and Datacenter Management MVP）、中文版译者安道，愿本书为你开启奇妙的 PowerShell 之旅。

吴波
微软 Cloud and Datacenter Management MVP

前　言

在IT行业摸爬滚打多年，我的工作经历可谓丰富多彩：做过服务台接线员，深入一线；做过技术员，上门指导用户重启设备；做过系统管理员，维护服务器；做过系统工程师，设计并构建解决方案；还做过网络工程师，知道了OSPF和RIP路由之间的区别。

直到接触PowerShell，我才发现自己对一项技术竟然能产生如此大的热情。PowerShell深深改变了我的生活，我的职业生涯也因此发生了巨大变化。在这门语言的助力下，我的工作蒸蒸日上，我不仅为团队节省了大量时间，还第一次拿到了六位数的年薪。PowerShell如此强大，令我不忍独享，决心与世人分享。自此之后，我连续五年获得了微软MVP奖项。

借助本书，我要告诉你如何使用PowerShell自动执行众多任务，如何自己构建工具以省下购买现成产品的经费，以及如何整合各种工具。或许你无心成为PowerShell社区的活跃成员，但学习此语言能让你掌握很多企业急需的技能。

为什么使用 PowerShell

PowerShell可以追溯到2003年，那时称作Monad，旨在代替VBScript，以更直观的方式自动执行任务。PowerShell是一门通用的自动化、脚本和开发语言，它在脚本、自动化和运维人员之间架起了桥梁。PowerShell的目标是让用户通过脚本自动执行任务，无须学习计算机编程。这样的设计方式让缺少软件开发背景的系统管理员如鱼得水。对没有充足时间学习各种基础知识的系统管理员来说，PowerShell是一个优秀的助手。

经过不断的发展，PowerShell已经成为一门开源、跨平台的脚本和开发语言，无处不在。不仅可以使用PowerShell配置完整的服务器群，还能创建文本文件或设置注册表项。现今，支持PowerShell的软件产品和服务多达数千种，这得益于IT专业人士、开发人员、DevOps工程师、数据库管理员和系统工程师群体对 PowerShell 的接受度不断增长。

目标读者

如果你是 IT 专业人士或系统管理员，每日疲于在一成不变的 GUI 中四处点击，今年已经第 500 次执行同一个任务，那么本书正适合你。如果你是 DevOps 工程师，正在绞尽脑汁实现自动化搭建新服务器环境、执行自动化测试，或正在构建一套完整的自动化持续集成（continuous integration，CI）和持续交付（continuous delivery，CD）流水线，那么本书也适合你。

PowerShell 具有普适性，不只是特定人群才能使用。PowerShell 用户的传统工作角色是“Windows 商店”的微软系统管理员，但现在 PowerShell 几乎可以胜任所有 IT 运维工作。如果身处 IT 行业，且不是开发人员，那么本书就是为你编写的。

内容简介

本书采用实践教学法，具有大量示例和真实案例。我不会直接**告诉**你什么是变量，而是让你自己领会。如果想要一本传统的教科书，那么本书并不适合你。

我不会将 PowerShell 的功能拆散，逐个讲解，毕竟现实中不会这样使用。例如，我不会分别介绍函数和 `for` 循环的书面定义，而是让你分析当前面对的问题，了解如何结合多个特性来解决问题。

本书分为三个部分。第一部分讲解了 PowerShell 新手要掌握的知识，以便你能与老手融洽相处。如果技能处于中高级水平，可以直接跳到第 8 章阅读。

第 1~7 章介绍了 PowerShell 语言本身。这几章讲解了基础知识，阐明了如何获得帮助、如何探索新命令，以及与其他编程语言相通的一些概念，比如变量、对象、函数、模块和错误处理。

第 8 章介绍了如何用 PowerShell 远程处理功能连接远程计算机来执行命令。

第 9 章介绍了流行的 PowerShell 测试框架 Pester。这个框架贯穿本书，经常使用。

第二部分利用第一部分所学的知识来自动执行一些常见任务。

第 10~13 章讨论了如何解析结构化数据，以及很多 IT 管理员经常使用的服务，比如 Active Directory（AD）、微软 Azure 和 Amazon Web Services（AWS）。

第 14 章展示了如何构建工具，以便在自己的环境中清点服务器。

第三部分重点构建了名为 PowerLab 的 PowerShell 模块，借此演示了 PowerShell 的功能。这部分涵盖优秀的模块设计方式以及与函数相关的最佳实践。即便是资深 PowerShell 专家，也能从

第三部分中获益。

第 15~20 章介绍了如何使用 PowerShell 实现整个实验室的自动化，以及如何自动测试服务器环境，包括置备 Hyper-V 虚拟机、安装操作系统、部署及配置 IIS 和 SQL 服务器。

希望本书能让你体验到 PowerShell 的强大功能。对于初学者，希望本书能让你鼓足勇气，开始实现自动化；对于资深用户，希望本书能让你掌握一些之前并不熟悉的技巧。

开启脚本编程之旅吧！

电子书

扫描如下二维码，即可购买本书中文版电子书。

致　谢

没有爱妻 Miranda 的支持，我不可能完成本书，也不可能获得现在的成就。时间是宝贵的，在她的付出下，我的时间明显比别人更多。Miranda 应该算是 Bertram 家族的 CEO。我常年在外打拼，努力挣钱养家，她则在家照顾两个女儿、整理家务、料理三餐。如果没有她对我的支持和对孩子的照料，我不可能获得事业上的成功。

我还要感谢 Jeffrey Snover，感谢他发明了 PowerShell 脚本语言，这让我的生活发生了巨大变化。感谢 Jeff Hicks、Don Jones 和 Jason Helmick，感谢他们鼓励我积极融入社区。感谢微软、微软 MVP 奖项和其他激励项目让我取得了超出预期的成功。

目　　录

第三部分 自制模块

第一部分

基础知识

老话说得好，学会走之前要先学会爬。对使用 PowerShell 构建工具而言，道理也一样。本书第二部分和第三部分将教你构建一些强大的工具，但在此之前，需要学习语言基础。PowerShell 中高级用户可以跳过第一部分。即便有部分知识没有掌握，花费时间阅读整个第一部分或许也得不偿失。

然而，如果从未接触过 PowerShell，那么就不要略过这一部分。我们将探讨 PowerShell 语言并学习一些常用的结构。这一部分涵盖基本的编程概念，比如变量和函数，还会讲解如何编写脚本、如何远程运行，以及如何使用 Pester 测试。这一部分介绍的是基础知识，不会像第二部分和第三部分那样构建太多工具。这一部分将通过简单的示例让你掌握这门语言，一窥 PowerShell 的功能。开始学习吧！

第 1 章

上手体验

PowerShell 有两个指代，一个是命令行 shell，所有近期的 Windows 版本（从 Windows 7 开始）都已预装，较新的 Linux 和 macOS 操作系统也可通过 PowerShell Core 获取；另一个是脚本语言。二者结合构成一个框架，用于实现自动化，例如，一次自动重启 100 台服务器，或者构建一个完整的自动化系统来控制整个数据中心。

前几章将通过 PowerShell 控制台来熟悉 PowerShell 基础知识。掌握这些基础后，我们便可以学习更高级的话题，包括编写脚本和函数，以及自制模块。

本章涵盖的基础知识有：一些基础命令，以及如何查找和阅读帮助页面。

1.1 打开 PowerShell 控制台

本书示例使用 PowerShell v5.1，即 Windows 10 自带的版本。较新的版本功能更多，还修正了一些 bug，但 PowerShell 的基本句法和核心功能自第 2 版发布以来没有发生较大变化。

在 Windows 10 中打开 PowerShell 的方法是，在"开始"菜单中输入 PowerShell，你会立即看到 Windows PowerShell 选项呈现在面前，单击该选项即可打开一个蓝色控制台，其中有个闪烁的光标，如图 1-1 所示。

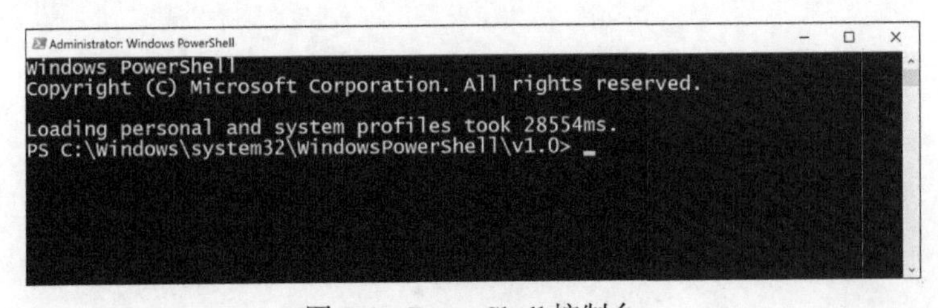

图 1-1　PowerShell 控制台

闪烁的光标表示 PowerShell 已经准备就绪，开始接受输入。注意，你的**提示符**（以 PS>开头的行）可能与我的不同。提示符中的文件路径指明了当前在系统中的位置。从图中控制台的标题可以看出，我在 PowerShell 图标上单击了右键，并选择以管理员身份运行。这样获得的权限完整无缺，而且一开始位于 C:\Windows\system32\WindowsPowerShell\v1.0 目录中。

1.2 使用 DOS 命令

打开 PowerShell 后便可以开始摸索使用了。如果以前用过 Windows 命令行（cmd.exe），你会惊喜地发现，那些熟悉的命令（如 cd、dir 和 cls）依然可以在 PowerShell 中使用。其实，这些所谓的 DOS“命令”并不是真的命令，而是命令的别名（或称作化名），可以将你掌握的命令转换成 PowerShell 能识别的命令。但现在你无须理解二者间的区别，它们就是你熟悉的 DOS 朋友。

我们来试试部分命令。PS>提示符就绪后，如果想查看某个目录的内容，那么首先使用 cd（change directory，变换目录）切换到该目录。这里进入了 Windows 目录。

```
PS> cd .\Windows\
PS C:\Windows>
```

Tab 键补全

注意，Windows 目录前面有一个点号，而且两侧都有一条反斜线，即.\Windows\。事实上，无须一个字符一个字符地输入，因为 PowerShell 控制台有一个很方便的功能，叫作 Tab 键补全，按下 Tab 键就可以根据当前已输入的内容遍历可用的命令。

例如，输入 GET-后按下 Tab 键，可以滚动选择所有以 Get-开头的命令。不断按下 Tab 键，备选命令会逐渐向前遍历；按 Shift-Tab 键则向后遍历。如 1.3 节所述，参数也支持 Tab 键补全：输入 Get-Content，然后按下 Tab 键。这里 PowerShell 不再遍历命令，而是会遍历 Get-Content 命令可用的参数。如果有所迟疑，那就按下 Tab 键试试吧！

进入 C:\Windows 文件夹后，可以使用 dir 命令列出当前目录中的内容，如代码清单 1-1 所示。

代码清单 1-1 使用 dir 命令显示当前目录中的内容

```
PS C:\Windows> dir


    Directory: C:\Windows
```

```
Mode                LastWriteTime         Length Name
----                -------------         ------ ----
d-----        3/18/2019   4:03 PM                addins
d-----         8/9/2019  10:28 AM                ADFS
d-----        7/24/2019   5:39 PM                appcompat
d-----        8/19/2019  12:33 AM                AppPatch
d-----        9/16/2019  10:25 AM                AppReadiness
--snip--
```

可以输入 cls 命令来清空屏幕，还你一个全新的控制台。如果熟悉 cmd.exe，可以试一下你知道的其他 cmd.exe 命令，看看能否使用。注意，大多数命令可以使用，但不是全部。如果想知道 PowerShell 支持哪些 cmd.exe 命令，可以打开 PowerShell 控制台，输入 Get-Alias，便可列出那些熟悉的 cmd.exe 命令，如下所示。

```
PS> Get-Alias
```

这个命令会输出所有内置的别名及其对应的 PowerShell 命令。

1.3　探索 PowerShell 命令

与大多数编程语言一样，PowerShell 也有命令——泛指一切具名的可执行表达式。命令的形式多样，可以是惯常的 ping.exe 工具，也可以是前面提到的 Get-Alias 命令。甚至还可以自建命令。但如果使用不存在的命令，则会看到一段不招人喜欢的红色错误文本，如代码清单 1-2 所示。

代码清单 1-2　输入的命令无法识别时，显示一段错误文本

```
PS> foo
foo : The term 'foo' is not recognized as the name of a cmdlet, function,
script file, or operable program. Check the spelling of the name, or if a
path was included, verify that the path is correct and try again.
At line:1 char:1
+ foo
+ ~~~
    + CategoryInfo          : ObjectNotFound: (foo:String) [], CommandNotFoundException
    + FullyQualifiedErrorId : CommandNotFoundException
```

执行 Get-Command 命令可以列出 PowerShell 默认支持的所有命令。可以从这个列表中发现一个常用的模式：多数命令的名称遵从“动词–名词”形式。这是 PowerShell 的一大特性。为了确保语言简洁直观，微软为命令名称制定了一些指导方针。尽管这种命名约定不是强制性的，但强烈推荐自建命令时遵守。

PowerShell 命令分为以下几类：cmdlet、函数、别名和外部脚本。微软提供的多数内置命令是 cmdlet，通常使用 C#等其他语言编写。执行 Get-Command 命令得到的结果中有一个 CommandType

字段，如代码清单 1-3 所示。

代码清单 1-3 显示 Get-Alias 命令的类型

```
PS> Get-Command -Name Get-Alias

CommandType     Name                Version    Source
-----------     ----                -------    ------
Cmdlet          Get-Alias           3.1.0.0    Microsoft.PowerShell.Utility
```

函数则是使用 PowerShell 编写的命令。为了完成手头的任务，我们编写的往往就是函数；cmdlet 一般留给 PowerShell 软件的开发者来写。cmdlet 和函数是 PowerShell 中最常使用的两种命令类型。

我们将使用 Get-Command 命令探索 PowerShell 中可用的众多 cmdlet 和函数。你会发现，如果只输入 Get-Command，不带任何参数，则控制台输出的内容很多，要向下滚动很长一段距离才能看完所有可用的命令。

在 PowerShell 中，很多命令有**参数**——提供（或传递）给命令的值，以用于定制命令的行为。例如，Get-Command 就有一些参数，用以指定只返回特定的命令，而不显示全部命令。浏览 Get-Command 的输出，你会注意到几个常用的动词，如 Get、Set、Update 和 Remove。你可能会想，以 Get 开头的命令是获取信息的，其他命令则是修改信息的。没错，你是对的。PowerShell 就是这么直来直往。命令的名称都很直观，一般都表明了其意图。

我们刚开始学习，肯定不想随意改动系统，而是想从不同的源头获取信息。鉴于此，可以将 Verb 参数传给 Get-Command 命令，从而限制性地列出使用动词 Get 的命令。为此，在提示符中输入下列命令：

```
PS> Get-Command -Verb Get
```

不难发现，这个命令输出的内容依然很多。可以再加上 Noun 参数，以指定名词部分为 Content，从而进一步限制输出结果，如代码清单 1-4 所示。

代码清单 1-4 只显示动词为 Get、名词为 Content 的命令

```
PS> Get-Command -Verb Get -Noun Content

CommandType     Name                Version    Source
-----------     ----                -------    ------
Cmdlet          Get-Content         3.1.0.0    Microsoft.PowerShell.Management
```

如果发现结果太少，可以只传递 Noun 参数，而不提供 Verb 参数，如代码清单 1-5 所示。

代码清单 1-5 只显示名词为 Content 的命令

```
PS> Get-Command -Noun Content

CommandType     Name               Version    Source
-----------     ----               -------    ------
Cmdlet          Add-Content        3.1.0.0    Microsoft.PowerShell.Management
Cmdlet          Clear-Content      3.1.0.0    Microsoft.PowerShell.Management
Cmdlet          Get-Content        3.1.0.0    Microsoft.PowerShell.Management
Cmdlet          Set-Content        3.1.0.0    Microsoft.PowerShell.Management
```

可以看到，Get-Command 命令支持分别提供动词和名词部分。如果想将整个命令作为一个整体传递，则需要使用 Name 参数来指定命令的完整名称，如代码清单 1-6 所示。

代码清单 1-6 通过名称查找 Get-Content cmdlet

```
PS> Get-Command -Name Get-Content

CommandType     Name               Version    Source
-----------     ----               -------    ------
Cmdlet          Get-Content        3.1.0.0    Microsoft.PowerShell.Management
```

前文说过，PowerShell 中的很多命令有定制行为的参数。可以通过 PowerShell 完善的帮助系统来学习参数的用法。

1.4 获取帮助

PowerShell 文档本身没有什么特别之处，可是文档和帮助内容集成到语言的方式着实令人佩服。本节将介绍如何在提示符窗口中显示命令的帮助页、如何通过“关于主题”获取关于语言的更多信息，以及如何使用 Update-Help 命令来更新文档。

1.4.1 显示文档

类似于 Linux 系统中的 man 命令，PowerShell 提供了 help 命令和 Get-Help cmdlet。如果想知道某个 Content cmdlet 的作用，可以将命令名称传给 Get-Help 命令，以获取帮助信息。帮助信息往往分成几部分，包括 SYNOPSIS、SYNTAX、DESCRIPTION、RELATED LINKS 和 REMARKS。这几部分详述了命令的作用、获取更多信息的途径，以及相关命令。Add-Content 命令的文档如代码清单 1-7 所示。

代码清单 1-7 Add-Content 命令的帮助页

```
PS> Get-Help Add-Content

NAME
```

```
    Add-Content

SYNOPSIS
    Appends content, such as words or data, to a file.

--snip--
```

将命令名称提供给 Get-Help 可以获得一些帮助信息，但帮助信息中最有用的部分是示例，即指定 Examples 参数。指定这个参数后将显示不同场景中的真实用例。可以试试用 Get-Help CommmandName -Examples 获取某个命令的帮助页，大部分内置命令提供了示例，以便你更好地理解命令的作用。例如，可以使用这个命令查看 Add-Content **cmdlet** 的用法示例，如代码清单 **1-8** 所示。

代码清单 1-8 获取 Add-Content 命令的用法示例

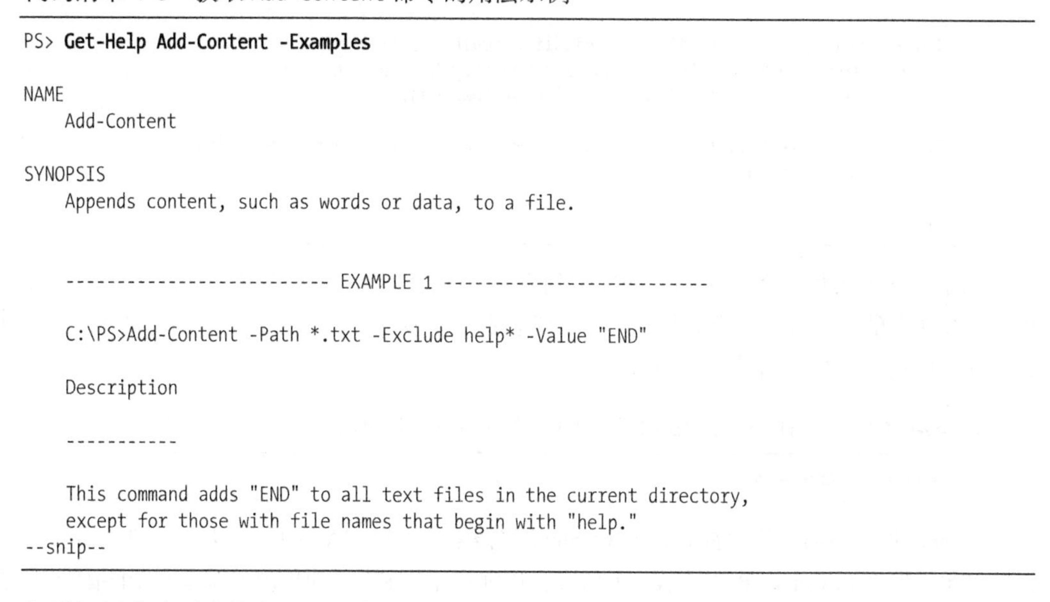

```
PS> Get-Help Add-Content -Examples

NAME
    Add-Content

SYNOPSIS
    Appends content, such as words or data, to a file.


    -------------------------- EXAMPLE 1 --------------------------

    C:\PS>Add-Content -Path *.txt -Exclude help* -Value "END"

    Description

    -----------

    This command adds "END" to all text files in the current directory,
    except for those with file names that begin with "help."
--snip--
```

如果想要获取更多信息，可以将 Detailed 和 Full 参数传给 Get-Help **cmdlet**，以全面阐述相应命令的用途。

1.4.2 学习一般主题

除了各个命令的帮助内容，PowerShell 的帮助系统还提供了“关于主题”，以便为更宽泛的主题和特定命令提供帮助信息。例如，本章将学习一些 PowerShell 核心命令，微软为这些命令创建了“关于主题”，从而对这些命令进行整体说明。查看核心命令的“关于主题”的方法是执行 Get-Help about_Core_Commands 命令，如代码清单 **1-9** 所示。

代码清单 1-9　PowerShell 核心命令的“关于主题”

```
PS> Get-Help about_Core_Commands
TOPIC
    about_Core_Commands

SHORT DESCRIPTION
    Lists the cmdlets that are designed for use with Windows PowerShell
    providers.

LONG DESCRIPTION
    Windows PowerShell includes a set of cmdlets that are specifically
    designed to manage the items in the data stores that are exposed by Windows
    PowerShell providers. You can use these cmdlets in the same ways to manage
    all the different types of data that the providers make available to you.
    For more information about providers, type "get-help about_providers".


    For example, you can use the Get-ChildItem cmdlet to list the files in a
    file system directory, the keys under a registry key, or the items that
    are exposed by a provider that you write or download.

    The following is a list of the Windows PowerShell cmdlets that are designed
    for use with providers:

--snip--
```

如果想获取可用“关于主题”的完整列表，可以在 Name 参数中使用通配符（wildcard）。PowerShell 中的通配符是一个星号（*），可代表零个或多个字符。Get-Help 命令的 Name 参数可以使用通配符，如代码清单 1-10 所示。

代码清单 1-10　在 Get-Help 命令的 Name 参数中使用通配符

```
PS> Get-Help -Name About*
```

在 About 后面加上通配符后，PowerShell 将搜索所有以“About”开头的主题。如果有多个匹配结果，那么 PowerShell 会显示一个列表，并简述各个主题。如果想要获取某个匹配结果的完整信息，则需要将完整名称直接传给 Get-Help 命令，如前面的代码清单 1-9 所示。

虽然 Get-Help 命令有个 Name 参数，但是也可以直接将参数值传给-Name，如代码清单 1-10 所示。这叫作**位置参数**，即通过参数在命令中的位置来判断参数的值。很多 PowerShell 命令支持位置参数，这是一种捷径，可以减少输入量。

1.5　更新文档

PowerShell 的帮助系统是一个很好的资源，可以帮助我们进一步学习这门语言，但帮助系统最为突出的一个特点是动态性。文档总有过时的一天。产品大都提供文档，可是 bug 在所难免，新特性不断发布，而系统中的文档一成不变。由于 PowerShell 的帮助系统是可以更新的，因此顺利解决了这个问题。PowerShell 内置的 cmdlet 以及其他人编写的 cmdlet 和函数可以指向网络中的一个 URI，其中存贮了最新的文档。输入 `Update-Help`，PowerShell 便会读取系统中的帮助信息，并与各个在线位置比对。

注意，尽管 PowerShell 内置的 cmdlet 都可以更新帮助信息，但这不是对第三方命令的强制要求。另外，文档是否需要更新取决于开发者。虽然 PowerShell 为开发者提供了编写帮助内容的工具，但是开发者必须在仓库中放置最新的帮助文件才行。最后，执行 `Update-Help` 命令时偶尔会收到错误，因为存放帮助文件的位置不可访问了。简单来说，不要指望 `Update-Help` 始终能获得 PowerShell 中每个命令的最新帮助内容。

以管理员身份运行 PowerShell

有时需要以管理员身份运行 PowerShell 控制台。比如说，需要修改文件、注册表，或者用户资料目录以外的其他内容。如果前文提到的 `Update-Help` 命令需要修改系统级文件，那就不能以非管理员身份运行。

以管理员身份运行 PowerShell 的方法是，在 Windows PowerShell 上单击右键，然后单击 Run as Administrator（以管理员身份运行），如图 1-2 所示。

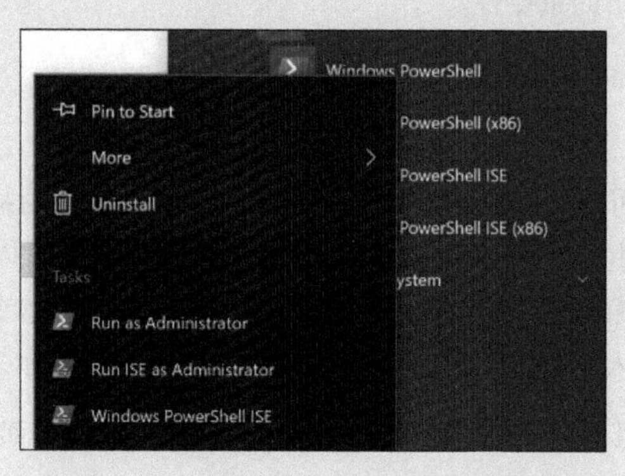

图 1-2 以管理员身份运行 PowerShell

1.6 小结

本章简单学习了几个命令，目的是让你体验一番。学习任何新知识，一开始都要从熟悉的知识入手。要始终保持一颗求知的心，不断探索。我们学习了几个基本的 PowerShell 命令，知道如何使用 `Get-Command` 和 `Get-Help` 命令了，这便为学习 PowerShell 铺平了道路。长路漫漫，光明在前方等着你呢！

第 2 章

PowerShell 基本概念

本章将介绍 PowerShell 中的四个基本概念：变量、数据类型、对象和数据结构。对任何一门编程语言来说，这些概念都是最基本的，但 PowerShell 的特殊之处是“一切皆对象”。

现在你可能对这一点没有较深的认识，但阅读本章的过程中请牢记于心。读完本章后，你应该会认识到“一切皆对象”的重要性。

2.1 变量

变量用于存储**值**。你可以将变量理解为数字盒。如果想多次使用某个值，就可以将该值放入盒中。假如需要在代码中重复使用一个数，可以将这个数存入变量，以便在需要使用该数的地方调用变量，而无须一次次输入同一个数。不过，从“变量”这个名称或许可以猜出，变量真正强大的功能是其可变性：放入盒中的值可以进行替换，或者取出，展示之后再放回。

后文将介绍，利用变量的可变性构建出的代码适用于一般情况，而不是针对特定场景写“死”的。本节将介绍使用变量的基本方式。

2.1.1 显示及修改变量

在 PowerShell 中，变量以美元符号（`$`）开头。见到美元符号，PowerShell 便知道调用的是变量，而不是 cmdlet、函数、脚本文件或可执行文件。如果想显示 `MaximumHistoryCount` 变量的值，那么需要在前面加上美元符号，然后再调用，如代码清单 2-1 所示。

代码清单 2-1 调用$MaximumHistoryCount 变量

```
PS> $MaximumHistoryCount
4096
```

$MaximumHistoryCount 是一个内置变量，指明了 PowerShell 在命令历史中最多存储多少个命令，默认为 4096 个。

如果想修改变量的值，则需要先输入变量的名称（以美元符号开头），然后输入等号（=）和新值，如代码清单 2-2 所示。

代码清单 2-2 修改$MaximumHistoryCount 变量的值

```
PS> $MaximumHistoryCount = 200
PS> $MaximumHistoryCount
200
```

这里将$MaximumHistoryCount 变量的值改成了 200，即 PowerShell 在命令历史中只存储前 200 个命令。

代码清单 2-1 和代码清单 2-2 使用的变量都已经存在。在 PowerShell 中，变量分为两大类：一是**用户定义的变量**，即由用户创建的变量；二是**自动变量**，即 PowerShell 自带的变量。先来看用户定义的变量。

2.1.2 用户定义的变量

变量在使用前要先存在。可以在 PowerShell 控制台中输入$color 试试，如代码清单 2-3 所示。

代码清单 2-3 输入未定义的变量将报错

```
PS> $color
The variable '$color' cannot be retrieved because it has not been set.

At line:1 char:1
+ $color
+ ~~~~
    + CategoryInfo          : InvalidOperation: (color:String) [], RuntimeException
    + FullyQualifiedErrorId : VariableIsUndefined
```

启用严格模式

如果没有看到代码清单 2-3 中的错误，并且控制台什么也没输出，那么请执行下列命令来启用严格模式。

```
PS> Set-StrictMode -Version Latest
```

> 启用严格模式后，倘若违背良好的编程实践，PowerShell将抛出错误。例如，在严格模式下，如果引用不存在的对象属性或未定义的变量，PowerShell将返回错误。编写脚本时，建议启用严格模式，这是最佳实践，有助于迫使我们编写更为简洁、结果更可预期的代码。如果只是在PowerShell控制台中运行交互式代码，那么一般不启用该模式。关于严格模式的更多信息，可以执行Get-Help Set-StrictMode -Examples命令来查看。

在代码清单2-3中，我们试图引用尚不存在的$color变量，并得到错误。如果想创建变量，那么需要先声明（宣告变量存在），然后再**赋值**（或称作**初始化**）。这两步可以合二为一，如代码清单2-4所示，创建一个名为$color的变量，并将其值设为blue。为变量赋值的方法与前文修改$MaximumHistoryCount变量的值一样，即先输入变量的名称，然后再输入一个等号和值。

代码清单2-4　创建$color变量，并将值设为blue

```
PS> $color = 'blue'
```

创建变量并为其赋值之后，便可以在控制台中输入变量的名称，以引用变量，如代码清单2-5所示。

代码清单2-5　查看变量的值

```
PS> $color
blue
```

变量的值会保持不变，除非有人修改。$color变量可以随意调用，调用多少次都行，而且始终返回blue值，除非该变量被重新定义了。

使用等号定义变量时（参见代码清单2-4），作用与Set-Variable命令一样。同样，在控制台中输入变量，查看变量的值（参见代码清单2-5），作用与Get-Variable命令一样。代码清单2-6使用这两个命令重新实现了代码清单2-4和代码清单2-5中的操作。

代码清单2-6　用Set-Variable命令创建一个变量，再使用Get-Variable命令显示该变量的值

```
PS> Set-Variable -Name color -Value blue

PS> Get-Variable -Name color

Name                           Value
----                           -----
color                          blue
```

Get-Variable命令还可以返回所有可用的变量，如代码清单2-7所示。

代码清单 2-7 用 Get-Variable 命令返回所有变量

```
PS> Get-Variable

Name                           Value
----                           -----
$                              Get-PSDrive
?                              True
^                              Get-PSDrive
args                           {}
color                          blue
--snip--
```

这个命令会列出内存中当前可用的全部变量。注意，其中一些变量不是我们定义的。下一节将介绍这种变量。

2.1.3 自动变量

前文介绍过自动变量，即 PowerShell 自带的变量。虽然 PowerShell 允许我们修改某些自动变量（参见代码清单 2-2），但我通常不建议这么做，因为这有可能导致意想不到的结果。一般来说，应该将自动变量视作只读的。（建议现在将$MaximumHistoryCount 的值改回 4096！）

本节将介绍几个常用的自动变量：$null、$LASTEXITCODE 以及偏好设置变量。

1. $null 变量

$null 变量比较特殊，即代表空值。将$null 赋值给变量表示只创建该变量，但不赋予具体的值，如代码清单 2-8 所示。

代码清单 2-8 为变量赋值$null

```
PS> $foo = $null
PS> $foo
PS> $bar
The variable '$bar' cannot be retrieved because it has not been set.
At line:1 char:1
+ $bar
+ ~~~~
    + CategoryInfo          : InvalidOperation: (bar:String) [], RuntimeException
    + FullyQualifiedErrorId : VariableIsUndefined
```

这里将$null 赋给$foo 变量。随后调用$foo 时什么也没有显示，而且没有报错，因为 PowerShell 能识别该变量。

如果想判断 PowerShell 是否能识别某个变量，可以将变量的名称通过参数传给 Get-Variable 命令。从代码清单 2-9 可以看出，PowerShell 知道$foo 变量是存在的，但不能识别$bar 变量。

代码清单 2-9　用 Get-Variable 命令查找变量

```
PS> Get-Variable -Name foo

Name                           Value
----                           -----
foo


PS> Get-Variable -Name bar
Get-Variable : Cannot find a variable with the name 'bar'.
At line:1 char:1
+ Get-Variable -Name bar
+ ~~~~~~~~~~~~~~~~~~~~~~
    + CategoryInfo          : ObjectNotFound: (bar:String) [Get-Variable], ItemNotFoundException
    + FullyQualifiedErrorId : VariableNotFound,Microsoft.PowerShell.Commands.GetVariableCommand
```

你可能觉得奇怪，为什么要多此一举地将变量的值定义为$null呢？其实，$null非常有用。例如，本章后文将介绍，变量的值经常作为某种响应，比如函数的输出。经检查，如果变量的值仍是$null，那么便知道函数中有地方出错了，并可以据此做出相应处理。

2. $LASTEXITCODE 变量

另一个常用的自动变量是$LASTEXITCODE。PowerShell允许调用外部可执行程序，比如旧时测试网站响应的ping.exe。外部程序运行结束后会返回一个**退出码**（或称作**返回码**），以表示一种状态。通常，0表示成功，其他数则表示失败或其他异常。对ping.exe程序来说，0表示成功ping通一个节点，1则表示无法ping通。

运行ping.exe时，你只能看到预期的输出，而看不到退出码，如代码清单2-10所示。这是因为退出码隐藏在$LASTEXITCODE变量中。$LASTEXITCODE变量的值始终是最后执行那个程序的退出码。代码清单2-10先ping google.com，返回了一个退出码，然后又ping一个不存在的域名，也返回了一个退出码。

代码清单 2-10　用 ping.exe 演示$LASTEXITCODE 变量

```
PS> ping.exe -n 1 dfdfdfdfd.com

Pinging dfdfdfdfd.com [14.63.216.242] with 32 bytes of data:
Request timed out.

Ping statistics for 14.63.216.242:
    Packets: Sent = 1, Received = 0, Lost = 1 (100% loss),
PS> $LASTEXITCODE
1
PS> ping.exe -n 1 google.com

Pinging google.com [2607:f8b0:4004:80c::200e] with 32 bytes of data:
```

```
Reply from 2607:f8b0:4004:80c::200e: time=47ms

Ping statistics for 2607:f8b0:4004:80c::200e:
    Packets: Sent = 1, Received = 1, Lost = 0 (0% loss),
Approximate round trip times in milli-seconds:
    Minimum = 47ms, Maximum = 47ms, Average = 47ms
PS> $LASTEXITCODE
0
```

ping google.com 时，$LASTEXITCODE 的值是 0，而 ping 虚构的域名 dfdfdfdfd.com 时，值为 1。

3. 偏好设置变量

PowerShell 中有一类称为**偏好设置变量**的自动变量。这类变量用于控制各种输出流的默认行为，包括 Error、Warning、Verbose、Debug 和 Information。

如果想找出所有偏好设置变量，可以使用 Get-Variable 命令，并指定筛选出名称以“Preference”结尾的变量，如下所示。

```
PS> Get-Variable -Name *Preference

Name                           Value
----                           -----
ConfirmPreference              High
DebugPreference                SilentlyContinue
ErrorActionPreference          Continue
InformationPreference          SilentlyContinue
ProgressPreference             Continue
VerbosePreference              SilentlyContinue
WarningPreference              Continue
WhatIfPreference               False
```

这些变量可用于配置 PowerShell 的各种输出类型。例如，犯错时看到的红色文本是 Error 输出流。输入下列命令就可以看到这样的错误消息。

```
PS> Get-Variable -Name 'doesnotexist'
Get-Variable : Cannot find a variable with the name 'doesnotexist'.
At line:1 char:1
+ Get-Variable -Name 'doesnotexist'
+ ~~~~~~~~~~~~~~~~~~~~~~~~~~~~~~~~~
    + CategoryInfo          : ObjectNotFound: (doesnotexist:String) [Get-Variable],
                              ItemNotFoundException
    + FullyQualifiedErrorId : VariableNotFound,Microsoft.PowerShell.Commands.GetVariableCommand
```

你应该会看到类似的错误消息，因为这是 Error 流的默认行为。如果出于某种原因，不想看到错误文本，想要出错时静默就好，那么可以将 $ErrorActionPreference 变量的值设为 SilentlyContinue 或 Ignore，这样 PowerShell 就不会输出任何错误文本了。

```
PS> $ErrorActionPreference = 'SilentlyContinue'
PS> Get-Variable -Name 'doesnotexist'
PS>
```

可以看到，没有输出任何错误文本。通常忽略错误并不是好的做法。继续阅读前，请将$ErrorActionPreference的值改回Continue。关于偏好设置变量的更多信息，可以执行Get-Help about_Preference_Variables命令来查看关于主题中的内容。

2.2 数据类型

PowerShell变量有多种形式（**类型**）。本书篇幅有限，无法一一介绍PowerShell的数据类型。你只需要知道，PowerShell有多种数据类型，包括布尔值、字符串和整数，而且修改变量的数据类型不会报错。下列代码可以正常运行，没有错误。

```
PS> $foo = 1
PS> $foo = 'one'
PS> $foo = $true
```

这是因为PowerShell能根据变量的值确定数据类型。背后的原理有点儿复杂，超出了本书范畴。你要做的是了解基本的类型以及类型之间的关系。

2.2.1 布尔值

大多数编程语言会使用**布尔值**。该类型有两个值，真值（1）和假值（0）。布尔值用于表示双值条件，就像电灯开关那样，可开可关。在PowerShell中，布尔值称作bools，两个值分别使用自动变量$true和$false表示。这两个自动变量被写“死”在了PowerShell中，不可修改。代码清单2-11展示了如何将变量的值设为$true或$false。

代码清单2-11　创建布尔值变量

```
PS> $isOn = $true
PS> $isOn
True
```

第4章将多次使用布尔值。

2.2.2 整数和浮点数

PowerShell中的数字主要使用两种方式表示：整数数据类型和浮点数数据类型。

1. 整数类型

整数数据类型只存储整数，小数部分会四舍五入为最近的整数。整数数据类型分为**带符号**和**不带符号**两种。带符号的整数数据类型既可以存储正数，也可以存储负数；不带符号的整数数据类型则只能存储没有正负号的值。

在默认情况下，PowerShell 会使用 32 位带符号的 Int32 类型存储整数。位数决定了一个变量可以存储多大（或多小）的数，Int32 可存储的整数范围为 –2 147 483 648 到 2 147 483 647。如果一个数在此范围之外，可以使用 64 位带符号的 Int64 类型，该类型的范围为 –9 223 372 036 854 775 808 到 9 223 372 036 854 775 807。

代码清单 2-12 举例说明了 PowerShell 如何处理 Int32 类型。

代码清单 2-12　用 Int32 类型存储不同的值

```
❶ PS> $num = 1
   PS> $num
   1
❷ PS> $num.GetType().name
   Int32
❸ PS> $num = 1.5
   PS> $num.GetType().name
   Double
❹ PS> [Int32]$num
   2
```

下面来一步一步地分析。先别担心句法，目前我们关注的是输出。首先，创建变量$num，并将值设为 1❶。然后，检查$num 的类型❷，发现 PowerShell 使用 Int32 类型表示 1。接下来，修改$num 的值，改成一个小数❸，再次检查类型，发现 PowerShell 将该变量的类型改成了 Double。这是因为 PowerShell 会根据变量的值确定变量的类型。但可以强制 PowerShell 将变量视作某种类型，这叫**类型校正**。最后，在$num 前面加上[Int32]句法❹，这就是类型校正。可以看到，如果强制将 1.5 视作整数，则 PowerShell 会将其四舍五入为 2。

接下来将介绍 Double 类型。

2. 浮点数类型

Double 是一种范围更广的变量类型，称作**浮点数**变量。浮点数也可用于表示整数，但最常用于表示小数。此外，浮点数变量的另一种类型是 Float。本书不详述 Float 和 Double 类型的内部表示，你只需要知道，虽然二者都可以表示小数，但精度不同，如代码清单 2-13 所示。

代码清单 2-13　浮点数类型的精度误差

```
PS> $num = 0.1234567910
PS> $num.GetType().name
```

```
Double
PS> $num + $num
0.2469135782
PS> [Float]$num + [Float]$num
0.246913582086563
```

可以看到，PowerShell默认使用Double类型。注意，将$num与自身相加，并将类型校正为Float后，结果有点儿奇怪。同样，这背后的原因超出了本书范畴。需要记住的是，使用Float和Double会产生这样的误差。

2.2.3 字符串

前面已经见过这种类型的变量。在代码清单2-4中定义$color变量时，我们没有直接输入$color = blue，而是将值放在一对单引号中，以告诉PowerShell这是一系列字母，即字符串。如果不将blue放在一对引号中就赋值给$color，那么PowerShell会报错。

```
S> $color = blue
blue : The term 'blue' is not recognized as the name of a cmdlet, function, script file, or
operable program. Check the spelling of the name, or if a path was included, verify that the
path is correct and try again.
At line:1 char:10
+ $color = blue
+          ~~~~
    + CategoryInfo          : ObjectNotFound: (blue:String) [], CommandNotFoundException
    + FullyQualifiedErrorId : CommandNotFoundException
```

如果没有引号，那么PowerShell会将blue解释为一个命令，并尝试执行该命令。由于blue命令不存在，因此PowerShell会返回一个错误消息来说明原因。正确定义字符串的方法是在值两侧加上引号。

1. 合并字符串和变量

字符串不一定是单词，还可以是短语或句子。例如，可以将下列字符串赋值给$sentence变量。

```
PS> $sentence = "Today, you learned that PowerShell loves the color blue"
PS> $sentence
Today, you learned that PowerShell loves the color blue
```

有时我们想将这句话中的PowerShell和blue两个词当作变量的值。例如，有一个变量名为$name，另一个变量名为$language，还有一个变量名为$color。代码清单2-14使用其他变量定义了$sentence变量。

代码清单 2-14 在字符串中插入变量

```
PS> $language = 'PowerShell'
PS> $color = 'blue'

PS> $sentence = "Today, you learned that $language loves the color $color"
PS> $sentence
Today, you learned that PowerShell loves the color blue
```

注意，这里使用的是双引号。如果将句子放在单引号中，则得不到预期结果。

```
PS> 'Today, $name learned that $language loves the color $color'
Today, $name learned that $language loves the color $color
```

这不是诡异的 bug，而是因为 PowerShell 中的单引号和双引号有重要区别。

2. 单引号与双引号

将简单的字符串赋值给变量时，使用单引号或双引号都可以，如代码清单 2-15 所示。

代码清单 2-15 使用单引号和双引号来修改变量的值

```
PS> $color = "yellow"
PS> $color
yellow
PS> $color = 'red'
PS> $color
red
PS> $color = ''
PS> $color
PS> $color = "blue"
PS> $color
blue
```

可以看到，定义简单的字符串时，使用哪种引号无关紧要。那么为什么在字符串中有变量时却有区别呢？答案藏在**变量内插**（或称作**变量扩展**）机制中。通常来说，在控制台中输入`$color`后按回车键，PowerShell 会**内插**（或**扩展**）变量。虽然这两个术语听起来很高深，但其实就是PowerShell将变量中的值读取出来，或者说打开盒子，让你看到里面的东西。在双引号中调用变量的原理是一样的：变量得到扩展，如代码清单 2-16 所示。

代码清单 2-16 字符串中的变量行为

```
PS> "$color"
blue
PS> '$color'
$color
```

请注意使用单引号时的情况：控制台会输出变量自身，而不是它的值。在 PowerShell 看来，单引号意味着保持不变，输入什么就显示什么，不管是 blue 这样的词，还是`$color` 这样看起来像是变量的内容。对 PowerShell 来说，二者是相同的，不会对单引号中的值做特殊处理。PowerShell 不会将单引号中的变量扩展为变量的值。因此，在字符串中插入变量时，需要使用双引号。

布尔值、整数和浮点数相关的知识还有很多，我们暂时停下脚步，介绍一下更为一般的概念：对象。

2.3　对象

在 PowerShell 中，**一切皆对象**。用技术术语来说，**对象**是某个模板的单个实例。这个模板称为**类**，指明了对象包含的东西。对象所属的类决定其有哪些**方法**可用，即在对象上可以执行什么操作。换句话说，方法就是对象可以做的事情。例如，列表对象可能会有一个 `sort()` 方法，调用该方法可对列表进行排序。同时，对象所属的类还决定了对象的**属性**，即对象的变量。可以将属性理解为与对象有关的全部数据。对列表对象来说，可能会有 `length` 属性，以存储列表中的元素数量。有时类会为对象的属性提供默认值，但更多时候需要自己动手为对象的属性提供值。

前面一段话十分抽象，接下来以汽车为例进行说明。在设计阶段，汽车只是一个计划。这个计划（或称模板）定义了汽车的外观、使用何种发动机、使用何种底盘，等等。这个计划还列出了汽车可以做哪些事，比如前进、后退，以及开关天窗。可以将这个计划理解为汽车所属的类。

我们根据这个类来制造汽车，为汽车配备全部属性，并添加各种方法。同一个型号的汽车可以是蓝色的，也可以是红色的，还可以使用不同的变速器。这些都是具体某一辆汽车的属性。同样，每辆汽车都可以前进、后退，而且开关天窗的方法都一样。这些操作是汽车的方法。

基本了解对象后，我们在 PowerShell 的语境下来使用和处理对象。

2.3.1　查看属性

首先，为了一探究竟，了解 PowerShell 对象的方方面面，需要创建一个简单的对象。代码清单 2-17 创建了一个简单的字符串对象`$color`。

代码清单 2-17　创建字符串对象

```
PS> $color = 'red'
PS> $color
red
```

注意，调用`$color` 得到的只是该变量的值。但变量是对象，除了值以外，还有更多信息。变量也有属性。

如果想查看对象的属性，可以使用 Select-Object 命令，指定 Property 参数。将 Property 参数的值设为一个星号，让 PowerShell 返回找到的全部属性，如代码清单 2-18 所示。

代码清单 2-18 查看对象的属性

```
PS> Select-Object -InputObject $color -Property *

Length
------
     3
```

可以看到，$color 字符串只有一个名为 Length 的属性。

可以使用**点记法**直接引用 Length 属性：先输入对象的名称，后跟一个点号，然后输入想访问的属性名称，如代码清单 2-19 所示。

代码清单 2-19 使用点记法查看对象的属性

```
PS> $color.Length
3
```

一段时间后你便会习惯这种引用对象属性的方式。

2.3.2 使用 Get-Member cmdlet

通过 Select-Object，我们发现$color 字符串只有一个属性。但别忘了，有些对象可能还有方法。如果想查看这个字符串对象的所有方法和属性，可以使用 Get-Member cmdlet，如代码清单 2-20 所示。在很长一段时间内，我们将经常使用这个 cmdlet。使用它可以快速列出某个对象的属性和方法，二者合称对象的**成员**。

代码清单 2-20 用 Get-Member 查看对象的属性和方法

```
PS> Get-Member -InputObject $color

   TypeName: System.String

Name             MemberType           Definition
----             ----------           ----------
Clone            Method               System.Object Clone(), System.Object ICloneable.Clone()
CompareTo        Method               int CompareTo(System.Object value),
                                      int CompareTo(string strB), int IComparab...
Contains         Method               bool Contains(string value)
CopyTo           Method               void CopyTo(int sourceIndex, char[] destination,
                                      int destinationIndex, int co...
EndsWith         Method               bool EndsWith(string value),
                                      bool EndsWith(string value, System.StringCompari...
Equals           Method               bool Equals(System.Object obj),
                                      bool Equals(string value), bool Equals(string...
```

```
--snip--
Length          Property            int Length {get;}
```

真不敢想象，一个简单的字符串对象竟然有这么多方法。字符串的成员有很多，这里只展示了其中一部分。一个对象有多少方法和属性取决于该对象所属的类。

2.3.3　调用方法

也可以用点记法来引用方法。然而，与属性不同，方法名称后面始终有一对圆括号，并可以接受一个或多个参数。

假如想从$color 变量中删除一个字符。你可以使用 Remove()方法从字符串中删除字符。下面用代码清单 2-21 中的代码单独提取出$color 的 Remove()方法。

代码清单 2-21　查看字符串的 Remove()方法

```
PS> Get-Member -InputObject $color -Name Remove
Name   MemberType Definition
----   ---------- ----------
Remove Method     string Remove(int startIndex, int count), string Remove(int startIndex)
```

可以看到，该方法有两个定义。这意味着该方法有两种用法：同时提供 startIndex 参数和 count 参数，或者只提供 startIndex 参数。

如果想删除$color 中的第二个字符，则需要指定从哪个位置开始，我们称之为**索引**。索引从 0 开始，因此第一个字母的索引是 0，第二个字母的索引是 1，以此类推。除了索引，还可以提供想删除的字符数量，两个参数之间用逗号隔开，如代码清单 2-22 所示。

代码清单 2-22　调用方法

```
PS> $color.Remove(1,1)
Rd
PS> $color
red
```

这里索引是 1，即让 PowerShell 从字符串中的第二个字符开始删除字符。第二个参数告诉 PowerShell，只删除一个字符。因此，得到的结果为 Rd。但注意，Remove()方法不会改变字符串变量的值。如果想保留修改结果，那么需要将 Remove()方法的输出赋值给变量，如代码清单 2-23 所示。

代码清单 2-23　捕获字符串上调用 Remove()方法得到的输出

```
PS> $newColor = $color.Remove(1,1)
PS> $newColor
Rd
```

注意 如果想知道一个方法是返回一个对象（像 Remove()方法那样）还是修改现有对象，可以查看方法的说明。从代码清单 2-21 可以看出，Remove() 方法的定义前面有个 string，这表明该方法会返回一个新字符串。如果前面是 void，则通常表示修改现有对象，详见第 6 章。

这几个示例使用的都是最简单的对象类型，即字符串。下一节将介绍几个较复杂的对象。

2.4 数据结构

数据结构用于组织多段数据。与数据一样，PowerShell 中的数据结构也使用存储在变量中的对象来表示。数据结构主要有三种类型：数组、ArrayList 和哈希表。

2.4.1 数组

目前我们都是将变量比喻成一个盒子。如果一个简单的变量（如一个 Float 类型的变量）是一个盒子，那么数组就是粘在一起的一组盒子，即使用一个变量表示一组元素。

我们经常需要使用几个相关的变量，比如一组标准颜色。与其将各个颜色存储在单独的字符串中，再分别引用各个变量，不如将这些颜色都存储在一个数据结构中，这样会更高效。本节将说明如何创建、访问和修改数组，以及如何将元素添加到数组中。

1. 定义数组

首先，定义一个名为$colorPicker 的变量，并将其值设为一个数组，以保存四个颜色名作为字符串。为此，我们要使用一个@符号，后跟一对圆括号，并写入四个字符串（以逗号分隔），如代码清单 2-24 所示。

代码清单 2-24 创建数组

```
PS> $colorPicker = @('blue','white','yellow','black')
PS> $colorPicker
blue
white
yellow
black
```

当 PowerShell 看到@符号后跟一个开始圆括号和零到多个以逗号分隔的元素，就知道你想创建一个数组。

注意，调用$colorPicker 后，PowerShell 会在单独的一行显示数组中的各个元素。下一节将学习如何访问各个元素。

2. 读取数组元素

如果想访问数组中的元素，则需要先输入数组的名称，后跟一对方括号（[]），其中写上想访问的元素的索引。与字符串中的字符一样，数组元素的索引也从 0 开始，因此第一个元素的索引是 0，第二个元素的索引是 1，以此类推。在 PowerShell 中，如果索引是–1，则返回的是最后一个元素。

代码清单 2-25 访问了`$colorPicker`数组中的几个元素。

代码清单 2-25　读取数组元素

```
PS> $colorPicker[0]
blue
PS> $colorPicker[2]
yellow
PS> $colorPicker[3]
black
PS> $colorPicker[4]
Index was outside the bounds of the array.
At line:1 char:1
+ $colorPicker[4]
+ ~~~~~~~~~~~~~~~
    + CategoryInfo          : OperationStopped: (:) [], IndexOutOfRangeException
    + FullyQualifiedErrorId : System.IndexOutOfRangeException
```

可以看到，如果指定的索引在数组中不存在，那么 PowerShell 会返回一个错误消息。

如果想同时访问数组中的多个元素，可以在两个数之间使用**范围运算符**（..）。在 PowerShell 中，范围运算符会返回首尾两个数及二者之间的数，如下所示。

```
PS> 1..3
1
2
3
```

如果想使用范围运算符访问数组中的多个元素，可以将索引设为一个范围，如下所示。

```
PS> $colorPicker[1..3]
white
yellow
black
```

现在我们知道如何访问数组中的元素了，接下来将介绍如何修改数组中的元素。

3. 修改数组中的元素

如果想修改数组中的元素，那么无须重新定义整个数组。正确的做法是，通过索引引用元素，然后使用等号为其赋予新值，如代码清单 2-26 所示。

代码清单 2-26 修改数组中的元素

```
PS> $colorPicker[3]
black
PS> $colorPicker[3] = 'white'
PS> $colorPicker[3]
white
```

修改元素之前，应该在控制台中显示元素，以确保索引是正确的。

4. 将元素添加到数组

要想将元素添加到数组，可以使用加号运算符（+），如代码清单 2-27 所示。

代码清单 2-27 将元素添加到数组

```
PS> $colorPicker = $colorPicker + 'orange'
PS> $colorPicker
blue
white
yellow
white
orange
```

注意，等号两侧都输入了`$colorPicker`。这是因为我们要让 PowerShell 内插`$colorPicker`变量的值，然后再添加一个新元素。

虽然使用+是可行的，但是还有更便捷、可读性更高的方法。可以将加号和等号合在一起，组成+=，如代码清单 2-28 所示。

代码清单 2-28 使用便捷的+=将一个元素添加到数组

```
PS> $colorPicker += 'brown'
PS> $colorPicker
blue
white
yellow
white
orange
brown
```

+=运算符会告诉 PowerShell 将元素添加到现有的数组。这种便捷的方法免去了两次输入数组名称的麻烦，比完整的句法更为常用。

此外，也可以将一个数组添加到另一个数组。假如想将 pink 和 cyan 两种颜色添加到`$colorPicker`数组。代码清单 2-29 定义了另一个数组，该数组包含要添加的两种颜色，然后会像代码清单 2-28

那样添加到$colorPicker 数组。

代码清单 2-29　将多个元素一次性添加到数组

```
PS> $colorPicker += @('pink','cyan')
PS> $colorPicker
blue
white
yellow
white
orange
brown
pink
cyan
```

一次性将多个元素添加到数组可以节省很多时间，尤其是数组中的元素较多时。注意，PowerShell 会将任何以逗号分隔的一组值视作数组，不用明确输入@或圆括号。

可惜，从数组中删除元素则没有+=这样的运算符。从数组中删除元素比你想象的要复杂，本节不做深入讨论。要想知道个中缘由，请继续往下读。

2.4.2 ArrayList

将元素添加到数组会导致一些奇怪的事情发生。每次将元素添加到数组时，其实都会根据旧数组和新元素创建一个新数组。从数组中删除元素也是如此：PowerShell 会销毁旧数组，然后再新建一个。这是因为 PowerShell 中数组的大小是固定的。修改数组时，无法修改其大小，唯有重新创建数组。对前面那几个小型数组来说，你可能察觉不到。一旦处理的数组较大，有成百上千或成千上万个元素时，对性能的影响就会变得非常明显。

如果事先知道要从数组中删除多个元素，或者要向数组中添加多个元素，建议你使用另一种数据结构 ArrayList。ArrayList 的行为基本上与 PowerShell 数组一样，只有一个明显区别：大小不固定。ArrayList 的大小在添加或删除元素后可动态调整，处理大量数据时性能十分优越。

定义 ArrayList 的方式与定义数组一样，但需要将类型校正为 ArrayList。代码清单 2-30 重新创建了$colorPicker 数组，并将类型校正为 System.Collections.ArrayList。

代码清单 2-30　创建 ArrayList

```
PS> $colorPicker = [System.Collections.ArrayList]@('blue','white','yellow','black')
PS> $colorPicker
blue
white
yellow
black
```

与数组一样，调用 ArrayList 变量时，各个元素单独显示在一行中。

1. 将元素添加到 ArrayList

将元素添加到 ArrayList 或者从 ArrayList 中删除元素时，如果不想销毁 ArrayList，则需要使用相应的方法。将元素添加到 ArrayList 使用 Add()方法，从 ArrayList 中删除元素则使用 Remove()方法。代码清单 2-31 使用了 Add()方法，在方法的圆括号内指定要添加的元素。

代码清单 2-31 将一个元素添加到 ArrayList

```
PS> $colorPicker.Add('gray')
4
```

注意，输出是数字 4，这是新增元素的索引。通常用不到这个数字，因此可以将 Add()方法的输出发送给$null 变量，以防输出任何内容，如代码清单 2-32 所示。

代码清单 2-32 将输出发送给$null

```
PS> $null = $colorPicker.Add('gray')
```

禁止 PowerShell 命令输出内容的方式有好几种，但将输出赋值给$null 是性能最高的方式，因为$null 变量不能重新赋值。

2. 从 ArrayList 中删除元素

也可以采用与上述方式类似的方式删除元素，但使用的是 Remove()方法。如果想从前面的 ArrayList 中删除 gray 值，那么在方法的圆括号中输入该值即可，如代码清单 2-33 所示。

代码清单 2-33 从 ArrayList 中删除一个元素

```
PS> $colorPicker.Remove('gray')
```

注意，删除元素之前，无须知道其索引。可以通过值本身来引用元素，比如这里的 gray。如果数组中有多个元素的值相同，则 PowerShell 会删除离 ArrayList 开头最近的那个元素。

在这样简单的示例中，很难察觉性能差异。但在处理大型数据集时，ArrayList 的性能比数组好很多。在编程中，很多时候要分析具体情况，判断适合使用数组还是 ArrayList。经验表明，元素的数量越多，使用 ArrayList 的效果越好。如果元素的数量少于 100 个，那么数组和 ArrayList 之间的性能差异将难以察觉。

2.4.3 哈希表

如果只关注数据在列表中的位置，那么使用数组和 ArrayList 即可。不过，有时候我们想更直接一些，将两个数据对应起来。例如，可能一组用户名需要与真实姓名建立匹配关系。此时可以使用**哈希表**（或称**字典**）。这是 PowerShell 提供的一种数据结构，用于存储一组**键–值对**。哈希表不使用数字索引，而是通过键获取对应的值。因此，对前面的需求来说，可以通过用户名在哈希表中索引，以返回用户的真实姓名。

代码清单 2-34 定义了一个名为$users 的哈希表，以存储三个用户的信息。

代码清单 2-34　创建哈希表

```
PS> $users = @{
    abertram = 'Adam Bertram';
    raquelcer = 'Raquel Cerillo';
    zheng21 = 'Justin Zheng'
}
PS> $users
Name                           Value
----                           -----
abertram                       Adam Bertram
raquelcer                      Raquel Cerillo
zheng21                        Justin Zheng
```

PowerShell 不允许创建有重复键的哈希表，每一个键都要唯一指向一个值。值可以是一个数组，甚至另一个哈希表。

1. 从哈希表中读取元素

如果想访问哈希表中的特定值，可以使用对应的键。具体方法有两种。假如想找出用户 abertram 的真实姓名，为此使用代码清单 2-35 中的两种方式都可以。

代码清单 2-35　访问哈希表中的值

```
PS> $users['abertram']
Adam Bertram
PS> $users.abertram
Adam Bertram
```

这两种方式间有细微差别，暂且不管，任选其中一种即可。

代码清单 2-35 中的第二个命令使用的是属性$users.abertram。PowerShell 会将每个键都添加为对象的属性。如果想查看一个哈希表的所有键和值，可以访问 Keys 和 Values 属性，如代码清单 2-36 所示。

代码清单 2-36　读取哈希表的键和值

```
PS> $users.Keys
abertram
raquelcer
```

```
zheng21
PS> $users.Values
Adam Bertram
Raquel Cerillo
Justin Zheng
```

如果想查看一个哈希表（或其他任何对象）的**所有**属性，可以执行下列命令。

```
PS> Select-Object -InputObject $yourobject -Property *
```

2. 添加和修改哈希表中的元素

如果想向哈希表中添加元素，可以使用 Add()方法，或者使用方括号创建一个新索引，再使用等号赋值。这两种方法如代码清单 2-37 所示。

代码清单 2-37 向哈希表中添加元素

```
PS> $users.Add('natice', 'Natalie Ice')
PS> $users['phrigo'] = 'Phil Rigo'
```

至此前面那个哈希表中存储了五个用户。但如果想修改哈希表中的值呢?

修改哈希表前，最好检查相应的键–值对是否存在。检查哈希表中是否有某个键，可以使用每个 PowerShell 哈希表都有的 ContainsKey()方法。如果哈希表中有指定的键，那么 ContainsKey()方法会返回 True，否则会返回 False，如代码清单 2-38 所示。

代码清单 2-38 检查哈希表中的元素

```
PS> $users.ContainsKey('johnnyq')
False
```

确认哈希表中存在相应的键后，使用一个等号即可修改对应的值，如代码清单 2-39 所示。

代码清单 2-39 修改哈希表中的值

```
PS> $users['phrigo'] = 'Phoebe Rigo'
PS> $users['phrigo']
Phoebe Rigo
```

我们知道向哈希表中添加元素有两种方法。但从哈希表中删除元素只有一种方法，如接下来的内容所述。

3. 从哈希表中删除元素

与 ArrayList 一样，哈希表也有 Remove()方法。调用该方法，传入想删除的元素的键即可，如代码清单 2-40 所示。

代码清单 2-40　从哈希表中删除元素

```
PS> $users.Remove('natice')
```

至此用户应该少了一个，可以调用这个哈希表确认一下。记住，可以使用 Keys 属性查看有哪些键。

2.5　自定义对象

目前，本章创建和使用的对象类型都是 PowerShell 内置的。多数时候，使用内置的类型即可，无须自行创建。但有时为了自定义属性和方法，需要自己动手创建对象。

代码清单 2-41 用 New-Object cmdlet 定义了一个新对象，类型为 PSCustomObject。

代码清单 2-41　用 New-Object 自定义对象

```
PS> $myFirstCustomObject = New-Object -TypeName PSCustomObject
```

这个示例使用了 New-Object 命令。也可以使用等号和类型校正自定义对象，如代码清单 2-42 所示。这里我们定义了一个哈希表，其中键是属性名，值是属性的值，然后再将类型校正为 PSCustomObject。

代码清单 2-42　用 PSCustomObject 类型校正自定义一个对象

```
PS> $myFirstCustomObject = [PSCustomObject]@{OSBuild = 'x'; OSVersion = 'y'}
```

注意，代码清单 2-42 是使用分号（;）分隔键–值对的。

自定义的对象与其他对象的使用方法相同。代码清单 2-43 将自定义的对象传给了 Get-Member cmdlet，以确认的确是 PSCustomObject 类型。

代码清单 2-43　查看一个自定义对象的属性和方法

```
PS> Get-Member  -InputObject $myFirstCustomObject

   TypeName: System.Management.Automation.PSCustomObject

Name        MemberType   Definition
----        ----------   ----------
Equals      Method       bool Equals(System.Object obj)
GetHashCode Method       int GetHashCode()
GetType     Method       type GetType()
ToString    Method       string ToString()
OSBuild     NoteProperty string OSBuild=OSBuild
OSVersion   NoteProperty string OSVersion=Version
```

可以看到，除了在代码清单 2-42 中创建对象时定义的属性，这个自定义的对象还有一些方法（比如，其中一个方法会返回对象的类型）。

下面使用点记法访问这些属性。

```
PS> $myFirstCustomObject.OSBuild
x
PS> $myFirstCustomObject.OSVersion
y
```

很好！本书余下的内容将经常使用 PSCustomObject 对象。自定义对象是一个强大的工具，可以帮助我们写出更为灵活的代码。

2.6 小结

至此，你应该对对象、变量和数据类型有一定认识了。如果还不太明白，请再阅读一遍本章。本章内容是基础中的基础，总体掌握这些概念有助于理解本书余下的内容。

第 3 章将介绍在 PowerShell 中组合命令的两种方式：管道和脚本。

第3章

组合命令

到目前为止，我们在 PowerShell 控制台中都是一次调用一个命令。在处理简单的代码时，这么做没问题：执行所需要的一个命令，如果还需要做其他事，再调用一个命令。但在大型项目中，一次次调用各个命令太浪费时间了。幸好可以将多个命令组合在一起，作为整体一次调用全部。本章将学习组合命令的两种方式：使用 PowerShell 管道以及将代码保存到外部脚本中。

3.1　启动一个 Windows 服务

为了说明组合命令的动机，先使用原先的方式来举例说明。这个示例会用到两个命令，一个是 `Get-Service`，该命令用于查询 Windows 服务，并返回服务的信息；另一个是 `Start-Service`，该命令负责启动 Windows 服务。下面先使用 `Get-Service` 确保指定的服务存在，然后使用 `Start-Service` 启动该服务，如代码清单 3-1 所示。

代码清单 3-1　查找一项服务，然后通过 `Name` 参数启动

```
PS> $serviceName = 'wuauserv'
PS> Get-Service -Name $serviceName
Status   Name               DisplayName
------   ----               -----------
Running  wuauserv           Windows Update
PS> Start-Service -Name $serviceName
```

先执行 `Get-Service` 命令是为了确保 PowerShell 不抛出任何错误。我们想启动的服务可能已经正在运行，此时，`Start-Service` 会直接将控制权返回给控制台。

如果只是启动一项服务，那么像这样运行命令费不了什么事。但可以想见，启动上百个服务是多么单调的工作。接下来看看如何解决这个问题。

3.2 使用管道

简化代码的第一种方法是使用 PowerShell **管道**将命令串接起来。管道可以将一个命令的输出作为输入直接发送给另一个命令。如果想使用管道，可以在两个命令之间加上管道运算符（|），如下所示。

```
PS> command1 | command2
```

其中，command1 的输出通过管道传给 command2，变成 command2 的输入。管道中最后一个命令的结果将输出到控制台。

很多 shell 脚本语言（包括 cmd.exe 和 bash）支持管道。PowerShell 管道的独特之处是，传递的不仅仅是字符串，还可以是对象。本章后文将具体说明，现在我们要使用管道来重写代码清单 3-1 中的代码。

3.2.1 通过管道在命令间传递对象

如果想将 Get-Service 的输出发送给 Start-Service，可以使用代码清单 3-2 中的代码。

代码清单 3-2 将现有服务通过管道传给 Start-Service 命令

```
PS> Get-Service -Name 'wuauserv' | Start-Service
```

在代码清单 3-1 中，我们通过 Name 参数来告诉 Start-Service 命令要启动哪项服务。而本示例不用指定任何参数，因为一切都由 PowerShell 代劳了。收到 Get-Service 的输出后，PowerShell 会决定将哪些值传给 Start-Service，并且将这些值与 Start-Service 接受的参数对应起来。

如果愿意，还可以将代码清单 3-2 重写为一个参数也不使用。

```
PS> 'wuauserv' | Get-Service | Start-Service
```

PowerShell 会将字符串 wuauserv 发送给 Get-Service，再将 Get-Service 的输出发送给 Start-Service，整个过程无须人为指定任何参数。至此，我们将三个单独的命令组合在一行代码中了，不过每启动一项服务，都需要重新输入这行代码。下一节将说明如何用一行代码启动任意多个服务。

3.2.2 通过管道在命令间传递数组

打开文本编辑器 Notepad，创建一个名为 Services.txt 的文本文件，写入字符串 Wuauserv 和

W32Time，且各占一行，如图 3-1 所示。

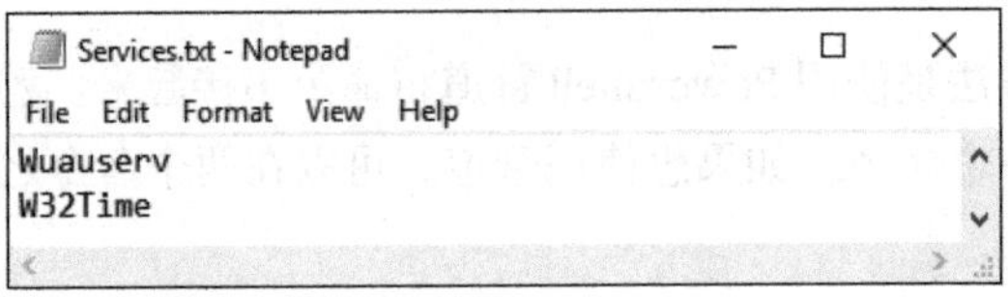

Services.txt - Notepad
File　Edit　Format　View　Help
Wuauserv
W32Time

图 3-1　Services.txt 文件，其中 Wuauserv 和 W32Time 各占一行

这个文件保存的是我们想启动的服务列表。简单起见，这里只有两项服务，但你也可以继续增加。如果想在 PowerShell 窗口中显示这个文件的内容，可以使用 Get-Content **cmdlet** 的 Path 参数。

```
PS> Get-Content -Path C:\Services.txt
Wuauserv
W32Time
```

Get-Content 命令会逐行读取文件，分别将各行添加到一个数组中，然后返回该数组。代码清单 3-3 使用管道将 Get-Content 返回的数组传给了 Get-Service 命令。

代码清单 3-3　通过管道将 Services.txt 传给 Get-Service，在 PowerShell 会话中显示一组服务

```
PS> Get-Content -Path C:\Services.txt | Get-Service

Status   Name               DisplayName
------   ----               -----------
Stopped  Wuauserv           Windows Update
Stopped  W32Time            Windows Time
```

Get-Content 命令会读入文本文件的内容，并生成一个数组。但是，PowerShell 并不会通过管道发送数组本身，而会将数组**拆包**，通过管道一一发送其中的每个元素。在数组的每个元素上可以执行相同的命令。将想启动的各个服务写入文本文件，在代码清单 3-3 中的命令后面再加上 | Start-Service，如此一来，就可以通过一个命令启动任意多个服务了。

通过管道串联在一起的命令数量没有限制。不过，一旦超过五个，就应该重新审视了。注意，虽然管道很强大，但不是任何情况下都可以使用。多数 PowerShell 命令只接受特定类型的管道输入，有些命令甚至根本不接受管道输入。下一节将阐明参数绑定，探讨 PowerShell 处理管道输入的方式。

3.2.3　参数绑定

在 PowerShell 中，传给命令的参数需要经过**参数绑定**过程处理，这一过程会将传入的各个对象与命令创建者指定的各个参数建立对应关系。对接受管道输入的 PowerShell 命令来说，编写命令的人（不管是微软还是我们自己）需要明确指明哪些参数支持管道。如果命令的任何一个参数都不支持管道，或者 PowerShell 找不到适当的绑定，那么通过管道传递信息就会导致错误。例如，可以尝试执行下列命令。

```
PS> 'string' | Get-Process
Get-Process : The input object cannot be bound to any parameters for the command either...
--snip--
```

可以看出，这个命令不接受管道输入。如果想知道一个命令是否支持管道，可以查看命令的完整帮助信息，即执行 Get-Help 命令时指定 Full 参数。下面用 Get-Help 查看代码清单 3-1 中 Get-Service 命令的帮助信息。

```
PS> Get-Help -Name Get-Service -Full
```

这个命令的输出可不少，向下滚动到 PARAMETERS 部分。这部分列出了各参数的信息，而且比没有使用 Detailed 或 Full 参数时更为详细。Get-Service 命令的 Name 参数的信息如代码清单 3-4 所示。

代码清单 3-4 Get-Service 命令的 Name 参数的信息

```
-Name <string[]>
        Required?                    false
        Position?                    0
        Accept pipeline input?       true (ByValue, ByPropertyName)
        Parameter set name           Default
        Aliases                      ServiceName
        Dynamic?                     false
```

虽然信息不少，但我们关注的只是 Accept pipeline input?字段。你可能猜到了，这个字段指明了参数是否接受管道输入，如果不接受，你会看到旁边显示 false。不过，这里给出的信息更多，还指出了该参数既可通过 ByValue 接受管道输入，也可通过 ByPropertyName 接受管道输入。可以与这个命令的 ComputerName 参数比较一下，如代码清单 3-5 所示。

代码清单 3-5 Get-Service 命令的 ComputerName 参数的信息

```
-ComputerName <string[]>
        Required?                    false
        Position?                    Named
        Accept pipeline input?       true (ByPropertyName)
        Parameter set name           (all)
        Aliases                      Cn
        Dynamic?                     false
```

ComputerName 参数指定了在哪台计算机中运行 Get-Service 命令。注意，这个参数接受的值也是 string 类型。那么执行下列命令时，PowerShell 如何知道传入的是服务名称还是计算机名称呢？

```
PS> 'wuauserv' | Get-Service
```

PowerShell 会通过两种方式建立起管道输入与参数之间的对应关系。第一种方式是通过 ByValue，即 PowerShell 会根据传入的对象**类型**做相应的解释。由于 Get-Service 会指定通过 ByValue 方式接受 Name 参数的值，因此只要传入字符串，就解释为 Name 参数的值，除非另有指定。因为通过 ByValue 方式传递的参数取决于输入的类型，所以通过 ByValue 方式传递的各个参数只能为同一类型。

PowerShell 在参数与管道之间建立对应关系的第二种方式是借助 ByPropertyName。此时 PowerShell 会检查传入的对象中有没有相应的属性名称（比如这里的 ComputerName），如果有，就将属性的值作为参数的值。综上所述，如果想同时将服务名称和计算机名称传给 Get-Service 命令，则需要创建一个 PSCustomObject 对象，并传入该对象，如代码清单 3-6 所示。

代码清单 3-6　将一个自定义对象传给 Get-Service 命令

```
PS> $serviceObject = [PSCustomObject]@{Name = 'wuauserv'; ComputerName = 'SERV1'}
PS> $serviceObject | Get-Service
```

可以查看命令的参数规范，使用哈希表存储参数信息，并通过管道将各种命令串接起来。可是，代码越写越复杂，管道也有不适用的时候。下一节将说明如何将 PowerShell 代码存储在外部脚本中。

3.3　编写脚本

脚本是存储一系列命令的外部文件，在 PowerShell 控制台中输入一行代码即可运行。要想运行脚本，只需要在控制台中输入脚本的路径，如代码清单 3-7 所示。

代码清单 3-7　在控制台中运行一个脚本

```
PS> C:\FolderPathToScript\script.ps1
Hello, I am in a script!
```

在控制台中做不到的事情，在脚本中也无法实现，可是运行脚本只需要一个命令，而直接在控制台中操作可能要输入上千个命令。另外，如果想修改代码或者代码中有错误，那么需要在控制台中重新输入每个命令。读到本书后文你会发现，使用脚本可以编写复杂而健壮的代码。在动手编写脚本之前，需要修改几个设置，以便 PowerShell 运行脚本。

3.3.1 设置执行策略

在默认情况下，PowerShell不允许运行任何脚本。如果在默认的安装环境中尝试运行外部脚本，那么PowerShell会报错，如代码清单3-8所示。

代码清单3-8 尝试运行脚本导致出错

```
PS> C:\PowerShellScript.ps1
C:\PowerShellScript.ps1: File C:\PowerShellScript.ps1 cannot be loaded because
running scripts is disabled on this system. For more information, see about
_Execution_Policies at http://go.microsoft.com/fwlink/?LinkID=135170.
At line:1 char:1
+ C:\PowerShellScript.ps1
+ ~~~~~~~~~~~~~~~~~~~~~~~
    + CategoryInfo          : SecurityError: (:) [], PSSecurityException
    + FullyQualifiedErrorId : UnauthorizedAccess
```

看到错误消息你可能有点儿失落，这是PowerShell的**执行策略**导致的。执行策略是一项安全措施，用于决定哪些脚本可以运行。执行策略主要有四个等级。

- **Restricted（受限）**

  这是默认等级，不允许运行脚本。

- **AllSigned（全面签名）**

  这个等级只允许运行由受信的一方加密签名的脚本（详见后文）。

- **RemoteSigned（远程签名）**

  这个等级允许运行我们自己编写的脚本以及从别处下载的脚本，由受信的一方加密签名即可。

- **Unrestricted（不受限）**

  这个等级允许运行任何脚本。

如果想知道你的设备当前使用哪种执行策略，可以执行代码清单3-9中的命令来查看。

代码清单3-9 执行Get-ExecutionPolicy命令，显示当前执行策略

```
PS> Get-ExecutionPolicy
Restricted
```

执行这个命令，得到的结果最有可能是Restricted。为了顺利阅读本书，请将执行策略改成RemoteSigned。这样便可以运行任何自己编写的脚本，同时确保只能使用从受信的源下载的外部脚本。可以使用Set-ExecutionPolicy命令修改执行策略，传入想使用的策略即可，如代码清单

3-10 所示。注意，这个命令要以管理员身份执行（以管理员身份执行命令的方法参见第 1 章）。这个命令只需要运行一次，结果会保存在注册表中。如果在大型 AD 环境中，还可以通过组策略（group policy）一次性设置多台计算机的执行策略。

代码清单 3-10　用 Set-ExecutionPolicy 命令修改执行策略

```
PS> Set-ExecutionPolicy -ExecutionPolicy RemoteSigned

Execution Policy Change
The execution policy helps protect you from scripts that you do not trust. Changing the
execution policy might expose you to the security risks described in the about_Execution
_Policies help topic at http://go.microsoft.com/fwlink/?LinkID=135170. Do you want to change
the execution policy?
[Y] Yes  [A] Yes to All  [N] No  [L] No to All  [S] Suspend  [?] Help (default is "N"): A
```

再次执行 Get-ExecutionPolicy 命令，确认成功将策略改成了 RemoteSigned。前面说过，无须每次打开 PowerShell 时都设置执行策略，再次修改前，执行策略将保持为 RemoteSigned。

脚本签名

脚本签名是添加到脚本末尾的一段加密字符串，放在注释中。签名由计算机中安装的证书生成。将执行策略设为 AllSigned 或 RemoteSigned 后，只有正确签名的脚本才能运行。为源码签名的目的是让 PowerShell 知道脚本的源码是可靠的，而且脚本的作者就是声称的那个人。脚本的签名类似以下代码。

```
# SIG # Begin signature block
# MIIEMwYJKoZIhvcNAQcCoIIEJDCCBCACAQExCzAJBgUrDgMCGgUAMGkGCisGAQQB
# gjcCAQSgWzBZMDQGCisGAQQBgjcCAR4wJgIDAQABBAfzDtgWUsITrck0sYpfvNR
# AgEAAgEAAgEAAgEAAgEAMCEwCQYFKw4DAhoFAAQU6vQAn5sf2qIxQqwWUDwTZnJj
--snip--
# m5ugggI9MIICOTCCAaagAwIBAgIQyLeyGZcGA4ZOGqK7VF45GDAJBgUrDgMCHQUA
# Dxoj+2keS9sRR6XPl/ASs68LeF8o9cM=
# SIG # End signature block
```

在正式环境中，创建和执行的每个脚本都要签名。本书不会详述具体做法，如果想学习，可以阅读“PowerShell Basics—Execution Policy and Code Signing”系列文章。作者 Carlos Perez 是一位有名的安全专家，文章写得很好。

3.3.2　PowerShell 脚本编程

设置好执行策略后，就可以编写脚本并在控制台中运行了。可以在你喜欢的任何文本编辑器中编写 PowerShell 脚本，比如 Emacs、Vim、Sublime Text、Atom，甚至 Notepad，不过使用 PowerShell

Integrated Scripting Environment（ISE）或微软的 Visual Studio Code 编辑器最方便。严格来说，ISE 已被淘汰，可是 Windows 中预装了，作为首选也不错。

1. 使用 PowerShell ISE

执行代码清单 3-11 中的命令可以启动 PowerShell ISE。

代码清单 3-11 打开 PowerShell ISE

```
PS> powershell_ise.exe
```

上述命令将打开一个交互式控制台界面，如图 3-2 所示。

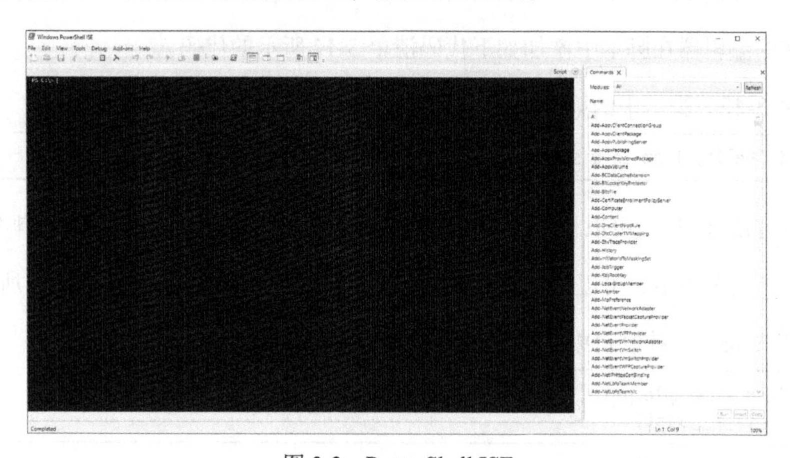

图 3-2 PowerShell ISE

单击“File”▶“New”菜单可添加脚本。现在界面应该一分为二了，控制台上方显示出一个白色面板，如图 3-3 所示。

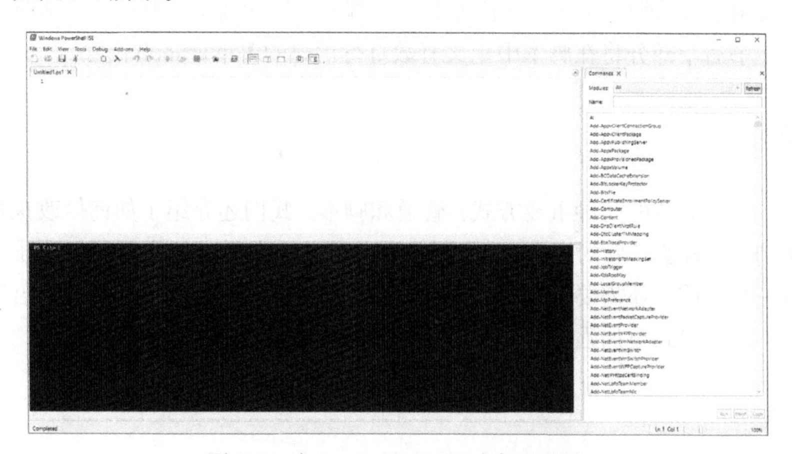

图 3-3 在 PowerShell ISE 中打开脚本

单击“File” ▶ “Save”菜单，将这个新文件保存为 WriteHostExample.ps1。我将脚本保存到了 C:盘，因此位置是 C:\WriteHostExample.ps1。注意，保存的脚本扩展名是.ps1，系统通过扩展名将该文件识别为 PowerShell 脚本。

脚本的所有文本都在白色面板中输入。PowerShell ISE 支持在同一个窗口中编辑和运行脚本，省去了编辑过程中来回切换窗口的麻烦。PowerShell ISE 的功能还有很多，这里不再赘述。

PowerShell 脚本就是普通的文本文件。使用什么文本编辑器无关紧要，只要 PowerShell 句法用对即可。

2. 编写第一个脚本

使用喜欢的编辑器在脚本中添加如下代码清单 3-12 所示的代码。

代码清单 3-12 脚本中的第一行代码

```
Write-Host 'Hello, I am in a script!'
```

注意，行首没有 `PS>`。可以根据这一点来判断我们是在控制台中还是在编写脚本。

如果想运行这个脚本，可以打开控制台，输入脚本的路径，如代码清单 3-13 所示。

代码清单 3-13 在控制台中运行 WriteHostExample.ps1

```
PS> C:\WriteHostExample.ps1
Hello, I am in a script!
```

这里可以使用完整路径来运行 WriteHostExample.ps1。如果已经进入脚本所在的目录，可以使用点号来表示当前工作目录，比如`.\WriteHostExample.ps1`。

恭喜你，没用多久就创建了第一个脚本！这个脚本没做什么了不起的事，却向正确的方向迈出了一大步。本书后半部分将在脚本中定义有数百行代码的 PowerShell 模块。

3.4 小结

本章学习了组合命令的两种重要方式：管道和脚本。我们还介绍了如何修改执行策略，探讨了参数绑定机制，对管道背后的魔力有了深入了解。现在，我们已经掌握了创建强大脚本的基础知识，但在真正行动前，还需要介绍几个关键概念。第 4 章将学习使用 `if/then` 语句和 `for` 循环等控制流结构，以便代码更加强健。

第 4 章

控制流

简单回顾一下。第 3 章学习了如何用管道和外部脚本组合命令，第 2 章学习了如何用变量存储值。使用变量的好处之一是，编写代码的过程中处理的是值的意义，而不是某个具体值，比如数字 3。可以通过一般性的名称$serverCount 进行指代，这样写出来的代码不做修改就可以在一台、两台甚至 1000 台服务器中运行。如果保存到外部脚本中，则利用这一点写出的通用解决方案便可以在多台计算机中运行，这为解决复杂问题提供了思路。

可现实情况是，如果使用的服务器数量（一台、两台、1000 台）不同，那么所产生的影响也将不同。目前还没有办法顺利解决这个问题：编写的脚本会按照从上到下的方向来运行，不能根据特定的值做出改变。基于处理的具体值，本章将用控制流和条件逻辑编写脚本，以执行不同的指令序列。读完本章后，你将学会使用 if/then 语句、switch 语句以及各种循环，为代码增添必要的灵活性。

4.1 理解控制流

我们将编写一个脚本，从不同的远程计算机中读取文件的内容。如果想跟着本书一起操作，请从本书资源网站 https://github.com/adbertram/PowerShellForSysadmins/中下载 App_configuration.txt 文件，并放置于几台远程计算机的 C:\盘中。[①]（没有远程服务器也没关系，可以先跟着一起操作。）这个示例用到的几台服务器分别名为 SRV1、SRV2、SRV3、SRV4 和 SRV5。

访问文件的内容需要使用 Get-Content 命令，文件的路径通过 Path 参数指定，如下所示。

```
Get-Content -Path "\\servername\c$\App_configuration.txt"
```

① 读者也可以到图灵社区本书页面下载代码文件，网址是 ituring.cn/book/2927。——编者注

首先，需要将所有服务器的名称存入一个数组，然后对数组中的每台服务器执行上述命令。新建并打开一个.ps1 文件，然后输入代码清单 4-1 中的代码。

代码清单 4-1　从多台服务器中获取一个文件的内容

```
$servers = @('SRV1','SRV2','SRV3','SRV4','SRV5')
Get-Content -Path "\\$($servers[0])\c$\App_configuration.txt"
Get-Content -Path "\\$($servers[1])\c$\App_configuration.txt"
Get-Content -Path "\\$($servers[2])\c$\App_configuration.txt"
Get-Content -Path "\\$($servers[3])\c$\App_configuration.txt"
Get-Content -Path "\\$($servers[4])\c$\App_configuration.txt"
```

理论上来说，上述代码可以正常运行。可是，这个示例假定环境中的一切都是完好无损的。试想，如果 SRV2 下线了呢？如果忘记将 App_configuration.txt 文件放到 SRV4 了呢？或者，如果文件的路径不一致呢？你可以为每台服务器编写一个脚本，但这种方式不太灵活，如果服务器数量又增加了呢？我们真正需要的是根据遇到的具体情况执行不同代码的能力。

这就是**控制流**背后的基本思想，即根据预定的逻辑执行不同指令序列的能力。可以将脚本的执行理解为沿着一条路行走。现在，这条路是直来直去的，从第一行代码一直到最后一行代码。但我们可以使用控制流语句添加岔路、添加回到原始位置的回路，或者跳过几行。为脚本引入不同的执行路径可以极大地提升灵活性，以便脚本处理更多情况。

先介绍最基本的控制流类型：条件语句。

4.2　使用条件语句

第 2 章介绍过布尔值，该类型有两个值，一真一假。我们会使用布尔值构建**条件语句**，让 PowerShell 在表达式（称作**条件**）求值结果为 True 或 False 时分别执行不同的代码块。条件就是是非问题，例如，你拥有的服务器数量超过 5 台吗？3 号服务器在线吗？这个文件路径存在吗？编写条件语句前，需要先学习如何将这种问题转换成表达式。

4.2.1　用运算符构建表达式

可以使用对值进行比较的**比较运算符**来编写表达式。比较运算符会被放在两个值之间，如下所示。

```
PS> 1 -eq 1
True
```

-eq 运算符的作用是判断两个值是否相等。下面给出了最常使用的比较运算符。

- **-eq** 用于比较两个值，相等时返回 True。

- **-ne** 用于比较两个值，不等时返回 True。
- **-gt** 用于比较两个值，前一个比后一个大时返回 True。
- **-ge** 用于比较两个值，前一个比后一个大或相等时返回 True。
- **-lt** 用于比较两个值，前一个比后一个小时返回 True。
- **-le** 用于比较两个值，前一个比后一个小或相等时返回 True。
- **-contains**，第二个值包含在第一个值中时，返回 True。可判断某个值在不在数组中。

PowerShell 还提供了更高级的比较运算符，本书不做介绍，如果感兴趣，可以阅读微软文档或者 PowerShell 帮助（参见第 1 章）来进一步了解。

可以使用上述运算符来比较变量和值。但是表达式不一定需要做比较。有时 PowerShell 命令也可以作为条件。前面的示例想知道一台服务器是否在线。为此，可以使用 Test-Connection cmdlet 测试服务器能不能 ping 通。正常情况下，Test-Connection 返回的输出是一个对象，充满各种信息。但是，通过传入 Quiet 参数，可以强制该命令只返回 True 或 False。另外，还可以通过 Count 参数限制只尝试一次。

```
PS> Test-Connection -ComputerName offlineserver -Quiet -Count 1
False
PS> Test-Connection -ComputerName onlineserver -Quiet -Count 1
True
```

如果想知道服务器有没有下线，可以用-not 运算符将表达式的结果反过来。

```
PS> -not (Test-Connection -ComputerName offlineserver -Quiet -Count 1)
True
```

以上就是基本的表达式，接下来将介绍最简单的条件语句。

4.2.2 if 语句

if 语句很好理解：如果 *X* 是真的，那就执行 *Y*。就这么简单！

if 语句以 if 关键字开头，后跟一对圆括号，其中写有条件。这个表达式后面是一个代码块，放在一对花括号内。PowerShell 仅在表达式求值为 True 时执行代码块。如果 if 表达式求值为 False 或什么也不返回，那么就跳过代码块。if/then 语句的基本句法如代码清单 4-2 所示。

代码清单 4-2 if 语句的句法

```
if (condition) {
    # 条件求值为真时运行的代码
}
```

这个示例用到了一个新句法：井号（#）表示**注释**，这是 PowerShell 将忽略的文本。可以用注释为自己或阅读代码的其他人留下有用的说明信息。

现在回过头来看代码清单 4-1，可以尝试使用 if 语句以确保不访问下线的服务器。前面说过，Test-Connection 可以作为返回 True 或 False 的表达式，因此可以将 Test-Connection 命令放在 if 语句中，然后在后面的代码块中使用 Get-Content，以避免访问下线的服务器。暂且只修改访问第一台服务器的代码，如代码清单 4-3 所示。

代码清单 4-3 使用 if 语句有选择地获取服务器中的内容

```
$servers = @('SRV1','SRV2','SRV3','SRV4','SRV5')
if (Test-Connection -ComputerName $servers[0] -Quiet -Count 1) {
    Get-Content -Path "\\$($servers[0])\c$\App_configuration.txt"
}
Get-Content -Path "\\$($servers[1])\c$\App_configuration.txt"
--snip--
```

由于将 Get-Content 放在了 if 语句中，这样访问不在线的服务器时便不会出错。如果测试失败，则脚本不会尝试读取文件。只有确认服务器在线，才会尝试访问它。注意，上述代码只处理了条件为真的情况。更多时候，我们想在条件为真时表现一种行为，并在条件为假时表现另一种行为。下一节将说明如何用 else 语句指定条件为假时的行为。

4.2.3 else 语句

如果想为 if 语句添加另一种行为，那么在 if 块的结束括号后面使用 else 关键字即可，后跟一对花括号，其中包含一个代码块。代码清单 4-4 添加了一个 else 语句，会在第一台服务器无响应时返回一个错误。

代码清单 4-4 用 else 语句在条件不为真时运行代码

```
if (Test-Connection -ComputerName $servers[0] -Quiet -Count 1) {
    Get-Content -Path "\\$($servers[0])\c$\App_configuration.txt"
} else {
    Write-Error -Message "The server $($servers[0]) is not responding!"
}
```

if/else 语句最适合处理两种互斥的情况。这里服务器要么在线，要么不在线，因此只需要两个代码分支。下面来看看更复杂的情况。

4.2.4 elseif 语句

else 是总括语句，只要 if 条件失败，就做指定的事情。对双值条件（比如服务器是否在线）

来说，这么做没问题。可是有时遇到的情况要复杂得多。假如事先知道有一台服务器中没有要读取的文件，而且已经将这台服务器的名称存入$problemServer 变量了（请自己动手将相关代码添加到脚本中）。因此，需要额外做一次检查，判断当前处理的是不是那台有问题的服务器。为此可以嵌套 if 语句，如下所示。

```
if (Test-Connection -ComputerName $servers[0] -Quiet -Count 1) {
    if ($servers[0] -eq $problemServer) {
        Write-Error -Message "The server $servers[0] does not have the right file!"
    } else {
        Get-Content -Path "\\$servers[0]\c$\App_configuration.txt"
    }
} else {
    Write-Error -Message "The server $servers[0] is not responding!"
}
--snip--
```

这个逻辑更简捷的写法是使用 elseif 语句，在回落到 else 代码块之前再添加一个条件。elseif 块的句法与 if 块完全一样。可以使用 elseif 语句来检查有问题的服务器，如代码清单 4-5 所示。

代码清单 4-5　使用 elseif 块

```
if (-not (Test-Connection -ComputerName $servers[0] -Quiet -Count 1)) { ❶
    Write-Error -Message "The server $servers[0] is not responding!"
} elseif ($servers[0] -eq $problemServer) { ❷
    Write-Error -Message "The server $servers[0] does not have the right file!"
} else {
    Get-Content -Path "\\$servers[0]\c$\App_configuration.txt" ❸
}
--snip--
```

注意，我们不仅添加了一个 elseif 块，还修改了逻辑。现在，先使用-not 运算符检查服务器有没有下线❶。确定服务器在线后，再检查是不是那台有问题的服务器❷。如果不是，使用 else 语句执行默认行为，即读取文件❸。可以看到，代码的组织方式有好多种。我们要确保的是代码可以正常运行，而且要保持可读性，让别人一眼就能看懂。这里所说的“别人”可能是第一次阅读你代码的同事，也可能是一段时间后再回来查看代码的自己。

想使用多少个 elseif 语句都可以，它适用于很多场景。然而，elseif 语句之间是互斥的：如果某一个 elseif 条件的求值结果为 True，那么 PowerShell 只会运行相应的代码块，不会再测试其他情况。对代码清单 4-5 来说，这不是问题，因为确认服务器在线后，只需要测试是不是那台有问题的服务器。请记住这一点。

if、else 和 elseif 语句适合处理简单的是非问题。下一节将介绍如何处理稍微复杂一些的逻辑。

4.2.5 switch 语句

稍微调整一下前面的示例。假设有 5 台服务器，但是每台服务器中文件的路径不一样。根据目前所学的知识，需要为每一台服务器编写一个 elseif 语句。这样做是可以，但还有更简捷的方法。

注意，现在情况不一样了。之前需要处理是非问题，而这里需要知道具体的值：是 SRV1 服务器？SRV2 服务器？还是其他服务器？如果只处理一两个具体的值，那么使用 if 语句就可以了，现在使用 switch 语句更简捷。

switch 语句会根据具体的值执行不同的代码。switch 语句以 switch 关键字开头，后跟一个放在圆括号内的表达式。switch 块内部是一系列语句，每个语句有一个值，后跟一个放在花括号内的代码块，最后还有一个 default 块，如代码清单 4-6 所示。

代码清单 4-6　switch 语句模板

```
switch (expression) {
    expressionvalue {
        # 做些操作
    }
    expressionvalue {
    }
    default {
        # 没找到匹配值时做些操作
    }
}
```

switch 语句可以包含（几乎）无限个值。表达式的求值结果是什么，就执行相应块中的代码。注意，与 elseif 不同，运行一个代码块之后，PowerShell 将继续求解其他条件，除非明确指定不继续。如果没有一个值与求值结果匹配，那么 PowerShell 会执行 default 块。在 switch 语句中，如果想强制 PowerShell 不继续求解条件，可以在代码块的末尾使用 break 关键字，如代码清单 4-7 所示。

代码清单 4-7　在 switch 语句中使用 break 关键字

```
switch (expression) {
    expressionvalue {
        # 做些操作
        break
    }
--snip--
```

通过使用 break 关键字，可以将 switch 语句中的条件变成互斥的。回到 5 台服务器中同名文件在不同路径上的示例。我们知道每台服务器的名称只有一个（不可能同时为 SRV1 和 SRV2），因此需要使用 break 关键字。写出的脚本如代码清单 4-8 所示。

代码清单 4-8 用 switch 语句检查不同的服务器

```
$currentServer = $servers[0]
switch ($currentServer) {
    $servers[0] {
        # 检查服务器是否在线，然后从 SRV1 中的路径获取内容
        break
    }
    $servers[1] {
        ## 检查服务器是否在线，然后从 SRV2 中的路径获取内容
        break
    }

    $servers[2] {
        ## 检查服务器是否在线，然后从 SRV3 中的路径获取内容
        break
    }
--snip--
```

也可以使用 if 和 elseif 语句改写这段代码（建议你自己试一下）。不管使用什么语句，都要为列表中的每台服务器重复编写相同的结构，也就意味着你写出的脚本将特别长。试想如果不是 5 台服务器，而是 500 台呢？下一节将介绍一种最基础的控制流结构——循环。我们将借助循环达到事半功倍的效果。

4.3 使用循环

计算机领域有一个黄金法则：不要自我重复（Don't Repeat Yourself，DRY）。如果发现自己不断重复做相同的事，那么说不定就有方法可以实现自动化。编写代码也是如此，如果一次次编写相同的几行代码，那么或许就有更好的方案。

避免重复的一种方法是使用**循环**。循环会重复执行代码，直到条件发生变化。可以设置停止条件，让循环运行有限次，或者在布尔值发生变化时停止循环，又或者让循环无限运行。循环每运行一次叫作一次**迭代**。

PowerShell 提供了五种循环：foreach、for、do/while、do/until 和 while。本节将分别介绍各种循环，指出每种循环的独特之处及最佳使用场景。

4.3.1 foreach 循环

先从 PowerShell 中最常用的循环开始：foreach 循环。foreach 循环会遍历一组对象，在每个对象上执行相同的操作，直至最后一个对象结束。这组对象通常用数组表示。使用循环处理一组对象称为**迭代列表**。

foreach 循环适合对大量有一定关系的不同对象执行相同的任务。再来看一下代码清单 4-1。

```
$servers = @('SRV1','SRV2','SRV3','SRV4','SRV5')
Get-Content -Path "\\$($servers[0])\c$\App_configuration.txt"
Get-Content -Path "\\$($servers[1])\c$\App_configuration.txt"
Get-Content -Path "\\$($servers[2])\c$\App_configuration.txt"
Get-Content -Path "\\$($servers[3])\c$\App_configuration.txt"
Get-Content -Path "\\$($servers[4])\c$\App_configuration.txt"
```

摒弃上一节添加的各种华丽逻辑，将这段代码放入一个 foreach 循环。与 PowerShell 中的其他循环不同，foreach 循环有三种用法：foreach 语句，ForEach-Object **cmdlet** 和 foreach()方法。三种用法有相似之处，但你需要知道个中区别。接下来我们将分别使用每一种 foreach 循环重写代码清单 4-1。

1. foreach 语句

第一种 foreach 循环是 foreach 语句。代码清单 4-9 使用这种循环重写了代码清单 4-1。

代码清单 4-9　使用 foreach 语句

```
foreach ($server in $servers) {
    Get-Content -Path "\\$server\c$\App_configuration.txt"
}
```

可以看到，foreach 关键字后面有一个圆括号，里面有三个元素，按顺序分别为：一个变量、关键字 in 和要迭代的对象或数组。变量的名称随意，但建议确保具有一定的描述性。

在遍历列表的过程中，PowerShell 会将目标对象**复制**到这个变量中。注意，由于这个变量的值只是副本，因此无法直接修改原列表中的元素。可以运行以下代码测试一下。

```
$servers = @('SRV1','SRV2','SRV3','SRV4','SRV5')
foreach ($server in $servers) {
    $server = "new $server"
}
$servers
```

你应该会看到如下输出。

```
SRV1
SRV2
SRV3
SRV4
SRV5
```

没有任何变化！这是因为修改的是原数组中各元素的副本。这是 foreach 循环（任何类型）的一个缺点。如果想直接修改列表中的原始内容，那么需要使用其他循环类型。

2. ForEach-Object cmdlet

与 foreach 语句一样，ForEach-Object cmdlet 也可以迭代一组对象，并执行相同的操作。但是，由于 ForEach-Object 是一个 cmdlet，因此必须将迭代的对象及执行的操作通过参数传递。

代码清单 4-10 使用 ForEach-Object cmdlet 实现了与代码清单 4-9 一样的效果。

代码清单 4-10 使用 ForEach-Object cmdlet

```
$servers = @('SRV1','SRV2','SRV3','SRV4','SRV5')
ForEach-Object -InputObject $servers -Process {
    Get-Content -Path "\\$_\c$\App_configuration.txt"
}
```

这里稍有不同，需要说明一下。注意，ForEach-Object cmdlet 接受了一个 InputObject 参数。这里该参数的值是$servers 数组，不过也可以是任何其他对象，比如一个字符串或整数。如果是字符串或整数，则 PowerShell 只会做一次迭代。ForEach-Object cmdlet 还接受了一个 Process 参数，其值是一个**脚本块**，其中包含在输入对象中的每个元素上运行的一段代码。（**脚本块**是一系列语句，会作为一个整体传给 cmdlet。）

你可能注意到了，代码清单 4-10 还有一处不太一样。foreach 语句中使用的变量是$server，而现在用的是$_。这个特殊的句法表示管道中的当前对象。与 foreach 语句最大的不同是，ForEach-Object cmdlet 接受管道输入。其实，ForEach-Object 最常见的用法是通过管道传递 InputObject 参数，如下所示。

```
$servers | ForEach-Object -Process {
    Get-Content -Path "\\$_\c$\App_configuration.txt"
}
```

使用 ForEach-Object cmdlet 可以节省大量时间。

3. foreach()方法

最后一种 foreach 循环是对象的 foreach()方法，于 PowerShell V4 版中引入。所有的 PowerShell 数组都有 foreach()方法，作用与 foreach 语句和 ForEach-Object cmdlet 相同。foreach()方法能够接受一个脚本块参数，其中包含每次迭代运行的代码。与 ForEach-Object 一样，foreach()方法也使用$_捕获当前迭代的对象，如代码清单 4-11 所示。

代码清单 4-11 使用 foreach()方法

```
$servers.foreach({Get-Content -Path "\\$_\c$\App_configuration.txt"})
```

foreach()方法的速度比另外两种 foreach 循环快，在处理大型数据集时尤为明显。在这三种

foreach 循环中，建议首选 foreach()方法。

foreach 循环非常适合在每一个对象上执行相同的任务。但有时我们想要做的事情较为简单，比如多次重复执行一个任务，这该怎么办呢？

4.3.2　for 循环

如果想让一段代码执行预定的次数，可以使用 for 循环。for 循环的基本句法如代码清单 4-12 所示。

代码清单 4-12　一个简单的 for 循环

```
for (❶$i = 0; ❷$i -lt 10; ❸$i++) {
  ❹ $i
}
```

for 循环由四部分组成：迭代变量声明❶、继续循环的条件❷、每次循环成功后对迭代变量执行的操作❸，以及每次循环执行的代码❹。在这个示例中，循环一开始将变量$i 初始化为 0。然后检查$i 的值是否小于 10。如果小于 10，就执行花括号中的代码，即打印$i 的值。执行完花括号中的代码后，将$i 的值递增 1❸，再检查$i 的值是否还小于 10❷。这个过程会一直重复，直到$i 的值不再小于 10。因此，这个循环将一共迭代 10 次。

可以像这样使用 for 循环执行一个任务任意次数，只需将❷改成所需要的条件即可。除此之外，for 循环还有很多用途，其中最为瞩目的是处理数组中的元素。前文说过，foreach 循环无法修改数组中的元素。下面用 for 循环试试。

```
$servers = @('SERVER1','SERVER2','SERVER3','SERVER4','SERVER5')
for ($i = 0; $i -lt $servers.Length; $i++) {
    $servers[$i] = "new $(servers[$i])"
}
$servers
```

运行这个脚本试试。服务器的名称应该变了。

如果想执行的操作需要用到数组中的多个元素，那么使用 for 循环也很方便。假如$servers 数组中的元素是按一定顺序排列的，要想知道谁在谁的后面，可以使用 for 循环。

```
for (❶$i = 1; $i -lt $servers.Length; $i++) {
    Write-Host $servers[$i] "comes after" $servers[$i-1]
}
```

注意，这一次声明的迭代变量从 1 开始❶。这是为了避免访问第一台服务器前面的元素，防止报错。

阅读后文你会发现，for 循环是一个很强大的工具，除了这里列举的简单示例，还有很多用途。接下来介绍下一种循环。

4.3.3 while 循环

while 循环最为简单：当条件为真时，执行代码。为了一窥 while 循环的句法，可以重写代码清单 4-12 中的 for 循环，如代码清单 4-13 所示。

代码清单 4-13 使用 while 循环实现简单的计数器

```
$counter = 0
while ($counter -lt 10) {
    $counter
    $counter++
}
```

可以看到，在 while 循环中，想要求值的条件被放在圆括号内，需要运行的代码被放在花括号内。

while 循环最适合迭代次数**不可预定**的情况。假如有一台 Windows 服务器（也叫$problemServer）时常下线，这台服务器中有我们需要的一个文件，可是我们不想坐在那里每隔几分钟测试一下服务器是否在线。这个任务可以交给 while 循环，如代码清单 4-14 所示。

代码清单 4-14 使用 while 循环处理有问题的服务器

```
while (Test-Connection -ComputerName $problemServer -Quiet -Count 1) {
    Get-Content -Path "\\$problemServer\c$\App_configuration.txt"
    break
}
```

我们将 if 循环换成了 while 循环，不断检查服务器是否在线。一旦获得所需要的内容，就从循环中跳出来，不再检查服务器的状况。break 关键字可在任何循环中使用，以用于终止循环。while($true)循环十分常见，使用这种循环时千万别忘了退出。条件为$true 时，while 循环会一直运行下去，除非使用 break 关键字或通过键盘输入将其终止。

4.3.4 do/while 循环和 do/until 循环

有两个循环与 while 循环类似：do/while 循环和 do/until 循环。二者正好相反，do/while 循环在条件为真时执行，而 do/until 循环直到条件为真时才执行。

空的 do/while 循环如下所示。

```
do {

    } while ($true)
```

可以看到，do 代码在 while 条件前面。与 while 循环最大的区别是，do/while 循环会在求解条件之前先执行代码。

某些情况下这是比较有用的，尤其是当你从一个源不断接收输入，检查是否满足条件时。假如你想要询问用户哪门编程语言是最优秀的，可以使用代码清单 4-15 中的代码。这里使用的是 do/until 循环。

代码清单 4-15 使用 do/until 循环

```
do {
    $choice = Read-Host -Prompt 'What is the best programming language?'
} until ($choice -eq 'PowerShell')
Write-Host -Object 'Correct!'
```

do/while 循环和 do/until 循环没有太大差异。通常，同一事件既可以使用 do/while 循环，也可以使用 do/until 循环，只是条件要反过来，就像本节示例所展示的那样。

4.4 小结

本章内容很多，首先介绍了控制流，并使用条件逻辑为代码引入了替代路径。然后展示了不同类型的控制流语句，包括 if 语句，switch 语句，以及 foreach、for 和 while 循环。最后，我们还掌握了一定的实战经验，学会了如何使用 PowerShell 检查服务器是否在线，以及如何访问服务器中的文件。

虽然可以利用条件逻辑处理一些错误，但难免会有遗漏。第 5 章将深入探讨错误，并介绍一些处理错误的技术。

第5章

错误处理

现实世界并不完美，比如本该在线却没有在线的服务器、不在正确位置上的文件，等等，为此我们学习了如何使用变量和控制流结构来编写灵活的代码。这些是我们预先知道可能发生的事情，处理起来会得心应手。但我们不可能预知所有错误，总有意料之外的情况发生，进而导致代码无法正常运行。而我们能做的只有尽职尽责编写代码，并在必要时中断执行。

这是**处理错误**的基本前提，作为开发者，我们要利用相关技术确保代码能预测并**处理**错误。本章将介绍几种最基本的错误处理技术。我们首先会深入研究错误本身，了解终止性错误和非终止性错误之间的区别，然后会学习如何使用 `try/catch/finally` 结构，最后会探析 PowerShell 的错误自动变量。

5.1　了解异常和错误

在第 4 章中，我们学习了控制流以及如何为代码增添不同的执行路径。如果代码遇到问题，那么正常的流程将被中断。导致流程中断的事件叫作**异常**。像除以零、访问超出数组边界的元素，或者打开不存在的文件等错误都会导致 PowerShell 抛出异常。

一旦抛出异常，如果不做拦截，它就会裹挟额外的信息向用户**报错**。PowerShell 中的错误分为两种，一种是终止性错误，另一种是非终止性错误。**终止性错误**即终止执行代码的错误。假设有一个名为 Get-Files.ps1 的脚本，该脚本会在指定的文件夹中查找一组文件，然后对找到的每个文件执行相同的操作。如果脚本找不到文件夹（比如说被别人移到其他地方或不小心改为其他名称了），那么就要返回终止性错误，毕竟无法访问文件就不能执行所需要的操作了。但如果只有一个文件损坏了呢？

当尝试访问损坏的文件时，会得到另一种异常。既然是在各个文件上分别执行操作，那就没有理由让这一个损坏的文件阻碍对其他文件的处理。在这种情况下，编写的代码需要将那个损坏的文件导致的异常视作**非终止性错误**，即严重程度不足以终止其余的代码运行。

一般来说，在处理错误时，遇到非终止性错误应该输出一个有用的错误消息，并让程序继续运行。PowerShell 内置的很多命令就采用了这种方式。如果想检查 `bits`、`foo` 和 `lanmanserver` 这三个 Windows 服务的状态，可以使用一个 `Get-Service` 命令同时检查它们，如代码清单 5-1 所示。

代码清单 5-1　一个非终止性错误

```
PS> Get-Service bits,foo,lanmanserver
Get-Service : Cannot find any service with service name 'foo'.
At line:1 char:1
+ Get-Service bits,foo,lanmanserver
+ ~~~~~~~~~~~~~~~~~~~~~~~~~~~~~~~~~
+ CategoryInfo          : ObjectNotFound: (foo:String) [Get-Service], ServiceCommandException
+ FullyQualifiedErrorId : NoServiceFoundForGivenName,
                          Microsoft.PowerShell.Commands.GetServiceCommand

Status   Name               DisplayName
------   ----               -----------
Running  bits               Background Intelligent Transfer Ser...
Running  lanmanserver       Server
```

显而易见，`foo` 服务不存在，PowerShell 也告诉我们了。但注意，PowerShell 获得了另外两个服务的状态。也就是说，虽然遇到了错误，但是 `Get-Service` 命令没有停止执行。这个非终止性错误可以转换成终止性错误，禁止余下的代码继续运行。

注意，抛出的异常到底会导致非终止性错误还是终止性错误由开发者决定。通常，像代码清单 5-1 中示例那样，这个决定由编写你所使用的 cmdlet 的那个人做出。大多数时候，遇到异常时，cmdlet 会返回一个非终止性错误，向控制台写入错误输出，并让脚本继续执行。下一节会介绍将非终止性错误转换成终止性错误的几种方式。

5.2　处理非终止性错误

假如你想编写一个简单的脚本，以读取一个文件夹中的几个文本文件，并将每个文本文件的第一行内容打印出来。如果指定的文件夹不存在，那么我们希望脚本立即停止执行，并报告错误；如果遇到其他错误，则希望脚本继续运行，并报告错误。

先编写应该返回终止性错误的脚本，代码清单 5-2 是第一次尝试。（本可以将代码写得更简洁一些，但出于教学目的，我尽量将每一步的作用表达清楚。）

代码清单 5-2 首次尝试编写 Get-Files.ps1 脚本

```
$folderPath = '.\bogusFolder'
$files = Get-ChildItem -Path $folderPath
Write-Host "This shouldn't run."
$files.foreach({
    $fileText = Get-Content $files
    $fileText[0]
})
```

这里使用 Get-ChildItem 命令获取指定路径（一个虚构的文件夹）下的所有文件。运行这个脚本将看到如下所示的输出。

```
Get-ChildItem : Cannot find path 'C:\bogusFolder' because it does not exist.
At C:\Get-Files.ps1:2 char:10
+ $files = Get-ChildItem -Path $folderPath
+          ~~~~~~~~~~~~~~~~~~~~~~~~~~~~~~~~
+ CategoryInfo : ObjectNotFound: (C:\bogusFolder:String) [Get-ChildItem], ItemNotFoundException
    + FullyQualifiedErrorId : PathNotFound,Microsoft.PowerShell.Commands.GetChildItemCommand
This shouldn't run.
```

可以看到，输出表明了两点：第一，PowerShell 返回了一个错误，以指明遇到的异常类型（ItemNotFoundException）；第二，对 Write-Host 的调用运行了。这表明我们遇到的是非终止性错误。

为了将这个错误转换成终止性错误，需要使用 ErrorAction 参数。这是一个**通用参数**，每一个 PowerShell cmdlet 都可以接受。ErrorAction 参数能够决定 cmdlet 遇到非终止性错误时做何反应。这个参数的值主要有五个选择。

- **Continue**

  输出错误消息，然后继续执行 cmdlet。这是默认值。

- **Ignore**

  继续执行 cmdlet，且不输出错误，也不将错误记录到$Error 变量中。

- **Inquire**

  输出错误消息，然后询问用户接下来该怎么做。

- **SilentlyContinue**

  继续执行 cmdlet，不输出错误，但是将错误记录到$Error 变量中。

- **Stop**

  输出错误消息，然后停止执行 cmdlet。

本章后文会进一步介绍$Error变量。现在，需要将Stop传给Get-ChildItem。更新脚本并再次运行。这一次还会看到同样的错误输出，但是没有This shouldn't run了。

ErrorAction参数适合在每种情况下单独控制错误行为。如果想全面修改PowerShell处理所有非终止性错误的方式，可以使用$ErrorActionPreference变量，这是控制非终止性错误默认行为的自动变量。在默认情况下，$ErrorActionPreference的值是Continue。注意，ErrorAction参数会将$ErrorActionPreference的值覆盖掉。

我建议最好将$ErrorActionPreference设为Stop，完全不用非终止性错误。这样就会捕获所有错误，从而免去事先了解哪些错误是终止性的以及哪些错误是非终止性的麻烦。如果愿意，你也可以通过ErrorAction参数精确控制每个命令，让命令返回终止性错误，但是我更偏好一次性设置好，然后抛诸脑后，而无须时刻记住为调用的每个命令传递ErrorAction参数。

接下来将介绍如何使用try/catch/finally结构处理终止性错误。

5.3　处理终止性错误

如果不想让终止性错误阻碍程序运行，则需要捕获终止性错误。为此，需要使用try/catch/finally结构。这个结构的句法如代码清单5-3所示。

代码清单5-3　try/catch/finally结构的句法

```
try {
    # 原始代码
} catch {
    # 发现终止性错误时运行的代码
} finally {
    # 最后运行的代码
}
```

使用try/catch/finally结构其实是为错误处理安置一张安全网。try块中是我们想要运行的原始代码，如果出现终止性错误，那么PowerShell会将代码执行流引向catch块。无论catch块中的代码是否运行，finally块中的代码都将运行。注意，与try块或catch块不同，finally块是可选的。

为了更好地理解try/catch/finally结构可以做什么、不可以做什么，下面回到Get-Files.ps1脚本上。使用try/catch语句编写一个简洁的错误消息，如代码清单5-4所示。

代码清单5-4　使用try/catch语句处理终止性错误

```
$folderPath = '.\bogusFolder'
try {
    $files = Get-ChildItem -Path $folderPath -ErrorAction Stop
```

```
    $files.foreach({
        $fileText = Get-Content $files
        $fileText[0]
    })
} catch {
    $_.Exception.Message
}
```

捕获终止性错误后，catch 块会将错误对象存储在$_变量中。这个示例调用$_.Exception.Message只返回了异常消息。这里返回的错误消息可能是 Cannot find path 'C:\ bogusFolder' because it does not exist。错误对象还包含其他信息，比如抛出的异常是什么类型、异常抛出前所执行代码的栈跟踪，等等。然而，目前对我们最有用的信息是 Message 属性。这个属性通常包含了解代码出了什么问题的基本信息。

至此，这个脚本应该符合我们的要求了。将 ErrorAction 参数设为 Stop 后，如果找不到文件夹，则会返回一个终止性错误，并被捕获。但是，使用 Get-Content 命令访问文件时遇到错误怎么办呢?

请运行以下代码试验一下。

```
$filePath = '.\bogusFile.txt'
try {
    Get-Content $filePath
} catch {
    Write-Host "We found an error"
}
```

PowerShell 会输出一个错误消息，但不是我们在 catch 块中编写的那个。这是因为 Get-Content 在未找到文件时返回了一个非终止性错误，而 try/catch 只能捕获终止性错误。这意味着，代码清单 5-4 中的代码是符合预期的，由访问文件导致的错误不会终止程序执行，而会将错误输出到控制台。

注意，这个脚本中的代码没有使用 finally 块。finally 块适合放一些执行清理任务的代码，比如断开数据库连接、清理 PowerShell 远程会话，等等。对这个示例来说，无须进行任何清理工作。

5.4 探索$Error 自动变量

本章已经让 PowerShell 返回了大量错误。不管是终止性错误还是非终止性错误，都存储在一个 PowerShell 自动变量中，这个变量叫作$Error。$Error 变量是内置的，在一个数组中存储当前 PowerShell 会话返回的所有错误，按错误发生的时间排序。

为了了解$Error 变量的用法，可以打开控制台并执行一个返回非终止性错误的命令，如代码清单 5-5 所示。

代码清单 5-5　示例错误

```
PS> Get-Item -Path C:\NotFound.txt
Get-Item : Cannot find path 'C:\NotFound.txt' because it does not exist.
At line:1 char:1
+ Get-Item -Path C:\NotFound.txt
+ ~~~~~~~~~~~~~~~~~~~~~~~~~~~~~~
+ CategoryInfo : ObjectNotFound: (C:\NotFound.txt:String) [Get-Item], ItemNotFoundException
    + FullyQualifiedErrorId : PathNotFound,Microsoft.PowerShell.Commands.GetItemCommand
```

然后，在同一个 PowerShell 会话中查看$Error 变量，如代码清单 5-6 所示。

代码清单 5-6　$Error 变量

```
PS> $Error
Get-Item : Cannot find path 'C:\NotFound.txt' because it does not exist.
At line:1 char:1
+ Get-Item -Path C:\NotFound.txt
+ ~~~~~~~~~~~~~~~~~~~~~~~~~~~~~~
+ CategoryInfo : ObjectNotFound: (C:\NotFound.txt:String) [Get-Item], ItemNotFoundException
    + FullyQualifiedErrorId : PathNotFound,Microsoft.PowerShell.Commands.GetItemCommand
--snip--
```

除非是一个新打开的会话，否则你会看到很长一串错误。如果想访问特定的错误，可以像数组那样使用索引表示法。错误会从头部被添加到$Error 数组中，因此$Error[0]是最近发生的错误，$Error[1]是随后发生的错误，以此类推。

5.5　小结

PowerShell 中的错误处理是一个很宽泛的话题，本章只介绍了一点儿基础知识。如果想深入了解，可以执行 Get-Help about_try_catch_finally 命令，并查看 about_try_catch_finally 帮助主题。此外，也可以阅读 Dave Wyatt 撰写的 *The Big Book of PowerShell Error Handling* 一书。

本章的要点是了解终止性错误和非终止性错误之间的区别，学习 try/catch 语句的用法，并熟悉不同的 ErrorAction 选项。掌握这些技能后，便可以处理代码中可能抛出的任何错误了。

到目前为止，我们一直在一整段代码中完成所有任务。第 6 章将介绍函数，并学习如何将代码独立成一个个可执行的单元。

第 6 章

编写函数

目前我们编写的代码基本上是单向度的，因为一个脚本只有一个任务。编写只能访问一个文件夹中所存文件的脚本没什么不对，可是我们的目标是编写更加健壮的 PowerShell 工具，希望代码能做更多事情。你可以一意孤行，将一个脚本塞得满满的。你也可以编写上千行代码来完成上百项任务，将所有代码纠缠在一起。但这样的脚本晦涩难懂，让人无从下手。你还可以将每一项任务单独写在各自的脚本中，但是用起来会很麻烦。我们都希望有一个多功能的工具，而不喜欢使用 100 个功能单一的脚本。

为此，需要将各项任务拆解为单独的**函数**（function），即只负责执行一项任务的带标注的代码段。函数只需要定义一次。为了解决某种问题，可以将代码存储在函数中，以后再遇到同类问题，直接使用（**调用**）那个函数即可。函数极大地提升了代码的可用性和可读性，降低了使用难度。本章将介绍如何编写函数、如何添加和管理函数的参数，以及如何让函数接受管道输入。在此之前，需要先熟悉一下术语。

6.1 函数与 cmdlet

你可能觉得函数背后的逻辑听着耳熟，或许是因为函数与本书一直使用的 cmdlet（如 `Start-Service` 和 `Write-Host`）有点儿像吧。cmdlet 也是一段具名代码，旨在解决某一个特定的问题。函数与 cmdlet 之间的区别是**构造方式**不同。cmdlet 不是用 PowerShell，而是用其他语言，往往是 C#等编写的，经编译后可在 PowerShell 中使用。函数则不同，它是用 PowerShell 这门简单的脚本语言编写的。

如果想分辨哪些命令是 cmdlet、哪些是函数，可以执行 `Get-Command` cmdlet，传入 `CommandType` 参数，如代码清单 6-1 所示。

代码清单 6-1　显示可用的函数

```
PS> Get-Command -CommandType Function
```

这个命令会显示当前 PowerShell 会话中已加载或保存在模块（参见第 7 章）中可供 PowerShell 使用的全部函数。要想使用除此之外的函数，需要将函数复制粘贴到控制台，并将其添加到可用的模块中，或者**点引**（dot source，后文会介绍）函数。

下面开始编写函数。

6.2　定义函数

使用函数之前需要先对其进行定义。函数使用 function 关键字定义，后跟一个由我们自己起的描述性名称，再后面是一对花括号，内放一个脚本块，供 PowerShell 执行。代码清单 6-2 在控制台中定义并执行了一个简单的函数。

代码清单 6-2　通过一个简单的函数向控制台写入消息

```
PS> function Install-Software { Write-Host 'I installed some software, Yippee!' }
PS> Install-Software
I installed some software, Yippee!
```

我们定义的这个函数名为 Install-Software，它使用 Write-Host 在控制台中显示一条消息。定义好函数后，可以通过其名称执行函数脚本块中的代码。

函数的名称很重要。命名完全由你自己决定，但名称应该能够描述函数的作用。在 PowerShell 中，函数命名有约定的规则，即“动词–名词”，而且动词和名词的首字母都要大写。这可以说是最佳实践，没有充分的理由请不要违背。动词部分有推荐的用词，可执行 Get-Verb 命令查看。名词部分通常是需要处理的实体的单数形式，比如这里的“software”。

要想修改一个函数的行为，可以重新定义该函数，如代码清单 6-3 所示。

代码清单 6-3　重新定义 Install-Software 函数以修改函数的行为

```
PS> function Install-Software { Write-Host 'You installed some software, Yay!' }
PS> Install-Software
You installed some software, Yay!
```

重新定义的 Install-Software 函数将显示一条稍微不同的消息。

可以在脚本中定义函数，也可以直接在控制台中输入。代码清单 6-2 中是一个小型函数，在控制台中定义没什么问题。但大多数时候，函数的内容还是很多的，在脚本或模块中定义会更方便，定义好之后调用脚本或模块即可将函数加载到内存中。通过代码清单 6-3 应该能想象出，如果每次调整功能都要重新输入 100 行代码，那可真要累死人。

本章后文将扩充 Install-Software 函数的功能，让其接受参数并接受管道输入。建议你打开自己喜欢的编辑器，将这个函数保存到.ps1 文件中，方便后面使用。

6.3 为函数添加参数

PowerShell 函数可以有任意个参数。自己编写函数时，可以选择是否添加参数以及添加什么样的参数。参数可以是强制的，也可以是可选的，可以接受任何值或限定接受某个范围内的值。

比如说，通过 Install-Software 函数安装的那个虚构软件可能有多个版本，但目前该函数还不支持让用户指定想要安装的版本。如果你是这个函数的唯一用户，那么每次需要安装特定版本时，可以重新定义函数。即便如此，这个过程也很浪费时间，而且容易出错。更何况我们还是希望有其他人使用的。

引入参数后，函数就具有了一定的灵活性。就像变量可以让脚本处理同一个问题的不同情况一样，参数可以让函数应对同一个任务的不同需求。这里我们希望安装同一款软件的不同版本，而且在多台计算机中执行这项任务。

接下来先为这个函数添加一个参数，以允许你或用户指定想要安装的版本。

6.3.1 创建简单的参数

可以通过 param 块来添加函数的参数，且所有参数都在这个块中。param 块通过 param 关键字和随后的一对圆括号来定义，如代码清单 6-4 所示。

代码清单 6-4 定义 param 块

```
function Install-Software {
    [CmdletBinding()]
    param()

    Write-Host 'I installed software version 2. Yippee!'
}
```

至此，函数的功能并未改变。但我们为接受参数做好了准备。暂且使用 Write-Host 命令模拟安装软件的过程，以便将注意力集中在编写函数上。

注意 本书的示例只定义**高级**函数。除此之外还有基本函数，但如今很少使用了。这两种函数之间的区别很微妙，不再赘述。如果你发现函数名称下面有[CmdletBinding()]引用，或者用[Parameter()]定义参数，那么定义的就是高级函数。

添加 param 块后，可以将参数放在 param 块的圆括号中，如代码清单 6-5 所示。

代码清单 6-5　创建一个参数

```
function Install-Software {
    [CmdletBinding()]
    param(
   ❶ [Parameter()]
   ❷ [string] $Version
    )

 ❸ Write-Host "I installed software version $Version. Yippee!"
}
```

在 param 块中，首先定义 Parameter 块❶。这里 Parameter 块是空的，什么也不做，却是不可或缺的（下一节将说明如何使用 Parameter 块）。

请将注意力转到参数名称前面的[string]类型❷上。这是参数的类型，放在方括号中是为了对参数做类型校正，让 PowerShell 将传入的值转换成字符串（如果传入的值不是字符串的话）。不管传入的$Version 是什么值，这里始终将其视作字符串。校正参数的类型不是必需的步骤，不过强烈建议这么做，因为明确定义类型能大大减小以后出错的可能性。

我们还将$Version 添加到了打印消息的语句中❸，因此，执行接受 Version 参数的 Install-Software 命令时，你会看到一条告诉你安装了哪个版本的消息，如代码清单 6-6 所示。

代码清单 6-6　为函数传入一个参数

```
PS> Install-Software -Version 2
I installed software version 2. Yippee!
```

至此，我们为函数定义了一个基本能用的参数。下面来看看还可以对这个参数做些什么。

6.3.2　参数属性：Mandatory

Parameter 块可以控制参数的多个属性，以改变参数的行为。如果想确保调用函数时必须传入某个参数，可以使用 Mandatory 定义参数。

在默认情况下，参数是可选的。我们在 Parameter 块中使用 Mandatory 关键字，以强制用户传入版本号，如代码清单 6-7 所示。

代码清单 6-7　定义强制的参数

```
function Install-Software {
    [CmdletBinding()]
    param(
        [Parameter(Mandatory)]
```

```
        [string]$Version
    )

    Write-Host "I installed software version $Version. Yippee!"
}
Install-Software
```

现在执行这个函数，应该可以看到如下提示符。

```
cmdlet Install-Software at command pipeline position 1
Supply values for the following parameters:
Version:
```

设定 Mandatory 属性后，调用该函数时如果没有传入版本号，那么函数会中止执行，直到用户输入一个值。这个函数将一直等待用户为 Version 参数指定值，用户输入后，PowerShell 会继续执行函数。如果不想看到提示符，那么调用函数时使用-ParameterName 句法传递参数的值即可，比如 Install-Software -Version 2。

6.3.3 参数的默认值

定义参数时还可以赋予参数默认值。如果参数的值多数情况下均是某特定值，就可以这么做。假如你 90%的时间都想要安装软件的第 2 版，而且不愿意每次运行函数时单独设定版本号，那就可以将$Version 参数的默认值设为 2，如代码清单 6-8 所示。

代码清单 6-8 定义具有默认值的参数

```
function Install-Software {
    [CmdletBinding()]
    param(
        [Parameter()]
        [string]$Version = 2
    )

    Write-Host "I installed software version $Version. Yippee!"
}
Install-Software
```

设定默认值后，依然可以为参数传入值。传入的值将覆盖默认值。

6.3.4 为参数添加验证属性

除了将参数设为强制的以及为参数设定默认值，还可以使用参数的验证属性限制只能取特定的值。限制用户（甚至你自己）传给函数或脚本的信息可以削减函数的体积，省去不必要的代码。假如将 3 这个值传给 Install-Software 函数，那么说明我们事先知道第 3 版的存在。我们编写的函数假定每一个用户都知道存在哪些版本，没有考虑用户指定安装第 4 版时的情况。万一不巧，第 4 版不存在，那么该函数将无法正常运行，因为找不到相应的文件夹。

代码清单 6-9 使用$Version 字符串构造了一个文件的路径。如果用户传入一个值，得到的文件夹名称（如 SoftwareV3 或 SoftwareV4）不存在，那么这段代码就无法正常运行。

代码清单 6-9 臆测参数的值

```
function Install-Software {
    param(
        [Parameter(Mandatory)]
        [string]$Version
    )
    Get-ChildItem -Path \\SRV1\Installers\SoftwareV$Version
}

Install-Software -Version 3
```

得到的错误如下。

```
Get-ChildItem : Cannot find path '\\SRV1\Installers\SoftwareV3' because it does not exist.
At line:7 char:5
+     Get-ChildItem -Path \\SRV1\Installers\SoftwareV3
+     ~~~~~~~~~~~~~~~~~~~~~~~~~~~~~~~~~~~~~~~~~~~~~~~~~~~
    + CategoryInfo          : ObjectNotFound: (\\SRV1\Installers\SoftwareV3:String)
                              [Get-ChildItem], ItemNotFoundException
    + FullyQualifiedErrorId : PathNotFound,Microsoft.PowerShell.Commands.GetChildItemCommand
```

为了解决这个问题，可以编写一段错误处理代码，也可以防患于未然，要求用户只传入软件现有的版本号。限制用户输入的方法是添加参数验证。

参数验证的类型有很多种，对 Install-Software 函数来说，最合适的是 ValidateSet 属性。这个属性可以指定参数的取值范围。如果软件只有第 1 版和第 2 版，那就要确保用户只能指定这两个值；如果传入其他值，那么函数会立即报错，告诉用户背后的原因。

可以在 param 块中为参数添加验证属性，放在 Parameter 块下方，如代码清单 6-10 所示。

代码清单 6-10 使用参数验证属性 ValidateSet

```
function Install-Software {
    param(
        [Parameter(Mandatory)]
        [ValidateSet('1','2')]
        [string]$Version
    )
    Get-ChildItem -Path \\SRV1\Installers\SoftwareV$Version
}

Install-Software -Version 3
```

在 ValidateSet 属性后面的圆括号中分别设定 1 和 2，这样 **PowerShell** 便会知道 Version 参数的有效值只能是 1 或 2。如果传入范围以外的值，那么用户将看到一条错误消息（参见代码清单 6-11），指明只有某些值是可用的。

代码清单 6-11 将不在 ValidateSet 块中的值传给参数

```
Install-Software : Cannot validate argument on parameter 'Version'. The argument "3" does not
belong to the set "1,2" specified by the ValidateSet attribute.
Supply an argument that is in the set and then try the command again.
At line:1 char:25
+ Install-Software -Version 3
+                         ~~~~
+ CategoryInfo          : InvalidData: (:) [Install-Software],ParameterBindingValidationException
    + FullyQualifiedErrorId : ParameterArgumentValidationError,Install-Software
```

ValidateSet 是一个常用的验证属性，除此之外还有很多。要想全面学习限制参数取值的方式，可以执行 Get-Help about_Functions_Advanced_Parameters 命令来查看 Functions_Advanced_Parameters 帮助主题。

6.4 接受管道输入

至此，我们创建了接受一个参数的函数，而且参数只能通过传统的-ParameterName <Value> 句法传递。第 3 章介绍过，**PowerShell** 管道可以将对象从一个命令无缝传给另一个命令。虽然有些函数不具有管道功能，但既然函数是我们定义的，那么控制权就在我们手中。接下来将为 Install-Software 函数添加管道功能。

6.4.1 再添加一个参数

再为 Install-Software 函数添加一个参数，指定在哪一台计算机中安装软件。这个参数也会内插到模拟安装过程的 Write-Host 命令中。添加新参数后的代码如代码清单 6-12 所示。

代码清单 6-12 添加 ComputerName 参数

```
function Install-Software {
    param(
        [Parameter(Mandatory)]
        [ValidateSet('1','2')],
        [string]$Version

        [Parameter(Mandatory)]
        [string]$ComputerName
    )
    Write-Host "I installed software version $Version on $ComputerName. Yippee!"
}

Install-Software -Version 2 -ComputerName "SRV1"
```

与$Version 参数一样，将 ComputerName 参数添加到 param 块中。

添加 ComputerName 参数后，可以迭代一组计算机名称，并将计算机名称和版本号传给 Install-Software 函数，如下所示。

```
$computers = @("SRV1", "SRV2", "SRV3")
foreach ($pc in $computers) {
    Install-Software -Version 2 -ComputerName $pc
}
```

前面已经见过多次，这种情况下不应该使用 foreach 循环，使用管道更好。

6.4.2 让函数支持管道

然而，如果现在直接使用管道，那么代码会报错。为函数添加管道支持前，首先需要决定让函数接受哪种管道输入。第 3 章介绍过，PowerShell 函数可以使用的管道有两种：ByValue（整个对象）和 ByPropertyName（对象的一个属性）。由于$computers 列表中都是字符串，因此这里通过 ByValue 方式传递这些字符串即可。

如果想添加管道支持，则需要为相应的参数添加参数属性。可以在 ValueFromPipeline 和 ValueFromPipelineByPropertyName 两个关键字中二选一，如代码清单 6-13 所示。

代码清单 6-13　添加管道支持

```
function Install-Software {
    param(
        [Parameter(Mandatory)]
        [string]$Version
        [ValidateSet('1','2')],

        [Parameter(Mandatory, ValueFromPipeline)]
        [string]$ComputerName
    )
    Write-Host "I installed software version $Version on $ComputerName. Yippee!"
}

$computers = @("SRV1", "SRV2", "SRV3")
$computers | Install-Software -Version 2
```

再次运行脚本后，应该可以看到如下输出。

```
I installed software version 2 on SRV3. Yippee!
```

注意，Install-Software 函数只在数组中的最后一个字符串上执行了。下一节将阐明如何解决这个问题。

6.4.3 添加 process 块

如果想让 PowerShell 在传入的每个对象上执行 Install-Software 函数，则需要添加一个 process 块。这个块中的代码会在每次函数接受管道输入时执行。可以在脚本中添加一个 process 块，如代码清单 6-14 所示。

代码清单 6-14 添加一个 process 块

```
function Install-Software {
    param(
        [Parameter(Mandatory)]
        [string]$Version
        [ValidateSet('1','2')],

        [Parameter(Mandatory, ValueFromPipeline)]
        [string]$ComputerName
    )
    process {
        Write-Host "I installed software version $Version on $ComputerName. Yippee!"
    }
}

$computers = @("SRV1", "SRV2", "SRV3")
$computers | Install-Software -Version 2
```

注意，process 关键字后面跟着一对花括号，其中放的是供函数执行的代码。

添加 process 块后，可以在输出中看到$computers 中的全部三台服务器了。

```
I installed software version 2 on SRV1. Yippee!
I installed software version 2 on SRV2. Yippee!
I installed software version 2 on SRV3. Yippee!
```

process 块中应该包含你想要执行的主代码。另外，还可以使用 begin 块和 end 块，以便在函数调用的开头和结尾执行代码。要想进一步了解如何构建包含 begin 块、process 块和 end 块的高级函数，可以执行 Get-Help about_Functions_Advanced 命令来查看 about_Functions_Advanced 帮助主题。

6.5 小结

函数将代码打散成一个个独立的整体，不仅能帮助我们将工作分解为更小、更易于管理的小单元，还可以鞭策我们编写可读且易于测试的代码。为函数起个描述性的名称有助于阐明代码意图，以便阅读代码的人一眼就能看出其作用。

本章介绍了函数的基础知识：如何定义函数、如何指定参数及其属性，以及如何接受管道输入。第 7 章将介绍如何使用模块将多个函数打包在一起。

第7章 探索模块

第 6 章学习了函数的基础知识。函数会将脚本分拆为一个个易管理的单元，以便代码更高效、更易读。然而，如果功能完善的函数只存在于单个脚本或会话中，那就太可惜了。本章将介绍**模块**（module），它会将一系列相关的函数打包在一起，并分发出去，以便在多个脚本中使用。

简单而言，PowerShell 模块是扩展名为.psm1 的文本文件，有一些额外可选的元数据。还有一些种类的模块与此描述不符，我们称之为**二进制模块**和**动态模块**，二者超出了本书的讨论范围，在此不做深入介绍。

没有显式置入会话的命令基本来自某个模块。本书目前使用的很多函数来自 PowerShell 自带的内置模块，此外还有第三方模块和我们自己创建的模块。使用模块前，需要先安装。然后，需要使用模块中的命令时，再将模块导入会话。从 PowerShell v3 开始，引用函数就会自动导入对应的模块。

本章将先介绍系统预装的模块；然后以一个模块为例，探讨其构成；最后说明如何从 PowerShell Gallery 中下载并安装 PowerShell 模块。

7.1 探索默认模块

PowerShell 默认预装了许多模块。本节将介绍如何在会话中探索和导入模块。

7.1.1 查找会话中的模块

可以使用 `Get-Module` cmdlet（本身就在模块中）查看导入当前会话的模块，即系统中所有可在当前会话中使用的模块。

新启动一个 PowerShell 会话，然后执行 Get-Module 命令，如代码清单 7-1 所示。

代码清单 7-1 使用 Get-Module 命令查看导入的模块

```
PS> Get-Module

ModuleType Version    Name                               ExportedCommands
---------- -------    ----                               ----------------
Manifest   3.1.0.0    Microsoft.PowerShell.Management    {Add-Computer, Add-Content...
--snip--
```

由于这个命令输出的每一行对应一个导入当前会话中的模块，因此相应模块中的全部命令都是可用的。在默认情况下，所有 PowerShell 会话都将导入 Microsoft.PowerShell.Management 模块和 Microsoft.PowerShell.Utility 模块。

注意代码清单 7-1 中的 ExportedCommands 列，该列列出的是当前模块中可用的命令。执行 Get-Command 命令并指定模块的名称即可查看模块中可用的命令。代码清单 7-2 查看了 Microsoft.PowerShell.Management 模块导出的全部命令。

代码清单 7-2 查看 PowerShell 模块中的命令

```
PS> Get-Command -Module Microsoft.PowerShell.Management

CommandType     Name                Version    Source
-----------     ----                -------    ------
Cmdlet          Add-Computer        3.1.0.0    Microsoft.PowerShell.Management
Cmdlet          Add-Content         3.1.0.0    Microsoft.PowerShell.Management
--snip--
```

输出的是指定模块导出的所有命令，即可在模块外部显式调用的命令。有些作者在编写模块时会隐藏一些函数，不让用户使用。未导出的函数只能在当前脚本或模块中使用，这类函数称为**私有函数**，有些开发者也称之为**辅助函数**。

如果执行 Get-Module 命令时不传入任何参数，则会返回导入的所有模块。那么已经安装却未导入的模块呢？

7.1.2 查找计算机中的模块

要想列出已经安装却未导入会话的所有模块，可以在执行 Get-Module 命令时指定 ListAvailable 参数，如代码清单 7-3 所示。

代码清单 7-3 使用 Get-Module 命令查看所有可用的模块

```
PS> Get-Module -ListAvailable
  Directory: C:\Program Files\WindowsPowerShell\Modules
```

```
ModuleType Version    Name                ExportedCommands
---------- -------    ----                ----------------
Script     1.2        PSReadline          {Get-PSReadlineKeyHandler,Set-PSReadlineKeyHandler...

  Directory:\Modules

ModuleType Version    Name                ExportedCommands
---------- -------    ----                ----------------
Manifest   1.0.0.0    ActiveDirectory     {Add-ADCentralAccessPolicyMember...
Manifest   1.0.0.0    AppBackgroundTask   {Disable-AppBackgroundTaskDiagnosticLog...
--snip--
```

指定 ListAvailable 参数后，PowerShell 会检查几个文件夹，查看是否包含.psm1 文件的子文件夹。找到后，PowerShell 会从文件系统中读取各个模块，并返回各模块的名称、部分元数据和模块中全部可用的函数。

PowerShell 会在磁盘中几个默认的位置搜索模块，不同种类的模块位于不同的位置。

- **系统模块**

  PowerShell 默认安装的模块大部分位于 C:\Windows\System32\WindowsPowerShell\1.0\Modules 文件夹中。这个路径通常是 PowerShell 内部模块专用的。严格来说，可以将自己写的模块放在这个文件夹中，但是并不建议这么做。

- **所有用户的模块**

  也有一些模块保存在 C:\Program Files\WindowsPowerShell\Modules 文件夹中。这个路径中的模块针对所有用户，如果想让登录计算机的所有用户使用，就可以将模块放在这里。

- **当前用户的模块**

  还可以将模块保存在 C:\Users\<LoggedInUser>\Documents\WindowsPowerShell\Modules 文件夹中。不管是你自己创建的，还是从别处下载的，如果仅供当前用户使用，就可以放在这里。如果一台计算机供多个需求不同的用户使用，那么将模块放在这个路径中可以起到一定的隔离作用。

执行 Get-Module -ListAvailable 命令时，PowerShell 会一一读取这几个文件夹，并返回各个路径下的所有模块。然而，这些并不是唯一可以保存模块的路径，只是默认的而已。

可以使用$PSModulePath 环境变量为 PowerShell 添加新的模块路径。这个变量的值是一个个以分号隔开的模块文件夹，如代码清单 7-4 所示。

代码清单 7-4　PSModulePath 环境变量

```
PS> $env:PSModulePath
C:\Users\Adam\Documents\WindowsPowerShell\Modules;
```

```
C:\Program Files\WindowsPowerShell\Modules\Modules;
C:\Program Files (x86)\Microsoft SQL Server\140\Tools\PowerShell\Modules\
```

稍微用一点儿处理字符串的技巧（有点儿难度）就可以将文件夹添加到 PSModulePath 环境变量中。以下是一个简单示例，只需要输入一行内容。

```
PS> $env:PSModulePath + ';C;\MyNewModulePath'.
```

但注意，添加的新文件夹只在当前会话中有效。如果想做持久改动，则需要在.NET 类 Environment 上调用 SetEnvironmentVariable()方法，如下所示。

```
PS> $CurrentValue = [Environment]::GetEnvironmentVariable("PSModulePath", "Machine")
PS> [Environment]::SetEnvironmentVariable("PSModulePath", $CurrentValue + ";C:\
MyNewModulePath", "Machine")
```

接下来将介绍如何导入想使用的模块。

7.1.3 导入模块

将模块所在的文件夹路径添加到 PSModulePath 环境变量后，需要将模块导入当前会话中。如今，由于 PowerShell 推出自动导入功能，如果安装了模块，那么通常可以直接调用模块中的函数，PowerShell 会自动导入函数所在的模块。但我们还是需要理解导入机制。

以 PowerShell 默认安装的 Microsoft.PowerShell.Management 模块为例。在代码清单 7-5 中，我们将执行 Get-Module 两次：一次是打开新的 PowerShell 会话，执行 Get-Module 命令；另一次是执行 Microsoft.PowerShell.Management 模块中的 cd 命令（Set-Location 的别名），然后再执行 Get-Module 命令。观察一下两次执行的结果。

代码清单 7-5 使用 cd 命令后 PowerShell 自动导入了 Microsoft.PowerShell.Management 模块

```
PS> Get-Module

ModuleType Version    Name                                ExportedCommands
---------- -------    ----                                ----------------
Manifest   3.1.0.0    Microsoft.PowerShell.Utility        {Add-Member, Add-Type...
Script     1.2        PSReadline                          {Get-PSReadlineKeyHandler...

PS> cd\
PS> Get-Module

ModuleType Version    Name                                ExportedCommands
---------- -------    ----                                ----------------
Manifest   3.1.0.0    Microsoft.PowerShell.Management     {Add-Computer, Add-Content...
Manifest   3.1.0.0    Microsoft.PowerShell.Utility        {Add-Member, Add-Type...
Script     1.2        PSReadline                          {Get-PSReadlineKeyHandler....
```

可以看到，使用 cd 命令后，Microsoft.PowerShell.Management 模块被自动导入了。自动导入功能通常都是可用的。然而，如果发现一个模块中本该可用的命令无法使用了，那么可能是那个模块出了问题，导致命令没有导入。

要想自己动手导入模块，可以使用 Import-Module 命令，如代码清单 7-6 所示。

代码清单 7-6　自己动手导入模块、重新导入模块，以及删除模块

```
PS> Import-Module -Name Microsoft.PowerShell.Management
PS> Import-Module -Name Microsoft.PowerShell.Management -Force
PS> Remove-Module -Name Microsoft.PowerShell.Management
```

注意，上述代码清单还使用了 Force 参数和 Remove-Module 命令。如果模块发生了变化（比如你修改了自己编写的模块），可以使用指定 Force 参数的 Import-Module 命令将其卸载，然后再重新导入。Remove-Module 命令可以从会话中卸载模块，不过这个命令不常使用。

7.2　PowerShell 模块的构成

学会如何使用 PowerShell 模块后，再来看看它的构成。

7.2.1　.psm1 文件

扩展名为.psm1 的文本文件都可以是 PowerShell 模块。当然，文件中需要定义函数。一个模块中的所有函数应该围绕相同的主题，但这不是严格要求。例如，代码清单 7-7 中是一些处理软件安装的函数。

代码清单 7-7　处理软件安装的函数

```
function Get-Software {
    param()
}

function Install-Software {
    param()
}

function Remove-Software {
    param()
}
```

注意，各个命令名称中的名词部分相同，动词部分则不同。这是编写模块的最佳实践。如果觉得有必要改动名词部分，则需要考虑将一个模块拆分成多个模块。

7.2.2 模块清单文件

除了满含函数的.psm1 文件，还需要一个扩展名为.psd1 的**模块清单文件**（module manifest）。模块清单文件不是必需的，但建议提供。这是使用 PowerShell 哈希表格式编写的文本文件，哈希表中的元素用于描述模块的元数据。

模块清单文件既可以自己动手创建，也可以用 PowerShell 提供的 New-ModuleManifest 命令生成模板。代码清单 7-8 是使用 New-ModuleManifest 命令为我们的软件包创建的一个模块清单文件。

代码清单 7-8 使用 New-ModuleManifest 命令创建模块清单文件

```
PS> New-ModuleManifest -Path 'C:\Program Files\WindowsPowerShell\Modules\Software\Software.psd1'
-Author 'Adam Bertram' -RootModule Software.psm1
-Description 'This module helps in deploying software.'
```

这个命令创建了一个.psd1 文件，内容如下。

```
#
# Module manifest for module 'Software'
#
# Generated by: Adam Bertram
#
# Generated on: 11/4/2019
#

@{

# Script module or binary module file associated with this manifest.
RootModule = 'Software.psm1'

# Version number of this module.
ModuleVersion = '1.0'

# Supported PSEditions
# CompatiblePSEditions = @()

# ID used to uniquely identify this module
GUID = 'c9f51fa4-8a20-4d35-a9e8-1a960566483e'

# Author of this module
Author = 'Adam Bertram'

# Company or vendor of this module
CompanyName = 'Unknown'

# Copyright statement for this module
Copyright = '(c) 2019 Adam Bertram. All rights reserved.'

# Description of the functionality provided by this module
Description = 'This modules helps in deploying software.'

# Minimum version of the Windows PowerShell engine required by this module
```

```
# PowerShellVersion = ''

# Name of the Windows PowerShell host required by this module
# PowerShellHostName = ''
--snip--
}
```

可以看到，执行这个命令时，没有为一些字段提供参数。本节不会深入说明模块清单文件，你只需要知道，至少要定义 RootModule、Author 和 Description，加上 version 更好。这些字段都是可选的，但需要养成好习惯，在模块清单文件中尽量多提供一些信息。

介绍完模块的构成后，接下来看看如何下载及安装模块。

7.3　使用自定义模块

目前使用的都是 PowerShell 默认安装的模块。本节将介绍如何查找、安装和卸载自定义模块。

7.3.1　查找模块

模块的一大优点是方便分享。如果一个问题已经被其他人解决了，那么为什么还要浪费自己的时间呢？你遇到的问题说不定 PowerShell Gallery 中就有解决方案。PowerShell Gallery 是一个仓库，其中有数千个 PowerShell 模块和脚本，只要有这个仓库的账户，就可以免费上传或下载。这里有个人编写的模块，也有微软等大型公司编写的模块。

我们真的很幸运，在 PowerShell 中就可以使用 Gallery。PowerShell 内置的 PowerShellGet 模块提供了简单易用的命令，方便我们与 PowerShell Gallery 交互。代码清单 7-9 使用 Get-Command 命令查看 PowerShellGet 模块中的命令。

代码清单 7-9　PowerShellGet 模块中的命令

```
PS> Get-Command -Module PowerShellGet

CommandType     Name                      Version    Source
-----------     ----                      -------    ------
Function        Find-Command              1.1.3.1    powershellget
Function        Find-DscResource          1.1.3.1    powershellget
Function        Find-Module               1.1.3.1    powershellget
Function        Find-RoleCapability       1.1.3.1    powershellget
Function        Find-Script               1.1.3.1    powershellget
Function        Get-InstalledModule       1.1.3.1    powershellget
Function        Get-InstalledScript       1.1.3.1    powershellget
Function        Get-PSRepository          1.1.3.1    powershellget
Function        Install-Module            1.1.3.1    powershellget
Function        Install-Script            1.1.3.1    powershellget
Function        New-ScriptFileInfo        1.1.3.1    powershellget
--snip--
```

PowerShellGet 模块中的命令多样，既可以查找、保存和安装模块，也可以发布自己的模块。目前我们还没做好发布模块的准备（甚至还没有自己动手创建模块）。下面将重点说明如何在 PowerShell Gallery 中查找和安装模块。

查找模块可以使用 Find-Module 命令，它支持在 PowerShell Gallery 中搜索与指定名称匹配的模块。如果想查找用于管理 VMware 基础设施的模块，可以在 Name 参数中使用通配符，在 PowerShell Gallery 中查找所有名称中包含“VMware”这个词的模块，如代码清单 7-10 所示。

代码清单 7-10　使用 Find-Module 命令查找与 VMware 有关的模块

```
PS> Find-Module -Name *VMware*

Version       Name                              Repository     Description
-------       ----                              ----------     -----------
6.5.2.6...    VMware.VimAutomation.Core         PSGallery      This Windows...
1.0.0.5...    VMware.VimAutomation.Sdk          PSGallery      This Windows...
--snip--
```

Find-Module 命令不会下载任何内容，只是列出在 PowerShell Gallery 中找到的模块。下一节将介绍如何安装这些模块。

7.3.2 安装模块

找到想要安装的模块后，可以使用 Install-Module 命令安装。这个命令也接受 Name 参数，但我们偏好使用管道，这样可以将 Find-Module 命令返回的对象直接发送给 Install-Module 命令，如代码清单 7-11 所示。

代码清单 7-11　使用 Install-Module 命令安装模块

```
PS> Find-Module -Name VMware.PowerCLI | Install-Module

Untrusted repository You are installing the modules from an untrusted repository. If you trust
this repository, change its InstallationPolicy value by running the Set-PSRepository cmdlet.
Are you sure you want to install the modules from 'https://www.powershellgallery.com/api/v2/'?
[Y] Yes [A] Yes to All [N] No [L] No to All [S] Suspend [?] Help (default is "N"): a
Installing package 'VMware.PowerCLI'
Installing dependent package 'VMware.VimAutomation.Cloud' [ooooooooooooooooooooooooooooooooooooo
ooooooooooooooooooooooooooo] Installing package 'VMware.VimAutomation.Cloud'
Downloaded 1003175.00 MB out of 1003175.00 MB. [oooooooooooooooooooooooooooooooooooooooooooooooooo
ooooooooooooooooooooooo]
```

注意，你会收到一条警告，提醒你仓库不受信任。这是因为在默认情况下 Find-Module 命令使用的 PowerShell 仓库就是不受信任的。因此我们必须明确告诉 PowerShell，仓库中的所有包都是可信任的。否则，PowerShell 将提醒你执行 Set-PSRepository 来修改仓库的安装策略。

在默认情况下，代码清单 7-11 中的命令会将模块下载到 C:\Program Files 文件夹中保存所有用户的模块路径下。可以使用下述命令检查该路径中有没有我们下载的模块。

```
PS> Get-Module -Name VMware.PowerCLI -ListAvailable | Select-Object -Property ModuleBase

ModuleBase
----------
C:\Program Files\WindowsPowerShell\Modules\VMware.PowerCLI\6.5.3.6870460
```

7.3.3 卸载模块

PowerShell 新手往往分不清删除模块和卸载模块之间的区别。7.1.3 节讲过，可以使用 `Remove-Module` 命令从 PowerShell 会话中**删除**模块。此时这个命令只是从会话中卸载模块，而未从磁盘中删除模块。

如果想从磁盘中删除模块（**卸载**模块），可以使用 `Uninstall-Module` cmdlet。代码清单 7-12 卸载了刚刚安装的模块。

代码清单 7-12　卸载模块

```
PS> Uninstall-Module -Name VMware.PowerCLI
```

只有从 PowerShell Gallery 中下载的模块才可以使用 `Uninstall-Module` 来卸载，默认模块不受该命令管理。

7.4 自己创建模块

目前我们都是在使用别人的模块。当然，PowerShell 模块的光彩体现在你可以自己创建模块，与世人分享。本书第三部分将完整创建一个真实的模块，这里只简单说一下如何将前面那个安装软件的脚本改造成模块。

前文讲过，PowerShell 模块通常由**文件夹**（**模块容器**）、.psm1 文件（模块）和.psd1 文件（模块清单文件）构成。如果模块文件夹位于三个位置（系统、所有用户的路径或当前用户的路径）中的任何一处，那么 PowerShell 将自动发现并导入模块。

先来创建模块文件夹。模块文件夹的名称必须与模块本身的名称相同。由于我们想要将模块提供给系统的所有用户使用，因此会在针对所有用户的模块路径中创建文件夹，如下所示。

```
PS> mkdir 'C:\Program Files\WindowsPowerShell\Modules\Software'
```

创建好模块文件夹后，新建一个空的.psm1 文件来存放我们编写的函数。

```
PS> Add-Content 'C:\Program Files\WindowsPowerShell\Modules\Software\Software.psm1'
```

接下来，像代码清单 7-8 那样创建模块清单文件。

```
PS> New-ModuleManifest -Path 'C:\Program Files\WindowsPowerShell\Modules\Software\Software.psd1'
-Author 'Adam Bertram' -RootModule Software.psm1
-Description 'This module helps in deploying software.'
```

现在，PowerShell 应该能发现这个模块了，不过还没有导出命令。

```
PS> Get-Module -Name Software -List


    Directory: C:\Program Files\WindowsPowerShell\Modules


ModuleType Version    Name                                ExportedCommands
---------- -------    ----                                ----------------
Script     1.0        Software
```

将前面用过的三个函数添加到.psm1 文件中，然后再看看 PowerShell 能不能识别。

```
PS> Get-Module -Name Software -List


    Directory: C:\Program Files\WindowsPowerShell\Modules


ModuleType Version    Name                                ExportedCommands
---------- -------    ----                                ----------------
Script     1.0        Software                            {Get-Software...
```

PowerShell 导出了模块中的所有命令，以供我们使用。要想进一步控制导出哪些命令，可以打开模块清单文件，找到 `FunctionsToExport` 键，一个个列出想要导出的命令，以逗号分隔。这一步不是必需的，但可以对模块导出的函数做细粒度的控制。

恭喜！你创建了第一个属于自己的模块！当然，我们要充分发挥自己的能力，完善函数，提供有意义的功能。

7.5 小结

本章介绍了模块，你知道了如何将相关的代码组织在一起，以免在已经解决的问题上浪费时间；了解了模块的基本构成，学会了如何安装、导入、删除和卸载模块；最后还自己动手创建了简单的模块。

第 8 章将介绍如何使用 PowerShell 远程处理功能访问远程计算机。

第8章

远程运行脚本

在小型组织中，如果只有你一个IT人员，那么很可能需要管理多台服务器。如果需要运行一个脚本，你可以登录每一台服务器，打开PowerShell控制台，然后运行脚本。但如果只运行一个脚本就可以在每台服务器中执行特定任务，那么你就可以节省大量时间。本章将介绍如何使用PowerShell远程处理功能来远程执行命令。

PowerShell远程处理功能可以一次性在一到多台计算机的会话中远程执行命令。在PowerShell远程处理的语境下，**会话**（更准确地说是`PSSession`）这个术语指远程计算机中运行PowerShell的环境，你负责从中执行命令。虽然执行方式不同，但这与Sysinternals工具`psexec`背后的思想一致：首先在本地设备中编写能正常运行的代码，然后将代码发送到远程计算机中运行，就像你坐在那台计算机面前一样。

本章大半篇幅将介绍会话，说明会话的作用、用法和善后处理。在深入探讨会话之前，需要多了解一下脚本块。

注意 微软在PowerShell v2中引入了PowerShell远程处理功能，底层依赖的是Windows Remote Management（WinRM）服务。因此，你可能偶尔会看到有人使用WinRM指代PowerShell远程处理功能。

8.1 使用脚本块

PowerShell远程处理功能广泛使用**脚本块**。与函数一样，脚本块也将代码打包成一个可执行的单元。但脚本块与函数有几点显著不同：脚本块是匿名的，或没有名称，而且可以赋值给变量。

下面来举例具体说明。先定义一个名为`New-Thing`的函数，该函数会调用`Write-Host`在控制台中显示一些文本，如代码清单 8-1 所示。

代码清单 8-1 定义 New-Thing 函数，在控制台窗口中显示文本

```
function New-Thing {
    param()
    Write-Host "Hi! I am in New-Thing"
}

New-Thing
```

运行这个脚本后，在控制台中会看到返回了文本"Hi! I am in New-Thing!"。注意，如果想看到这个结果，则需要调用 New-Thing，并运行函数。

调用 New-Thing 函数达到的效果还可以使用脚本块实现，为此先要将脚本块赋值给一个变量，如代码清单 8-2 所示。

代码清单 8-2 创建一个脚本块，并将其赋值给$newThing 变量

```
PS> $newThing = { Write-Host "Hi! I am in a scriptblock!" }
```

脚本块的创建方法是将想要执行的代码放在一对花括号中。这里将创建的脚本块存储在$newThing 变量中，你可能以为执行脚本块只需要调用变量，如代码清单 8-3 所示。

代码清单 8-3 创建并执行脚本块

```
PS> $newThing = { Write-Host "Hi! I am in a scriptblock!" }
PS> $newThing
 Write-Host "Hi! I am in a scriptblock!"
```

然而，事实证明，PowerShell 原封不动地输出了$newThing 的内容。PowerShell 没有将 Write-Host 识别为需要执行的命令，而是显示了脚本块的值。

如果想让 PowerShell 运行脚本块中的代码，则需要在变量名称前面加上一个&符号，句法如代码清单 8-4 所示。

代码清单 8-4 执行脚本块

```
PS> & $newThing
Hi! I am in a scriptblock!
```

&符号会告诉 PowerShell，一对花括号间的内容是需要执行的代码。这是执行代码块的一种方式，但是不像命令那样方便定制，而使用 PowerShell 远程处理功能管理远程计算机又需要用到命令。下一节将介绍执行脚本块的另一种方式。

8.1.1 使用 Invoke-Command 在远程系统中运行代码

PowerShell 远程处理主要涉及两个命令：Invoke-Command 和 New-PSSession。本节将学习 Invoke-Command 命令，下一节再介绍 New-PSSession 命令。

Invoke-Command 应该算是 PowerShell 远程处理功能中最常用的命令，用法主要有两种。第一种是用它运行简短的一次性表达式，我们称之为**临时命令**（ad hoc command）；第二种是使用交互式会话。这两种用法本章都将介绍。

比如说，在远程计算机中启动一项服务的 Start-Service 命令就是临时命令。使用 Invoke-Command 执行临时命令时，PowerShell 会在背后默默创建一个会话，一旦命令执行完毕即刻销毁。这对 Invoke-Command 命令可以执行的操作有一定限制，因此下一节将介绍如何自己创建会话。

抛开限制，下面来看看 Invoke-Command 如何执行临时命令。打开 PowerShell 控制台，输入 Invoke-Command，然后按回车键，如代码清单 8-5 所示。

代码清单 8-5　执行不带参数的 Invoke-Command 命令

```
PS> Invoke-Command

cmdlet Invoke-Command at command pipeline position 1
Supply values for the following parameters:
ScriptBlock:
```

控制台立即就会要求你提供一个脚本块。这里你想要执行 hostname 命令，该命令会返回所在计算机的主机名。

除了将 hostname 放在脚本块中传给 Invoke-Command 命令，还需要提供必要的参数（ComputerName），以指明在哪台计算机中执行该命令，如代码清单 8-6 所示。（为了让这个操作顺利执行，我们的设备要与远程计算机 WEBSRV1 位于同一个 AD 域中，而且该设备要拥有 WEBSRV1 的管理员权限。）

代码清单 8-6　简单的 Invoke-Command 示例

```
PS> Invoke-Command -ScriptBlock { hostname } -ComputerName WEBSRV1
WEBSRV1
```

注意，hostname 的输出是远程计算机的名称。在我们的系统中，这台远程计算机名为 WEBSRV1。这是我们第一次执行远程命令！

注意 在操作系统早于 Windows Server 2012 R2 版本的远程设备中，上述命令可能无法正常运行。如果遇到这种情况，那么首先要开启 PowerShell 远程处理功能。从 Server 2012 R2 版本开始，PowerShell 远程处理功能默认是开启的，WinRM 服务所需要的防火墙端口已经开放，访问权限也已设置。但是较旧的 Windows 版本需要自己动手设置。因此，在较旧的服务器中执行 Invoke-Command 命令前，需要先在远程计算机中打开一个具有较高权限的控制台会话，并执行 Enable-PSRemoting 命令。另外，可以使用 Test-WSMan 命令确认 PowerShell 远程处理功能是否已经配置完成并可供使用。

8.1.2 在远程计算机中运行本地脚本

上一节主要在远程计算机中执行脚本块，除此之外，Invoke-Command 命令还可以运行整个脚本：不提供 Scriptblock 参数，而是使用 FilePath 参数指定脚本在本地设备中的路径。此时 Invoke-Command 命令会读取本地脚本的内容，然后在远程计算机中执行脚本中的代码。与普遍看法相反，脚本本身不在远程计算机中运行。

举个例子，假设本地计算机的 C 盘根目录中有一个名为 GetHostName.ps1 的脚本。这个脚本只有一行内容：hostname。我们想在一台远程计算机中运行这个脚本，并返回远程计算机的主机名。注意，这个示例使用的脚本特别简单。其实 Invoke-Command 命令并不在意脚本中有什么内容，它会始终听令，绝不抱怨。

为了运行这个脚本，可以将脚本的路径传给 Invoke-Command 命令的 FilePath 参数，如代码清单 8-7 所示。

代码清单 8-7 在远程计算机中运行本地脚本

```
PS> Invoke-Command -ComputerName WEBSRV1 -FilePath C:\GetHostName.ps1
WEBSRV1
```

Invoke-Command 命令会在 WEBSRV1 计算机中运行 GetHostName.ps1 脚本中的代码，并将输出返回给本地会话。

8.1.3 远程使用本地变量

虽然 PowerShell 远程处理功能负责了大量工作，但是使用本地变量时务必小心。假设远程计算机中有一个文件的路径为 C:\File.txt。由于这个文件的路径时有变化，因此你可能想将路径赋值给像$serverFilePath 这样的变量。

```
PS> $serverFilePath = 'C:\File.txt'
```

现在，你可能需要在远程脚本块中引用 C:\File.txt 路径。代码清单 8-8 展示了直接引用这个变量的结果。

代码清单 8-8　本地变量不可用于远程会话

```
PS> Invoke-Command -ComputerName WEBSRV1 -ScriptBlock { Write-Host "The value
of foo is $serverFilePath" }
The value of foo is
```

注意，$serverFilePath 变量没有值，虽然该变量位于远程计算机执行的脚本块中，但是它不存在。在脚本或控制台中定义的变量会存储在特别的**运行空间**中，该运行空间是供 PowerShell 存储会话信息的容器。同时打开两个 PowerShell 控制台会发现，一个控制台中定义的变量无法在另一个控制台中使用，背后的原因就是运行空间的存在。

在默认情况下，变量、函数和其他结构无法横跨多个运行空间。然而，可以使用一些方法在多个运行空间中使用变量、函数等。将变量转移到远程计算机的方式主要有两种。

1. 通过 ArgumentList 参数传递变量

如果想将变量的值传入远程脚本块中，可以为 Invoke-Command 命令提供 ArgumentList 参数。这个参数可以将由本地变量值构成的数组（名为 $args）传给脚本块，并在脚本块中通过这个数组引用对应的值。具体做法如代码清单 8-9 所示，我们会将存储文件路径 C:\File.txt 的 $serverFilePath 变量传给远程脚本块，然后通过$args 数组引用它的值。

代码清单 8-9　使用$args 数组将本地变量传给远程会话

```
PS> Invoke-Command -ComputerName WEBSRV1 -ScriptBlock { Write-Host "The value
of foo is $($args[0])" } -ArgumentList $serverFilePath
The value of foo is C:\File.txt
```

现在可以在脚本块中获取变量的值（C:\File.txt）了。这是因为我们将$serverFilePath 传给了 ArgumentList 参数，而且将脚本块中的$serverFilePath 引用换成了$args[0]。要想将多个变量传给脚本块，在 ArgumentList 参数的值中多添加几个变量名称即可。引用变量的值时，则需要相应增加$args 数组的索引。

2. 使用$using 语句传递变量的值

将本地变量的值传给远程脚本块的另一种方式是使用$using 语句。在本地变量的名称前面加上$using 后就无须使用 ArgumentList 参数了。将脚本块发给远程计算机前，PowerShell 会先查找 $using 语句，并将脚本块中所有的本地变量都展开为具体的值。

代码清单 8-10 是对代码清单 8-9 的重写，其中将 ArgumentList 参数换成了$using:serverFilePath。

代码清单 8-10 在远程会话中使用$using 引用本地变量

```
PS> Invoke-Command -ComputerName WEBSRV1 -ScriptBlock { Write-Host "The value
of foo is $using:serverFilePath" }
The value of foo is C:\File.txt
```

可以看到，代码清单 8-10 的结果与代码清单 8-9 一样。

$using 语句的工作量更少，也更直观。但当后文使用 Pester 测试脚本时你会发现，有时还是需要使用 ArgumentList 参数，因为 Pester 无法求解$using 语句标记的变量。而使用 ArgumentList 参数传递给远程会话的变量是本地定义的，Pester 可以解释并理解变量为何值。现在听不懂没关系，阅读到第 9 章你就明白了。目前来看，$using 语句完美无瑕。

基本了解 Invoke-Command cmdlet 后，接下来将进一步学习会话。

8.2 使用会话

前文提过，PowerShell 远程处理功能会用到一个叫作**会话**的概念。在创建远程会话时，PowerShell 会在远程计算机中打开一个**本地会话**，以执行命令。关于会话的技术细节，无须掌握太多。现阶段需要知道的是，我们可以创建会话、连接会话及断开会话，而且离开后会话的状态保持不变。会话在删除后才会终止。

在上一节中，执行 Invoke-Command 命令即新建一个会话，运行代码后会话就会关闭，整个过程一气呵成。本节将介绍如何创建所谓的**完整会话**，也就是可以直接在其中输入命令的会话。使用 Invoke-Command 执行一次性的临时命令尚可，但如果命令很多，无法挤在一个脚本块中，那么效率就不太高了。假如我们在编写一个大型的在本地执行操作的脚本，该脚本从另一个源获取信息，提供给远程会话使用，然后再从一个远程会话中获取信息，返回给本地计算机，供本地使用。为了实现这一系列操作，需要不断调用 Invoke-Command 命令。更糟的是，如果要在远程会话中设定一个变量供以后使用，那么需要解决的问题更多。就目前对 Invoke-Command 的了解，这是做不到的，我们需要一个能在离开后继续留存的会话。

8.2.1 新建会话

如果想通过 PowerShell 远程处理功能在远程计算机中创建半持久的会话，则需要使用 New-PSSession 命令显式地创建一个完整会话。New-PSSession 命令会在远程计算机中创建会话，并在本地计算机中返回对该会话的引用。

可以使用带 ComputerName 参数的 New-PSSession 命令创建 PSSession，如代码清单 8-11 所示。在这个示例中，New-PSSession 命令在与 WEBSRV1 同处一个 AD 域的计算机中执行，而且已经在

WEBSRV1 中登录具有管理员权限的用户。为了顺利连上 ComputerName 参数指定的远程计算机（像代码清单 8-11 那样），用户必须是本地管理员，至少也要在远程计算机的远程管理用户组中。如果不在 AD 域中，可以将 Credential 参数传给 New-PSSession，以指定一个包含其他凭据的 PSCredential 对象，供远程计算机验证身份。

代码清单 8-11　新建 PSSession

```
PS> New-PSSession -ComputerName WEBSRV1

 Id Name      ComputerName  ComputerType   State   ConfigurationName    Availability
 -- ----      ------------  ------------   -----   -----------------    ------------
  3 WinRM3    WEBSRV1       RemoteMachine  Opened  Microsoft.PowerShell Available
```

可以看到，New-PSSession 返回了一个会话。创建好会话后，便可以使用 Invoke-Command 与会话交互了。但此时你不再像执行临时命令那样使用 ComputerName 参数，而是使用 Session 参数。

需要提供 Session 参数来指定会话对象。可以使用 Get-PSSession 命令查看当前存在的所有会话。代码清单 8-12 将 Get-PSSession 命令的输出存储在了一个变量中。

代码清单 8-12　查找本地计算机中创建的会话

```
PS> $session = Get-PSSession
PS> $session

 Id    Name     ComputerName  ComputerType   State   ConfigurationName    Availability
 --    ----     ------------  ------------   -----   -----------------    ------------
  6    WinRM6   WEBSRV1       RemoteMachine  Opened  Microsoft.PowerShell Available
```

因为只执行了一次 New-PSSession 命令，所以代码清单 8-12 仅列出了一个 PSSession 对象。如果有多个会话，可以使用 Get-PSSession 命令输出中的 Id 参数来选择在哪个会话中执行 Invoke-Command 命令。

8.2.2　在会话中调用命令

将会话保存到变量后，可以将这个变量传给 Invoke-Command 命令，并在该会话中运行一些代码，如代码清单 8-13 所示。

代码清单 8-13　通过现有会话在远程计算机中调用命令

```
PS> Invoke-Command -Session $session -ScriptBlock { hostname }
WEBSRV1
```

你应该会注意到，这个命令的运行速度比直接传递命令快很多。这是因为 Invoke-Command 无须新建并销毁会话。在完整会话中，不仅命令的运行速度很快，而且可使用的功能更多。例如，可以在远程会话中设定变量，且下次进入会话时变量依然存在，如代码清单 8-14 所示。

代码清单 8-14　后续连接会话时变量值依然存在

```
PS> Invoke-Command -Session $session -ScriptBlock { $foo = 'Please be here next time' }
PS> Invoke-Command -Session $session -ScriptBlock { $foo }
Please be here next time
```

只要未关闭，就可以在会话中执行所需要的任何操作，会话的状态始终保持不变。然而，这仅对本地当前会话成立。如果重新启动另一个 PowerShell 进程，则无法接续。这是因为，虽然远程会话还在运行中，但是本地计算机中对远程会话的引用已经消失。此时 PSSession 进入断连状态（后文会对此进行介绍）。

8.2.3　打开交互式会话

代码清单 8-14 通过 Invoke-Command 将命令发送给远程计算机，并收到了响应。这样执行远程命令就像运行没有监控的脚本一样，没有交互性，不如在 PowerShell 控制台中一次次输入命令。如果想让远程计算机中的会话打开交互式控制台（如故障排查），可以使用 Enter-PSSession 命令。

执行 Enter-PSSession 命令后，用户便可以通过交互的方式使用会话。这个命令既可以自己新建会话，也可以依赖 New-PSSession 创建的会话。如果不指定进入特定会话，那么 Enter-PSSession 会新建会话，并等待后续输入，如代码清单 8-15 所示。

代码清单 8-15　进入交互式会话

```
PS> Enter-PSSession -ComputerName WEBSRV1
[WEBSRV1]: PS C:\Users\Adam\Documents>
```

注意，PowerShell 提示符变成了[WEBSRV1]: PS。这个提示符表明，命令不在本地，而是在远程会话中执行。现在可以执行所需要的任何命令了，就像直接在远程计算机的控制台中操作那样。像这样使用交互式会话很方便，不用再通过 Remote Desktop Protocol（RDP）应用打开 GUI 来执行在远程计算机中排查故障这样的任务了。

8.2.4　断开及重新连接会话

关闭 PowerShell 控制台，重新打开，并在之前使用的会话中执行 Invoke-Command 命令会收到一条错误消息，如代码清单 8-16 所示。

代码清单 8-16　尝试在断开连接的会话中执行命令

```
PS> $session = Get-PSSession -ComputerName websrv1
PS> Invoke-Command -Session $session -ScriptBlock { $foo }
Invoke-Command : Because the session state for session WinRM6, a617c702-ed92
```

```
-4de6-8800-40bbd4e1b20c, websrv1 is not equal to Open, you cannot run a
command in the session. The session state is Disconnected.
At line:1 char:1
+ Invoke-Command -Session $session -ScriptBlock { $foo }
--snip--
```

PowerShell 可以找到远程计算机中的 PSSession 对象，但无法在本地设备中找到对该对象的引用，这表明会话已经断开连接。如果本地未正确断开对远程 PSSession 对象的引用，就会看到这条错误消息。

可以使用 Disconnect-PSSession 命令断开与现有会话的连接。做法是使用 Get-PSSession 命令获取已创建的会话，然后通过管道传给 Disconnect-PSSession 命令（参见代码清单 8-17）。另外，也可以将 Session 参数传给 Disconnect-PSSession 命令，以便一次断开一个会话。

代码清单 8-17　断开 PSSession

```
PS> Get-PSSession | Disconnect-PSSession

Id Name          ComputerName  ComputerType   State         ConfigurationName    Availability
-- ----          ------------  ------------   -----         -----------------    ------------
 4 WinRM4        WEBSRV1       RemoteMachine  Disconnected  Microsoft.PowerShell None
```

如果想与会话断开连接，则要么将远程会话的名称传递给 Session 参数，明确指定断开哪一个会话，即 Disconnect-PSSession -Session *session name*，要么像代码清单 8-17 那样，通过管道将 Get-PSSession 命令获取的现有会话传给 Disconnect-PSSession 命令。

通过 Disconnect-PSSession 命令断开会话后，要想再次连接，需要先关闭 PowerShell 控制台，然后执行 Connect-PSSession 命令，如代码清单 8-18 所示。注意，你只能看到并连接自己账户创建的会话，其他用户创建的会话是无权查看的。

代码清单 8-18　重新连接一个 PSSession

```
PS> Connect-PSSession -ComputerName websrv1
[WEBSRV1]: PS>
```

现在可以在远程计算机中运行代码了，就像从未关闭控制台一样。

如果仍然收到错误消息，那么可能是因为 PowerShell 版本不匹配。仅当本地设备和远程服务器使用相同的 PowerShell 版本时，断开连接后才能重新连接会话。如果本地计算机使用的是 PowerShell 5.1，而连接的远程服务器安装的 PowerShell（如 PowerShell v2 或更早的版本）不支持断连会话，那么就不能断连会话。一定要确保本地设备和远程服务器使用相同的 PowerShell 版本。

如果想确认本地计算机中的 PowerShell 版本是否与远程计算机中的版本匹配，可以查看 $PSVersionTable 变量的值，其中就包含版本信息，如代码清单 8-19 所示。

代码清单 8-19 在本地计算机中查看 PowerShell 版本

```
PS> $PSVersionTable

Name                           Value
----                           -----
PSVersion                      5.1.15063.674
PSEdition                      Desktop
PSCompatibleVersions           {1.0, 2.0, 3.0, 4.0...}
BuildVersion                   10.0.15063.674
CLRVersion                     4.0.30319.42000
WSManStackVersion              3.0
PSRemotingProtocolVersion      2.3
SerializationVersion           1.1.0.1
```

如果想查看远程计算机中的 PowerShell 版本，可以将$PSVersionTable 变量传给 Invoke-Command 命令，如代码清单 8-20 所示。

代码清单 8-20 在远程计算机中查看 PowerShell 版本

```
PS> Invoke-Command -ComputerName WEBSRV1 -ScriptBlock { $PSVersionTable }

Name                           Value
----                           -----
PSRemotingProtocolVersion      2.2
BuildVersion                   6.3.9600.16394
PSCompatibleVersions           {1.0, 2.0, 3.0, 4.0}
PSVersion                      4.0
CLRVersion                     4.0.30319.34014
WSManStackVersion              3.0
SerializationVersion           1.1.0.1
```

建议在断开会话前检查一下版本是否匹配，以免丢失远程系统中的辛勤劳动。

8.2.5 使用 Remove-PSSession 删除会话

使用 New-PSSession 命令创建会话时，该会话同时存在于远程服务器和本地计算机中。如果需要，可以同时在多台服务器中打开大量会话，但用完后最终都要进行清理。可以使用 Remove-PSSession 命令进行清理，该命令会到远程计算机中销毁会话，并在本地计算机中删除 PSSession 引用（如果存在的话）。代码清单 8-21 就是一个示例。

代码清单 8-21 删除 PSSession

```
PS> Get-PSSession | Remove-PSSession
PS> Get-PSSession
```

可以看到，再次执行 Get-PSSession 命令没有返回任何结果。这表明本地计算机中没有会话了。

8.3 解读 PowerShell 远程处理身份验证

至此本书还未谈及身份验证。在默认情况下，如果本地计算机和远程计算机在同一个域中，而且都启用了 PowerShell 远程处理功能，就无须显式地进行身份验证。否则就要通过某种方式验证身份。

在 PowerShell 远程功能中对远程计算机进行身份验证时，最常用的方法有两种，一是使用 Kerberos，二是使用 CredSSP。如果是在 AD 域中，那么你或许已经在不知不觉中使用 Kerberos 票据系统了。AD 和某些 Linux 系统使用称为 **Kerberos 域**的实体向客户端签发票据，然后呈递给资源，并通过（AD 中的）域控制器进行比对。

CredSSP 则不依赖于 AD。CredSSP 可以追溯到 Windows Vista 时代，通过客户端的凭据服务提供程序（credential service provider，CSP）将用户凭据分配给远程计算机。无须通过外部系统（如域控制器），CredSSP 即可在两个系统之间验证身份。

在 AD 环境中，PowerShell 远程处理功能使用 Kerberos 网络身份验证协议调用 AD，以便在背后执行所有身份验证工作。PowerShell 以本地登录的账户为身份来验证远程计算机。很多服务采用这种方式，这就是广受欢迎的单点登录（single sign-on）。

然而，有时我们不在 AD 环境中，此时迫不得已需要更换身份验证方式，例如，需要通过互联网或本地网络连接远程计算机，且需要使用远程计算机本地的凭据时。PowerShell 远程处理功能支持多种身份验证方法，除了 Kerberos，最常使用的是 CredSSP，后者允许本地计算机将用户的凭据分配给远程计算机。这背后的思想与 Kerberos 相似，但不仅限于 AD。

在 AD 环境中无须使用其他身份验证方式，可是总有例外，因此最好做好准备。本节将讨论一个常见的身份验证问题，并提供绕过该问题的方法。

8.3.1 双跃点问题

自从微软添加 PowerShell 远程处理功能以来，**双跃点问题**（double hop problem）一直存在。如果在远程会话中运行代码，然后尝试从远程会话中访问资源就会出现这个问题。假如你的网络中有个名为 DC 的域控制器，你想通过 C$管理共享查看 C:\盘根目录下的文件，那么可以在本地设备中远程浏览共享内容，没有任何问题，如代码清单 8-22 所示。

代码清单 8-22　通过 UNC 共享枚举文件

```
PS> Get-ChildItem -Path '\\dc\c$'


    Directory: \\dc\c$
```

```
Mode                LastWriteTime         Length Name
----                -------------         ------ ----
d-----         10/1/2019  12:05 PM                FileShare
d-----        11/24/2019   2:28 PM                inetpub
d-----        11/22/2019   6:37 PM                InstallWindowsFeature
d-----         4/16/2019   1:10 PM                Iperf
```

然而，在我们创建的 PSSession 中运行这个命令就会遇到双跃点问题，如代码清单 8-23 所示。

代码清单 8-23 尝试在会话中访问网络资源

```
PS> Enter-PSSession -ComputerName WEBSRV1
[WEBSRV1]: PS> Get-ChildItem -Path '\\dc\c$'
ls : Access is denied
--snip--
[WEBSRV1]: PS>
```

在这种情况下，PowerShell 会向你报告访问被拒绝，即使你的用户账户有访问权限。这是因为，当使用默认的 Kerberos 方式验证身份时，PowerShell 远程处理功能未将凭据传给其他网络资源。换句话说就是，Kerberos 不做两次跳跃。出于安全考虑，PowerShell 会遵守 Windows 的限制规则，拒绝分配凭据，因此你会看到拒绝访问消息。

8.3.2 使用 CredSSP 绕过双跃点问题

本节将学习如何绕过双跃点问题。注意，这里说的是**绕过**，而不是**解决**。这是有原因的。微软发出过警告，它指出 CredSSP 存在安全问题：传给第一台计算机的凭据会自动用于该计算机发起的所有连接。这意味着，一旦第一台计算机被黑，就可以利用凭据连接网络中的其他计算机。尽管有一些优秀的变通方法（比如基于资源的 Kerberos 约束授权），但很多用户还是选择使用 CredSSP，因为 CredSSP 简单易用。

实现 CredSSP 前，需要在客户端和服务器上都启用该功能。启用的方法是，在具有较高权限的 PowerShell 会话中执行 Enable-WsManCredSSP 命令。该命令有一个 Role 参数，可用于定义是在客户端还是服务器端启用 CredSSP。代码清单 8-24 展示了在客户端启用 CredSSP。

代码清单 8-24 在客户端计算机中启用 CredSSP 功能

```
PS> Enable-WSManCredSSP ❶-Role ❷Client ❸-DelegateComputer WEBSRV1 -Force

CredSSP Authentication Configuration for WS-Management
CredSSP authentication allows the user credentials on this computer to be sent
to a remote computer. If you use CredSSP authentication for a connection to
a malicious or compromised computer, that machine will have access to your
username and password. For more information, see the Enable-WSManCredSSP Help
topic.
Do you want to enable CredSSP authentication?
```

```
[Y] Yes  [N] No  [S] Suspend  [?] Help (default is "Y"): y


lang        : en-US
Basic       : true
Digest      : true
Kerberos    : true
Negotiate   : true
Certificate : true
CredSSP     : true
```

将 Client❷传给 Role 参数❶，以便在客户端启用 CredSSP。这里还指定了必要的 DelegateComputer 参数❸，因为 PowerShell 需要知道将凭据分配给哪些计算机。也可以将星号（*）传给 DelegateComputer 参数，以允许分配给所有计算机，但是出于安全考虑，最好只分配给要使用的计算机。这里只分配给 WEBSRV1。

为了正确使用 CredSSP，可能需要放宽一个本地策略。启用 CredSSP 时，如果收到权限错误，请运行 gpedit.msc，找到“计算机配置>管理模板>系统>凭据分配”，启用“允许分配保存的凭据用于仅 NTLM 服务器身份验证”。在该策略的编辑界面，点击“显示”按钮，输入 WSMAN/*，允许从任意端点分配。

在客户端启用 CredSSP 后，还需要在服务器端执行同样的操作（参见代码清单 8-25）。幸好无须使用 CredSSP 就可以打开新的远程会话，然后在远程会话中启用 CredSSP 即可，无须通过微软远程桌面访问服务器或者直接操作服务器。

代码清单 8-25　在服务器计算机中启用 CredSSP 功能

```
PS> Invoke-Command -ComputerName WEBSRV1 -ScriptBlock { Enable-WSManCredSSP -Role Server }

CredSSP Authentication Configuration for WS-Management CredSSP authentication allows the server
to accept user credentials from a remote computer. If you enable CredSSP authentication on the
server, the server will have access to the username and password of the client computer if the
client computer sends them. For more information, see the Enable-WSManCredSSP Help topic.
Do you want to enable CredSSP authentication?
[Y] Yes  [N] No  [?] Help (default is "Y"): y

#text
-----
False
True
True
False
True
Relaxed
```

至此我们便在客户端和服务器端都启用了 CredSSP：客户端允许将用户凭据分配给远程服务器，而且远程服务器自身也启用了 CredSSP。现在，可以再次尝试从远程会话中访问远程网络资源（参见代码清单 8-26）。注意，如果需要禁用 CredSSP，可以用 Disable-WsmanCredSSP 命令撤销改动。

代码清单 8-26 通过以 CredSSP 验证身份的会话访问网络资源

```
PS> Invoke-Command -ComputerName WEBSRV1 -ScriptBlock { Get-ChildItem -Path '\\dc\c$'  }
❶-Authentication Credssp ❷-Credential (Get-Credential)

cmdlet Get-Credential at command pipeline position 1
Supply values for the following parameters:
Credential

    Directory: \\dc\c$

Mode                LastWriteTime         Length Name                              PSComputerName
----                -------------         ------ ----                              --------------
d-----        10/1/2019  12:05 PM                FileShare                         WEBSRV1
d-----       11/24/2019   2:28 PM                inetpub                           WEBSRV1
d-----       11/22/2019   6:37 PM                InstallWindowsFeature             WEBSRV1
d-----        4/16/2019   1:10 PM                Iperf                             WEBSRV1
```

注意，需要明确告诉 Invoke-Command（或 Enter-PSSession）命令，我们想使用 CredSSP 验证身份❶，而且这两个命令（不管使用哪一个）都需要一个凭据。我们使用了 Get-Credential 命令获取凭据❷，而没有使用默认的 Kerberos。

执行 Invoke-Command 命令并为 Get-Credential 提供有权访问 DC 中 c$共享位置的用户名和密码后，Get-ChildItem 命令便可正常执行了。

8.4 小结

PowerShell 远程处理功能是目前在远程系统中运行代码的最简单的方式。通过本章的学习，我们发现 PowerShell 远程处理功能简单易用，而且直观易懂。掌握脚本块的概念，并知道如何编写要执行的代码后，远程代码块就会成为你的有力武器。

本书第三部分将带领你编写一个健壮的 PowerShell 模块，届时大多数命令需要使用 PowerShell 远程处理功能。如果对本章内容理解得不够透彻，请再读一遍或者自己动手试验。试着在不同的场景中使用远程处理功能，发现问题，努力解决，尽自己所能去理解 PowerShell 远程处理功能。这是本书意图教会你的最重要的技能之一。

第 9 章将介绍另一项重要技能：使用 Pester 进行测试。

第9章

使用 Pester 进行测试

测试代码是绕不开的话题。我们都天真地以为自己写出的代码没有缺陷，但现实很快就给了我们一记狠狠的耳光。使用 Pester 进行测试可以让我们停止幻想，做到胸有成竹。

几十年来，测试在传统软件开发中扮演着重要角色。单元测试、功能测试、集成测试和验收测试等概念对经验丰富的软件开发人员来说或许并不陌生，然而对希望通过 PowerShell 实现自动化，却没有软件工程师头衔的脚本编写人员来说，就没那么熟悉了。由于许多组织越发依赖 PowerShell 代码来运行关键的生产系统，因此我们有必要借鉴编程界的优秀做法，将测试应用到 PowerShell 上。

本章将介绍如何为脚本和模块编写测试，以确保代码正常运行，而且可以在改动之后安然无恙。在学习的过程中，我们将使用名为 Pester 的测试框架。

9.1 Pester 简介

Pester 是一个开源的 PowerShell 测试模块，可以通过 PowerShell Gallery 安装。由于效率高，且是用 PowerShell 编写的，因此 Pester 很快就成了在 PowerShell 中做测试的事实标准。Pester 支持多种测试，包括单元测试、集成测试和验收测试。你可能不熟悉这些名称，但不要紧。本书只使用 Pester 测试环境上的变化，比如有没有创建具有正确名称的虚拟机、有没有安装 IIS，或者有没有安装恰当的操作系统。我们将这类测试称为**基础设施测试**。

本书不会介绍如何测试有没有调用某个函数、有没有正确设定某个变量，或者某个脚本有没有返回指定类型的对象，等等。这些都属于**单元测试**的范畴。如果想知道如何用 Pester 做单元测试，并想学习如何在不同场景中使用 Pester，可以阅读我的另一本书 *The Pester Book*，该书解释了使用 PowerShell 进行测试时所需了解的一切。

9.2 Pester 基础知识

使用 Pester 之前需要先安装。Windows 10 默认已经安装 Pester，如果你使用的是其他版本的 Windows 操作系统，可以通过 PowerShell Gallery 安装。Windows 10 预装的 Pester 很有可能已经过时，因此也可能需要从 PowerShell Gallery 中获取最新版本。既然 Pester 在 PowerShell Gallery 中，那么就可以执行 `Install-Module -Name Pester` 命令，下载并安装 Pester。安装好后，Pester 的所有命令就可以为我们所用了。

重申一下，我们将使用 Pester 编写并运行基础设施测试，即验证脚本对环境所做出的改动。例如，新建一个文件路径后，可以在基础设施测试中使用 `Test-Path` 确保文件路径的确已经创建。基础设施测试是一种保护措施，目的是确认代码做了预期操作。

9.2.1 Pester 文件

在最简单的情况下，Pester 测试脚本由一个名称以.Tests.ps1 结尾的 PowerShell 脚本构成。主脚本的名称由你自己来定，采用什么命名约定，以及如何规划测试结构完全掌握在你自己手中。这里将脚本命名为 Sample.Tests.ps1。

Pester 测试脚本的基本结构是一个或多个 `describe` 块，其中有一些 `context` 块（非必需），内部又有一些包含断言（assertion）的 `it` 块。听着有点儿乱，下面将这个结构写出来，如代码清单 9-1 所示。

代码清单 9-1 Pester 测试脚本的基本结构

```
C:\Sample.Tests.ps1
    describe
        context
          it
            断言
```

接下来将一一介绍各个部分。

9.2.2 `describe` 块

`describe` 块的作用是将同类测试组织在一起。代码清单 9-2 创建了一个名为 `IIS` 的 `describe` 块，这个块中可以有针对 Windows 特性、应用池和网站等的测试代码。

代码清单 9-2　Pester describe 块

```
describe 'IIS' {

}
```

describe 块的基本句法是，先写 describe 这个词，后跟一个放在一对单引号内的名称，然后是一个左花括号和一个右花括号。

这个结构看起来有点儿像 if/then 条件，但不要被迷惑了。其实，这是一个传给 describe 函数的脚本块。注意，有些人喜欢另起一行输入左花括号，但这里左花括号必须与 describe 关键字写在同一行。

9.2.3　context 块

创建 describe 块后，还可以添加可选的 context 块。context 块用于组织相似的 it 块，后者会将相同的基础设施测试放在一起。代码清单 9-3 添加了一个 context 块，其中包含所有针对 Windows 特性的测试。像这样使用 context 块对测试进行分类更方便管理它们。

代码清单 9-3　Pester context 块

```
describe 'IIS' {
    context 'Windows features' {
    }
}
```

虽然 context 块不是必需的，但是当测试的组件增多后，就能看出其巨大价值。

9.2.4　it 块

接下来在 context 块中添加 it 块。it 块是更小的构成单元，用于标注真正的测试。it 块的句法如代码清单 9-4 所示，也是一个名称后跟一个块，与 describe 块相同。

代码清单 9-4　Pester describe 块，其中有一个 context 块和一个 it 块

```
describe 'IIS' {
    context 'Windows features' {
        it 'installs the Web-Server Windows feature' {

        }
    }
}
```

注意，到目前为止，我们只是在不同的作用域中添加了几个标注。下一节将开始添加测试本身。

9.2.5 断言

it 块中包含一到多个断言。可以将断言理解为真正的测试或比较预期状态与真实状态的代码。在 Pester 中，最常用的断言是 should。should 断言支持多个运算符，比如 be、bein、belessthan，等等。如果想查看可用运算符的完整列表，可以访问 Pester wiki。

在 IIS 示例中，我们想要检查服务器中有没有创建名为 test 的应用池。为此，需要编写一些代码，以获取 Web-Server 这个 Windows 特性在服务器（名为 WEBSRV1）中的当前状态。目前还不知道怎么做，不过可以执行 Get-Command 命令来浏览可用的 PowerShell 命令，锁定 Get-WindowsFeature 命令后，再研究一下该命令的帮助文本，写出如下代码。

```
PS> (Get-WindowsFeature -ComputerName WEBSRV1 -Name Web-Server).Installed
True
```

我们发现，如果安装了 Web-Server 特性，那么 Installed 属性就会返回 True，否则会返回 False。知道这一点后，便可以编写断言，即执行 Get-WindowsFeature 命令时，预期 Installed 属性的值为 True。我们要做的测试是，检查 Get-WindowsFeature 命令的输出是否等于 True。这个设想可在 it 块中表述，如代码清单 9-5 所示。

代码清单 9-5 使用 Pester 断定测试条件

```
describe 'IIS' {
    context 'Windows features' {
        it 'installs the Web-Server Windows feature' {
            $parameters = @{
                ComputerName = 'WEBSRV1'
                Name         = 'Web-Server'
            }
            (Get-WindowsFeature @parameters).Installed | should -Be $true
        }
    }
}
```

这里创建了一个简单的 Pester 测试，以测试有没有安装某一项 Windows 特性。首先输入需要执行的测试，然后通过管道将结果传给测试条件。这个示例的测试条件为 should -Be $true。

Pester 测试的相关知识还有很多，建议你阅读 *The Pester Book* 或 4sysops 网站上的系列文章（“PowerShell Pester testing—Getting started”）来进一步学习。了解以上内容应该可以确保你能读懂本书中出现的测试了。读完本书后，建议你经常编写 Pester 测试，这是检验 PowerShell 技能的一种好方法。

至此我们的 Pester 脚本编写完了。当然，只有脚本是不行的，还要设法运行。

9.3　执行 Pester 测试

Pester 测试最常使用 Pester 模块提供的 Invoke-Pester 命令来执行。测试人员传入测试脚本的路径，Pester 解释并执行脚本中的代码，如代码清单 9-6 所示。

代码清单 9-6　运行 Pester 测试

```
PS> Invoke-Pester -Path C:\Sample.Tests.ps1
Executing all tests in 'C:\Sample.Tests.ps1'

Executing script C:\Sample.Tests.ps1
  Describing IIS
    [+] installs the Web-Server Windows feature 2.85s
Tests completed in 2.85s
Tests Passed: 1, Failed: 0, Skipped: 0, Pending: 0, Inconclusive: 0
```

可以看到，Invoke-Pester 命令执行了 Sample.Tests.ps1 脚本，并提供了一些基本信息，比如显示了 describe 块的名称、测试的结果，还给出了本次运行中所有测试的概况。注意，Invoke-Pester 命令会始终显示所执行的每个测试的状态概况。这里 installs the Web-Server Windows feature 测试成功通过了，可以通过+号和绿色输出看出这一点。

9.4　小结

本章介绍了 Pester 测试框架的基础知识。我们下载并安装了 Pester，还编写了简单的 Pester 测试。通过本章的学习，你应该了解了 Pester 测试的结构，知道了如何执行 Pester 测试。后续几章将频繁使用这个框架，添加大量 describe 块、it 块和各种断言，但是基本结构相对来说会保持不变。

第一部分的最后一章到此结束。我们学习了编写 PowerShell 脚本的基本句法和相关概念。接下来将开启第二部分的美妙旅程，研究现实问题，并积累实战经验。

第二部分

日常任务自动化

第一部分的内容让人感觉像是课堂知识，有点儿脱离实际，不能解决此时此刻你遇到的问题。确实如此，我也这么觉得。但就像游泳，我们不能一跃而下，总要先试试水温。第一部分就是这个目的，即为刚接触 PowerShell 的人做个介绍，也让熟悉 PowerShell 的人温习一下。

第二部分终于到我们喜欢的环节了：运用第一部分所学的技能解决现实生活中遇到的问题。我们将共同学习如何使用 PowerShell 为技术人员在日常工作中遇到的很多任务实现自动化。在行业内待久了，你肯定遇到过这样的情况：在 AD 中四处点击，令人昏昏欲睡；在不同 Excel 表格之间复制粘贴，浪费大量时间；两天前收到提供信息的任务，你吓坏了，匆匆忙忙安装远程控制软件，一次连接几十台设备。

本书第二部分将介绍自动完成这类任务所需要的工具。当然，我们不可能涵盖所有情况，毕竟可以实现自动化的琐碎工作太多了。下面是我从业 20 年来经常遇到的一些情况。如果没有涉及你遇到的具体问题，也别着急。读完本书后，你将掌握一定的基础，这足以让你自己实现任务自动化。

第二部分共分五章，涵盖四个主题。

处理结构化数据

数据无处不在。接触过数据的人都知道，数据的格式有上百万种，比如 SQL 数据库、XML 文件、JSON 对象、CSV 文件，等等。每种数据都有特定的结构，每种结构都要使用不同的方式来处理。第 10 章将介绍如何读取、写入和修改不同格式的数据。

AD 任务自动化

AD 是一项目录服务。总体而言，可以将**目录服务**理解为一种层次结构，用于控制用户可以访问哪些 IT 资源。AD 是微软推出的一项目录服务，你可能猜到了，全世界有成千上万个组织使用 AD，因此它是自动化的成熟领域。

第 11 章将介绍在 PowerShell 控制台中管理各种 AD 对象的基础知识。熟悉 AD 相关的 cmdlet 之后，我们将通过几个小项目具体实践，以学习如何使用不同的 AD cmdlet 为一些最琐碎的任务实现自动化。

云管理

与当下的大多数技术一样，PowerShell 也对云计算提供了强有力的支持。了解如何在云环境（包括微软 Azure 和 Amazon Web Services）中使用 PowerShell 将为自动化打开一扇崭新的大门。在第 12 章和第 13 章中，我们将创建虚拟机、Web 服务等，还将举例说明如何使用 PowerShell 同时与这两个云服务商交互。PowerShell 不关心你使用哪个云平台，它可以管理你使用的任何一个云平台。

创建服务器清点脚本

本书内容采用递进式编写手法，在第三部分施展绚丽的技术魔法前需要先奠定扎实的基础。第 14 章就是这个宗旨，它会综合运用你从本书中学到的技能来构建项目。我们将汇总不同的信息源，生成一份综合报告。具体而言，我们将查询 AD 中的计算机，使用 CIM/WMI 获取所需要的信息，比如计算机名、RAM、CPU 速度、操作系统、IP 地址，等等。

小结

读完这一部分后，你会对 PowerShell 能为哪些琐碎的任务实现自动化有一定了解。自己动手为任务实现自动化之后，你会发现，在环境管理上根本不用花钱购买昂贵的软件，也无须向衣着靓丽的顾问咨询意见。PowerShell 可以弥补数百种产品和服务的不足，只有想不到，没有做不到。

第 10 章

解析结构化数据

PowerShell 深植对.NET 对象的支持，而且可以执行你能想到的大多数 shell 命令。利用如此强大的 PowerShell，我们可以从不同的源读取、更新和删除数据。如果数据以结构化形式存储，那就更幸运了，处理起来会容易很多。

本章将重点介绍几种常见的结构化数据格式，包括 CSV、Excel 电子表格和 JSON。我们将学习如何使用 PowerShell 原生 cmdlet 和.NET 对象来处理这几种数据格式。读完本章后，你将成为一名数据处理专家，能够运用 PowerShell 处理各种结构化数据。

10.1　CSV 文件

存储数据最方便且最常用的介质之一是 CSV 文件。**CSV 文件**就是简单的纯文本文件，是表格的一种表述。表格中的每一项使用同一个已知的符号分隔，称作**分隔符**（最常使用逗号）。CSV 文件的基本结构是相同的：第一行是表头，其中列出了表格的每一列的标题，随后各行是表格的内容。

本节主要介绍 `Import-Csv` 和 `Export-Csv` 这两个 CSV cmdlet 的用法。

10.1.1　读取 CSV 文件

PowerShell 可以对 CSV 文件执行很多操作，其中最常用的要数读取了。CSV 结构如此简单和高效，不难想象，科技界有数不清的公司和应用在使用 CSV 文件。自然 PowerShell `Import-Csv` 命令的使用频次也就可想而知了。

但是，**读取** CSV 文件到底是什么意思呢？虽然 CSV 文件中存储着我们所需要的全部信息，但是不能直接将整个文件导入程序。通常，需要先读取文件，然后将文件内容转换成可用的数据。这个过程叫作**解析**。Import-Csv 命令就负责解析 CSV 文件：先读取内容，然后将数据转换成 PowerShell 对象。稍后再介绍 Import-Csv 命令的用法，现在先来了解一下它在背后做了些什么。

以简单的电子表格为例，其中包含了一家虚构公司的几名员工的信息，如图 10-1 所示。

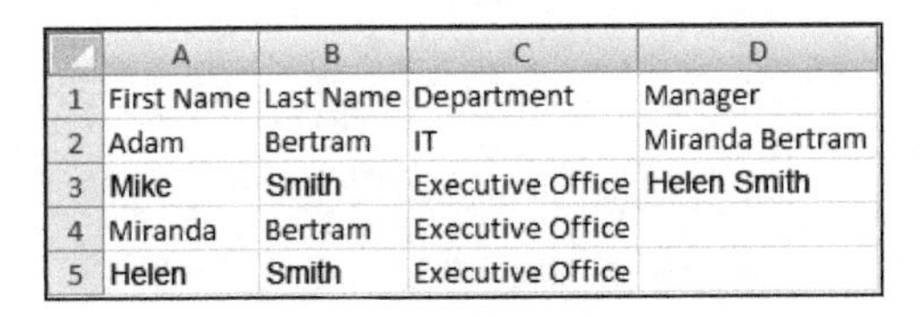

	A	B	C	D
1	First Name	Last Name	Department	Manager
2	Adam	Bertram	IT	Miranda Bertram
3	Mike	Smith	Executive Office	Helen Smith
4	Miranda	Bertram	Executive Office	
5	Helen	Smith	Executive Office	

图 10-1　存储员工信息的 CSV 文件

图 10-1 是 Excel 界面截图，但这些数据在纯文本格式的 CSV 文件中是什么样子也不难想象。这个示例 CSV 文件名为 Employees.csv，在本章的附带资源中可以找到，其内容如代码清单 10-1 所示。

代码清单 10-1　使用 Get-Content 命令读取 CSV 文件

```
PS> Get-Content -Path ./Employees.csv -Raw

First Name,Last Name,Department,Manager
Adam,Bertram,IT,Miranda Bertram
Mike,Smith,Executive Office,Helen Smith
Miranda,Bertram,Executive Office
Helen,Smith,Executive Office
```

这里使用的是 Get-Content 命令来读取存储员工信息的文本文件（CSV 格式）。这个 PowerShell 命令可用于读取任何类型的纯文本文件。

可以看到，这是一个典型的 CSV 文件，其中有一个表头，还有多行数据，以逗号分隔，划为多列。这个文件完全可以使用 Get-Content cmdlet 来读取，毕竟 CSV 文件就是文本文件，使用 Get-Content 命令来读取一点儿问题也没有（这其实就是 Import-Csv 命令第一步做的事情）。

另外注意，Get-Content 命令返回的信息只是字符串而已。这是因为指定了 Raw 参数。此外，Get-Content 命令还可以返回一个字符串数组，其中每个元素表示 CSV 文件中的一行。

```
PS> Get-Content ./Employees.csv -Raw | Get-Member

   TypeName: System.String
   --snip--
```

虽然 Get-Content 命令可以读取数据，但是它并不理解 CSV 文件的模式，不知道表格中有表头或数据行，也不知道如何处理分隔符。Get-Content 命令只是将读取的内容反馈出来。因此才有必要使用 Import-Csv 命令。

1. 使用 **Import-Csv** 处理数据

为了了解 Import-Csv 命令的作用，请将代码清单 10-1 的输出与代码清单 10-2 中 Import-Csv 命令的输出进行比较。

代码清单 10-2 使用 Import-Csv 命令

```
PS> Import-Csv -Path ./Employees.csv

First Name Last Name Department       Manager
---------- --------- ----------       -------
Adam       Bertram   IT               Miranda Bertram
Mike       Smith     Executive Office Helen Smith
Miranda    Bertram   Executive Office
Helen      Smith     Executive Office

PS> Import-Csv -Path ./Employees.csv | Get-Member

   TypeName: System.Management.Automation.PSCustomObject

PS> $firstCsvRow = Import-Csv -Path ./Employees.csv | Select-Object -First
1
PS> $firstCsvRow | Select-Object -ExpandProperty 'First Name'
Adam
```

首先，你可能会注意到，表头和数据行之间有一条分隔线。这表明 Import-Csv 命令读取了文件，将最上面一行当作表头，而且知道需要将表头与文件中余下内容隔开。其次，你会发现输出中没有逗号。对能够读取并**理解** CSV 文件的命令来说，它知道分隔符是用来分隔表格中各项数据的，不应该出现在表格中。

但如果分隔符错位了怎么办？可以在 Employees.csv 文件中 Adam 这一项的正中间添加一个逗号，然后再运行上述代码试试。情况如何？现在，Adam 那一行的内容都向后移动了，am 变成了姓氏，Bertram 变成了部门，而 IT 变成了经理。虽然 Import-Csv 命令能够读懂 CSV 格式，但是还未聪明到可以理解内容——内容到底表示什么仍要靠你来解读。

2. 将原始数据转换为对象

Import-Csv 命令不仅可以读取 CSV 文件，还能够以精美的格式将内容打印出来。读取的文件内容会保存在一个 PSCustomObject 数组中，每个 PSCustomObject 对象表示一行数据。每个 PSCustomObject 对象都有对应于表头中各标题的属性，如果想获取某一列的数据，那么只需访问相应的属性。Import-Csv 命令知道我们提供的数据是什么格式，虽然对数据本身一无所知，却能将数据转换成方便易用的对象，真是厉害！

将数据变成 PSCustomObject 数组可以更高效地使用数据。假如只想查找姓氏为 Bertram 的员工。由于 CSV 文件中的每一行数据都是一个 PSCustomObject 对象，因此可以使用 Where-Object 命令来查找。

```
PS> Import-Csv -Path ./Employees.csv | Where-Object { $_.'Last Name' -eq 'Bertram' }

First Name Last Name Department       Manager
---------- --------- ----------       -------
Adam       Bertram   IT               Miranda Bertram
Miranda    Bertram   Executive Office
```

又假如只想返回这个 CSV 文件中部门为 Executive Office 的行，那也不难！使用的技术还是一样的，但需要修改属性的名称和值，将“Last Name”改成“Department”，将“Bertram”改成“Executive Office”。

```
PS> Import-Csv -Path ./Employees.csv | Where-Object {$_.Department -eq 'Executive Office' }

First Name Last Name Department       Manager
---------- --------- ---------        --------
Mike       Smith     Executive Office Helen Smith
Miranda    Bertram   Executive Office
Helen      Smith     Executive Office
```

如果分隔符使用的不是逗号，而是分号呢？请修改这个 CSV 文件，看看结果如何。不太理想，对吧？不要求分隔符必须是逗号，但是 Import-Csv 命令默认只将逗号当作分隔符。如果想使用其他分隔符，那么需要在 Import-Csv 命令中明确指定。

为了演示，将 Employees.csv 文件中的所有逗号都替换为制表符。

```
PS> (Get-Content ./Employees.csv -Raw).replace(',',"`t") | Set-Content ./Employees.csv
PS> Get-Content ./Employees.csv -Raw
First Name  Last Name   Department  Manager
Adam    Bertram IT  Miranda Bertram
Mike    Smith   Executive Office    Helen Smith
Miranda Bertram Executive Office
Helen       Smith   Executive Office
```

现在文件中的内容是以制表符分隔的。处理时，需要用 Delimiter 参数指明分隔符是制表符（以一个反引号和 t 字母表示），如代码清单 10-3 所示。

代码清单 10-3 使用 Import-Csv 命令的 Delimiter 参数

```
PS> Import-Csv -Path ./Employees.csv -Delimiter "`t"
```

```
First Name Last Name Department       Manager
---------- --------- ----------       -------
Adam       Bertram   IT               Miranda Bertram
Mike       Smith     Executive Office Helen Smith
Miranda    Bertram   Executive Office
Helen      Smith     Executive Office
```

注意，这次的输出与代码清单 10-2 一样。

3. 自定义标题

假设现在有一张数据表，但我们想要修改表头以使用更友好的标题，该怎么办呢？可以使用 Import-Csv 命令。与使用其他分隔符一样，可以将参数传给 Import-Csv 命令。代码清单 10-4 使用 Header 参数传入了一组以逗号分隔的字符串（新标题）。

代码清单 10-4 使用 Import-Csv 命令的 Header 参数

```
PS> Import-Csv -Path ./Employees.csv -Delimiter "`t"
-Header 'Employee FName','Employee LName','Dept','Manager'

Employee FName Employee LName Dept             Manager
-------------- -------------- ----             -------
First Name     Last Name      Department       Manager
Adam           Bertram        IT               Miranda Bertram
Mike           Smith          Executive Office Helen Smith
Miranda        Bertram        Executive Office
Helen          Smith          Executive Office
```

可以看到，执行上述命令后，表示每行数据的对象将以新的标注作为属性名称。

10.1.2 创建 CSV 文件

读取 CSV 文件介绍完了。要是想自己创建 CSV 文件，该怎么办呢？可以自己动手输入，但是这样耗时费力，尤其是要处理数千行数据时。幸好 PowerShell 也为创建 CSV 文件提供了原生 cmdlet，即 Export-Csv。可以使用这个 cmdlet 根据现有的 PowerShell 对象创建 CSV 文件，要做的只是告诉 PowerShell 使用哪些对象作为行，以及在什么位置创建文件。

先来处理后一个需求。假如你执行了一些 PowerShell 命令，然后想将控制台的输出保存到一个文件中。为此，可以使用 Out-File 命令，但这只是将非结构化文本直接存入文件。我们需要的是具有表头和分隔符的结构化文件。这就要靠 Export-Csv 命令了。

假如我们想查看计算机中正在运行的所有进程，记录各个进程的名称、公司和描述。为此，首先需要使用 Get-Process 命令获取进程，然后再使用 Select-Object 命令缩小想查看的属性，如下所示。

```
PS> Get-Process | Select-Object -Property Name,Company,Description

Name                  Company                      Description
----                  -------                      -----------
ApplicationFrameHost  Microsoft Corporation        Application Frame Host
coherence             Parallels International GmbH Parallels Coherence service
coherence             Parallels International GmbH Parallels Coherence service
coherence             Parallels International GmbH Parallels Coherence service
com.docker.proxy
com.docker.service    Docker Inc.
Docker.Service
--snip--
```

接下来，可以使用 Export-Csv 命令将输出以结构化形式提交给文件系统，如代码清单 10-5 所示。

代码清单 10-5 使用 Export-Csv 命令

```
PS> Get-Process | Select-Object -Property Name,Company,Description |
Export-Csv -Path C:\Processes.csv -NoTypeInformation
PS> Get-Content -Path C:\Processes.csv
"Name","Company","Description"
"ApplicationFrameHost","Microsoft Corporation","Application Frame Host"
"coherence","Parallels International GmbH","Parallels Coherence service"
"coherence","Parallels International GmbH","Parallels Coherence service"
"coherence","Parallels International GmbH","Parallels Coherence service"
"com.docker.proxy",,
"com.docker.service","Docker Inc.","Docker.Service"
```

通过管道将输出直接传给 Export-Csv 命令，指定 CSV 文件的路径（Path 参数），再提供 NoTypeInformation 参数，最终可以得到一个包含表头和数据行的 CSV 文件。

注意 NoTypeInformation 参数不是必需的，但如果不提供，那么 CSV 文件顶部就会多出一行来指明提供数据的对象类型。除非想要再次将 CSV 文件导入 PowerShell，否则通常用不到这个信息。多出的那一行类似这样：#TYPE Selected.System.Diagnostics.Process。

10.1.3 项目 1：编写计算机清点报告

接下来我们将综合目前所学知识来开发一个小项目，以解决平时可能会遇到的问题。

假如你的公司收购了另一家公司，可是对该公司的网络中有哪些服务器和个人计算机全然不知。现在手头只有一个 CSV 文件，里面有各台设备的 IP 地址和所在的部门。领导想要你查明情况，将结果保存到一个新 CSV 文件中，并提供给管理层。

你需要做些什么呢？总的来说，你的任务分为两步：读取拿到的 CSV 文件，再创建一个新的 CSV 文件。你创建的 CSV 文件中需要包含以下信息：各台设备的 IP 地址、所属的部门、IP 地址能否 ping 通，以及 DNS 名称。

你拿到的 CSV 文件中的内容如下所示。这些 IP 地址都在一个完整的 255.255.255.0 网络中，因此一直到 192.168.0.254。

```
PS> Get-Content -Path ./IPAddresses.csv
"192.168.0.1","IT"
"192.168.0.2","Accounting"
"192.168.0.3","HR"
"192.168.0.4","IT"
"192.168.0.5","Accounting"
--snip--
```

我在本章附带资源中创建了名为 Discover-Computer.ps1 的脚本。在阅读的过程中，你可以将代码添加到这个脚本中。

首先，需要读取这个 CSV 文件中的每一行。这一步使用 Import-Csv 命令，该命令会将 CSV 文件中的每一行内容存入一个变量，供进一步处理。

```
$rows = Import-Csv -Path C:\IPAddresses.csv
```

拿到数据后，下一步是使用数据。需要对每个 IP 地址执行两个操作：ping 地址和查找主机名。不着急，先对其中一行执行这两个操作，找出正确的句法。

下述代码清单使用 Test-Connection 命令向指定的 IP 地址（CSV 文件第一行中的 IP 地址）发送了一个 ICMP 数据包。Quiet 参数的作用是让 Test-Connection 命令返回 True 或 False 值。

```
PS> Test-Connection -ComputerName $row[0].IPAddress -Count 1 -Quiet
PS> (Resolve-DnsName -Name $row[0].IPAddress -ErrorAction Stop).Name
```

这段代码的第二行使用 Resolve-DnsName 命令获取了同一个 IP 地址的主机名。Resolve-DnsName 命令会返回多个属性，但这里只关注主机名，因此将整个命令放在一对圆括号内，再使用点记法返回 Name 属性。

知道每个操作的句法后，需要对 CSV 文件中的每一行做此处理。为此，最简单的方法是使用 foreach 循环。

```
foreach ($row in $rows) {
    Test-Connection -ComputerName $row.IPAddress -Count 1 -Quiet
    (Resolve-DnsName -Name $row.IPAddress -ErrorAction Stop).Name
}
```

自己运行这段代码试试。结果如何？得到的结果是一行行 True/False 和主机名，但是不知道分别对应于哪一个 IP 地址。为了解决这个问题，需要为每一行创建一个哈希表，然后设定元素。另外，还要考虑 Test-Connection 或 Resolve-DnsName 返回错误的情况。代码清单 10-6 给出了一种完整的实现方法。

代码清单 10-6　在小项目中处理 CSV 文件

```
$rows = Import-Csv -Path C:\IPAddresses.csv
foreach ($row in $rows) {
    try { ❶
        $output = @{ ❷
            IPAddress  = $row.IPAddress
            Department = $row.Department
            IsOnline   = $false
            HostName   = $null
            Error      = $null
        }
        if (Test-Connection -ComputerName $row.IPAddress -Count 1 -Quiet) { ❸
            $output.IsOnline = $true
        }
        if ($hostname = (Resolve-DnsName -Name $row.IPAddress -ErrorAction Stop).Name) { ❹
            $output.HostName = $hostName
        }
    } catch {
        $output.Error = $_.Exception.Message ❺
    } finally {
        [pscustomobject]$output ❻
    }
}
```

下面来分析一下这段代码。首先，创建一个哈希表对应于行中的各列，再额外添加其他需要的信息❷。接下来，ping IP 地址，测试计算机是否在线❸。如果计算机在线，就将 IsOnline 设为 True。随后，尝试解析 HostName，测试能否找到它❹，找到后更新哈希表中的值。在这个过程中，如果出现错误，就将错误记录到哈希表的 Error 值中❺。最后，将哈希表转换成一个 PSCustomObject 对象，并作为返回结果（不管有没有出错）❻。注意，整个过程被放在了一个 try/catch 块中❶，如果 try 块中的代码抛出错误，那么就执行 catch 块中的代码。由于提供了 ErrorAction 参数，因此 Resolve-DnsName 命令在遇到问题时将抛出异常（错误）。

运行这段代码将看到如下输出。

```
HostName   :
Error      : 1.0.168.192.in-addr.arpa : DNS name does not exist
IsOnline   : True
IPAddress  : 192.168.0.1
Department : HR

HostName   :
Error      : 2.0.168.192.in-addr.arpa : DNS name does not exist
```

```
IsOnline   : True
IPAddress  : 192.168.0.2
Department : Accounting
--snip--
```

恭喜！最艰难的部分已被克服，现在我们能分清输出中各部分对应的 IP 地址了。剩下要做的就是将输出记录到一个 CSV 文件中。前文说过，这一步可以使用 Export-Csv 命令。可以直接通过管道将前面创建的 PSCustomObject 对象传给 Export-Csv 命令，从而将输出写入一个 CSV 文件，而不是输出到控制台。

注意，这里需要使用 Append 参数。在默认情况下，Export-Csv 命令会覆盖整个 CSV 文件。提供 Append 参数后，内容会被一行行添加到 CSV 文件的末尾，而不覆盖现有内容。

```
PS> [pscustomobject]$output |
Export-Csv -Path C:\DeviceDiscovery.csv -Append
-NoTypeInformation
```

再次运行脚本，你会发现 CSV 文件的内容与 PowerShell 控制台中的输出完全一样。

```
PS> Import-Csv -Path C:\DeviceDiscovery.csv

HostName   :
Error      : 1.0.168.192.in-addr.arpa : DNS name does not exist
IsOnline   : True
IPAddress  : 192.168.0.1
Department : HR

HostName   :
Error      :
IsOnline   : True
IPAddress  : 192.168.0.2
Department : Accounting
```

现在你会得到一个名为 DeviceDiscovery.csv（或指定的其他名称）的 CSV 文件，文件中有对应于原 CSV 文件每个 IP 地址的行，除了原文件中的内容，还包括使用 Test-Connection 和 Resolve-DnsName 命令获取的值。

10.2 Excel 电子表格

如今还有不使用 Excel 电子表格的企业吗？恐怕没有。使用脚本编程的项目极有可能涉及 Excel 电子表格。在深入探索 Excel 的世界前，要明确一点：只要有可能，就不要使用 Excel！

CSV 文件简单、高效，可以代替 Excel 电子表格，而且使用 PowerShell 处理 CSV 文件简单得多。Excel 电子表格的格式是具有所有权的，倘若不借助外部库，单使用 PowerShell 根本无法读取。如果 Excel 工作簿中只有一张工作表，就省点儿力气，保存为 CSV 文件吧。当然，情况并不总是这么简单，但如果可行，你以后会感谢自己的。相信我。

那么无法保存为 CSV 文件怎么办呢？这就要借助社区中的一个模块了。曾几何时，使用 PowerShell 读取.xls 或.xlsx 格式的 Excel 电子表格需要开发者付出大量精力，不仅要安装 Excel，还要访问 COM 对象，这是一种复杂的编程组件，完全剥夺了使用 PowerShell 的乐趣。幸好有人为我们铲除了荆棘，现在无须分心学习如何使用 COM。本节将使用 Doug Finke 开发的优秀模块——ImportExcel。这个模块由社区成员开发，可免费使用，而且不要求安装 Excel，比 COM 对象简单多了。

首先需要安装这个模块。ImportExcel 模块位于 PowerShell Gallery 中，可执行 `Install-Module ImportExcel` 命令来安装。安装完毕后，下面来看看它的功能。

10.2.1　创建 Excel 电子表格

创建 Excel 电子表格是最先需要考虑的事情。当然，可以采取常规的方式，打开 Excel，一通操作之后创建一张电子表格。但这体现不出编程的乐趣，还是交给 PowerShell 吧，让它创建只有一张工作表的电子表格（学会走之前必须学会爬）。为此，需要使用 `Export-Excel` 命令。与 `Export-Csv` 命令类似，`Export-Excel` 命令会读取接收到的每个对象的属性名称，据此创建一个表头，并在表头下方创建数据行。

同样与 `Export-Csv` 命令一样，`Export-Excel` 命令最简单的用法是通过管道接收一个或多个对象。举个例子：创建一个只有单张工作表的 Excel 工作簿，以保存计算机中所有正在运行的进程的信息。

执行 `Get-Process | Export-Excel .\Processes.xlsx` 命令，你将得到图 10-2 所示的电子表格。

	A	B	C	D	E	F	G	H
1	Name	SI	Handles	VM	WS	PM	NPM	Path
2	ApplicationFrameHost	1	315	2.19919E+12	26300416	7204864	17672	C:\WINDOWS\system32\ApplicationFrameHost.exe
3	coherence	0	120	62164992	5607424	1769472	7968	C:\Program Files (x86)\Parallels\Parallels Tools\Services\coherence.exe
4	coherence	1	113	82739200	5255168	1818624	7736	C:\Program Files (x86)\Parallels\Parallels Tools\Services\coherence.exe
5	coherence	1	130	78884864	5672960	1802240	8896	C:\Program Files (x86)\Parallels\Parallels Tools\Services\WOW\coherence.exe
6	com.docker.localhost-forwarder	1	343	35518222336	9560064	31272960	7592	C:\Program Files\Docker\Docker\Resources\com.docker.localhost-forwarder.exe
7	com.docker.proxy	1	74	35512229888	9891840	19812352	6632	C:\Program Files\Docker\Docker\Resources\com.docker.proxy.exe
8	com.docker.service	0	517	650498048	40833024	27496448	43120	C:\Program Files\Docker\Docker\com.docker.service
9	conhost	0	105	2.19908E+12	5926912	1486848	7056	C:\WINDOWS\system32\conhost.exe
10	conhost	0	105	2.19909E+12	5943296	1544192	7192	C:\WINDOWS\system32\conhost.exe

图 10-2　Excel 电子表格

与 CSV 文件不同，Excel 电子表格的情况更复杂一些，工作簿中通常不仅只有一张工作表。我们将向这个工作簿中再添加几张工作表。为此，需要使用 `WorksheetName` 参数，如代码清单 10-7 所示。这段代码使用发送给 `Export-Excel` 命令的对象又创建了几张工作表。

代码清单 10-7 向 Excel 工作簿添加工作表

```
PS> Get-Process | Export-Excel .\Processes.xlsx -WorksheetName 'Worksheet2'
PS> Get-Process | Export-Excel .\Processes.xlsx -WorksheetName 'Worksheet3'
```

使用 Export-Excel 命令创建电子表格还有更复杂的操作，为了节省时间，不再深入探究。如果你对此感兴趣，请查看 Export-Excel 命令的帮助文档，学习众多参数的用法。

10.2.2 读取 Excel 电子表格

创建好电子表格后，接下来看看如何读取文件中的数据行。为了读取电子表格，可以使用 Import-Excel 命令。这个命令会读取一个工作簿中的一张工作表，并返回一个或多个 PSCustomObject 对象，以表示各行内容。在最简单的情况下，只需要使用 Path 参数指定工作簿的路径。从代码清单 10-8 中可以看到，Import-Excel 命令返回了一个对象，该对象的属性名称就是列名。

代码清单 10-8 使用 Import-Excel 命令

```
PS> Import-Excel -Path .\Processes.xlsx

Name                          : ApplicationFrameHost
SI                            : 1
Handles                       : 315
VM                            : 2199189057536
WS                            : 26300416
PM                            : 7204864
NPM                           : 17672
Path                          : C:\WINDOWS\system32\ApplicationFrameHost.exe
Company                       : Microsoft Corporation
CPU                           : 0.140625
--snip--
```

在默认情况下，Import-Excel 命令仅返回第一张工作表。前面的示例工作簿有多张工作表，因此需要想办法遍历每张工作表。假如工作表是在一段时间前创建的，我们已经记不起工作表的名称了，那么该怎么办呢？没关系，可以使用 Get-ExcelSheetInfo 命令找出工作簿中的所有工作表，如代码清单 10-9 所示。

代码清单 10-9 使用 Get-ExcelSheetInfo 命令

```
PS> Get-ExcelSheetInfo -Path .\Processes.xlsx

Name        Index  Hidden  Path
----        -----  ------  ----
Sheet1          1  Visible C:\Users\adam\Processes.xlsx
Worksheet2      2  Visible C:\Users\adam\Processes.xlsx
Worksheet3      3  Visible C:\Users\adam\Processes.xlsx
```

根据上述输出，便可以从所有工作表中获取数据。编写 foreach 循环，并调用 Import-Excel 命令处理工作簿中的每张工作表，如代码清单 10-10 所示。

代码清单 10-10　从所有工作表中获取所有行

```
$excelSheets = Get-ExcelSheetInfo -Path .\Processes.xlsx
Foreach ($sheet in $excelSheets) {
    $workSheetName = $sheet.Name
    $sheetRows = Import-Excel -Path .\Processes.xlsx -WorkSheetName
    $workSheetName
  ❶ $sheetRows | Select-Object -Property *,@{'Name'='Worksheet';'Expression'={ $workSheetName }
}
```

注意，Select-Object 命令中用到了一个计算属性（calculated property）❶。通常，Select-Object 命令的 Property 参数是简单的字符串，用于指定需要返回的属性。但使用计算属性时，需要给 Select-Object 命令提供一个哈希表，其中包含需要返回的属性名称，以及在 Select-Object 命令收到输入时运行的一个表达式。这个表达式的结果就是计算属性的值。

在默认情况下，Import-Excel 命令不在返回的各个对象中添加工作表的名称，因此无从知晓某一行来自哪张工作表。如果想知道，则需要在对应每一行的对象中添加名为 Worksheet 的属性，供以后引用。

10.2.3　向 Excel 电子表格中添加行

上一节从头开始创建了一个工作簿。随着时间的推移，终有一天需要向工作表添加行。幸好，在 ImportExcel 模块的帮助下，这也不是难事，为 Export-Excel 命令提供 Append 参数即可。

假如你想要记录计算机进程的执行历史，每隔一段时间导出计算机中运行的所有进程，供以后在 Excel 中对比结果。为此需要导出所有正在运行的进程，并在每一行中添加一个时间戳，以标明收集进程信息的时间。

在示例工作簿中再添加一张工作表，并命名为 ProcessesOverTime。我们需要使用计算属性在各个进程的数据行中添加时间戳属性，如下所示。

```
PS> Get-Process |
Select-Object -Property *,@{Name = 'Timestamp';Expression = { Get-Date -Format
'MM-dd-yy hh:mm:ss' }} |
Export-Excel .\Processes.xlsx -WorksheetName 'ProcessesOverTime'
```

运行这个命令，然后打开 Processes 工作簿。你应该可以看到一张名为 ProcessesOverTime 的工作表，里面列出了计算机中正在运行的所有进程，而且多出一列时间戳来指明查询进程信息的时间。

从这里开始，我们要向这张工作表中追加额外的行。使用的命令不变，但是要加上 Append 参数。以下命令可以重复执行，想执行多少次都可以，结果只是不断向工作表中追加数据行。

```
PS> Get-Process |
Select-Object -Property *,@{Name = 'Timestamp';Expression = { Get-Date -Format
'MM-dd-yy hh:mm:ss' }} |
Export-Excel .\Processes.xlsx -WorksheetName 'ProcessesOverTime' -Append
```

收集完数据后，可以打开 Excel 工作簿来查看收集到的所有进程信息。

10.2.4 项目 2：创建 Windows 服务监控工具

接下来我们将综合运用本节所学的技能，再开发一个小型项目。这次要构建一个进程来持续跟踪 Windows 服务的状态，将结果记录到一张 Excel 工作表，并在服务的状态发生变化时发出报告。其实这就相当于一个简易的监控工具。

首先，需要设法获取所有 Windows 服务，只返回服务的名称和状态。这不难，执行 Get-Service | Select-Object -Property Name,Status 命令即可。其次，需要在 Excel 工作表的每行中添加一个时间戳。通过本节的学习，我们知道这要用到计算属性，如代码清单 10-11 所示。

代码清单 10-11 导出服务的状态

```
PS> Get-Service |
Select-Object -Property Name,Status,@{Name = 'Timestamp';Expression =
{ Get-Date -Format 'MM-dd-yy hh:mm:ss' }} |
Export-Excel .\ServiceStates.xlsx -WorksheetName 'Services'
```

运行上述代码将得到一个名为 ServiceStates.xlsx 的 Excel 工作簿，里面有一张名为 Services 的工作表，表中有图 10-3 所示的内容。

	A	B	C
1	Name	Status	Timestamp
2	AdtAgent	Stopped	04-22-18 10:06:58
3	AJRouter	Stopped	04-22-18 10:06:58
4	ALG	Stopped	04-22-18 10:06:58
5	AppHostSvc	Running	04-22-18 10:06:58
6	AppIDSvc	Stopped	04-22-18 10:06:58
7	Appinfo	Stopped	04-22-18 10:06:58

图 10-3 得到的 Excel 工作簿

再执行上述命令前，先修改几个 Windows 服务的状态。这就相当于模拟一段时间内状态的变化。停止几个服务，再开始几个服务，从而更改服务的状态。然后再次执行代码清单 10-11 中的命令，不过这一次要为 Export-Excel 命令提供 Append 参数。经过两次操作，我们得到了一些可供处理的数据。（别忘了加上 Append 参数，否则 Export-Excel 命令将覆盖现有的工作表！）

得到数据后，接下来该汇总了。Excel 为此提供了很多方式，不妨选择数据透视表。**数据透视表**是一种汇总数据的方法，它会将一个或多个属性分组归类，然后对这些属性对应的值执行一些操作（计数、求和，等等）。在数据透视表中，可以轻易看出哪些服务的状态发生了变化，以及何时发生了变化。

可以使用 `IncludePivotTable`、`PivotRows`、`PivotColumns` 和 `PivotData` 这四个参数来创建数据透视表，如图 10-4 所示。

A	B	C	D
Count of Timestamp	Column Labels		
Row Labels	Stopped	Running	Grand Total
AdtAgent	4		4
04-22-18 10:06:58	1		1
04-22-18 10:11:28	1		1
04-22-18 10:14:08	1		1
04-22-18 10:14:53	1		1
AJRouter	4		4
04-22-18 10:06:58	1		1
04-22-18 10:11:28	1		1
04-22-18 10:14:08	1		1
04-22-18 10:14:53	1		1
ALG	4		4
04-22-18 10:06:58	1		1
04-22-18 10:11:28	1		1
04-22-18 10:14:08	1		1
04-22-18 10:14:53	1		1
AppHostSvc	2	2	4
04-22-18 10:06:58		1	1
04-22-18 10:11:28		1	1
04-22-18 10:14:08	1		1
04-22-18 10:14:53	1		1
AppIDSvc	4		4

图 10-4　服务状态数据透视表

读取 Services 工作表中的数据，并据此创建一张数据透视表，如代码清单 10-12 所示。

代码清单 10-12　使用 PowerShell 创建 Excel 数据透视表

```
PS> Import-Excel .\ServiceStates.xlsx -WorksheetName 'Services' |
Export-Excel -Path .\ServiceStates.xlsx -Show -IncludePivotTable -PivotRows Name,Timestamp
-PivotData @{Timestamp = 'count'} -PivotColumns Status
```

PowerShell 模块 ImportExcel 还有很多功能，要想继续处理本节的数据集，可以浏览该模块的 GitHub 仓库来探索。也可以试试使用其他数据。只要能获取数据，PowerShell 就可以对数据进行处理，并以任何所需要的形式来呈现。

10.3　JSON 数据

如果近五年在科技界工作过，那么说不定你就读取过 JSON（JavaScript Object Notation）。

JSON 创建于 21 世纪初，是一种机器可读、人类可理解的语言，用于呈现层次化的数据。从名称中大概可以看出，JSON 广泛应用于 JavaScript 应用，在 Web 开发领域有很大影响力。

近年来，使用 REST API（在客户端和服务器之间发送数据的技术）的在线服务数量激增，由此带动了 JSON 的使用迅猛增长。只要做 Web 相关的工作，就一定要了解 JSON。在 PowerShell 中处理 JSON 也特别容易。

10.3.1 读取 JSON

与读取 CSV 类似，在 PowerShell 中读取 JSON 也有不同方式：可以解析，也可以不解析。由于 JSON 是纯文本格式，因此 PowerShell 默认将其视作字符串。以本章附带资源中的 Employees.json 文件为例，该 JSON 文件的内容如下所示。

```
{
    "Employees": [
        {
            "FirstName": "Adam",
            "LastName": "Bertram",
            "Department": "IT",
            "Title": "Awesome IT Professional"
        },
        {
            "FirstName": "Bob",
            "LastName": "Smith",
            "Department": "HR",
            "Title": "Crotchety HR guy"
        }
    ]
}
```

如果只想输出字符串，可以执行 `Get-Content -Path Employees.json -Raw` 命令来读取文件的内容，并返回一个字符串。但是字符串没多大作用。我们需要结构。为此，需要使用能理解 JSON 模式（JSON 表示单个节点和节点数组的方式）的工具，并对文件做相应解析。这个工具就是 `ConvertFrom-Json` cmdlet。

`ConvertFrom-Json` 是 PowerShell 原生 cmdlet，可以将输入的原始 JSON 转换成 PowerShell 对象。从代码清单 10-13 可以看出，现在 PowerShell 知道 `Employees` 是一个属性了。

代码清单 10-13　将 JSON 转换成对象

```
PS> Get-Content -Path .\Employees.json -Raw | ConvertFrom-Json

Employees
---------
{@{FirstName=Adam; LastName=Bertram; Department=IT;
```

```
Title=Awesome IT Professional}, @{FirstName=Bob;
LastName=Smith; Department=HR; Title=Crotchety H...
```

仔细查看 Employees 属性可以发现，该属性下的所有节点都解析出来了，每个键表示一列的标题，每个值表示一行中的值。

```
PS> (Get-Content -Path .\Employees.json -Raw | ConvertFrom-Json).Employees

FirstName LastName Department Title
--------- -------- ---------- -----
Adam      Bertram  IT         Awesome IT Professional
Bob       Smith    HR         Crotchety HR guy
```

现在 Employees 属性是一个对象数组，可以像普通数组那样查询和处理。

10.3.2 创建 JSON 字符串

假如我们从一系列资源中获取了大量数据，然后想将这些数据全部转换成 JSON 格式，那么该怎么做呢？这就要用到 ConvertTo-Json **cmdlet** 的魔法力量了。ConvertTo-Json 可以将任何 PowerShell 对象转换成 JSON。

举个例子，可以将本章前面创建的 CSV 文件转换成 Employees.json。首先，需要导入 CSV。

```
PS> Import-Csv -Path .\Employees.csv -Delimiter "`t"

First Name Last Name Department       Manager
---------- --------- ----------       -------
Adam       Bertram   IT               Miranda Bertram
Mike       Smith     Executive Office Helen Smith
Miranda    Bertram   Executive Office
Helen      Smith     Executive Office
```

然后，通过管道将输出传给 ConvertTo-Json 来执行转换操作，如代码清单 10-14 所示。

代码清单 10-14　将对象转换成 JSON

```
PS> Import-Csv -Path .\Employees.csv -Delimiter "`t" | ConvertTo-Json
[
    {
        "First Name":  "Adam",
        "Last Name":  "Bertram",
        "Department":  "IT",
        "Manager":  "Miranda Bertram"
    },
    {
        "First Name":  "Mike",
        "Last Name":  "Smith",
```

```
            "Department":  "Executive Office",
            "Manager":  "Helen Smith"
        },
        {
            "First Name":  "Miranda",
            "Last Name":  "Bertram",
            "Department":  "Executive Office",
            "Manager":  null
        },
        {
            "First Name":  "Helen",
            "Last Name":  "Smith",
            "Department":  "Executive Office",
            "Manager":  null
        }
    ]
```

你大概也猜到了，可以传入一些参数来调整转换操作。比如说，可以传入 Compress 参数来精简输出，以删除所有不需要的换行符。

```
PS> Import-Csv -Path .\Employees.csv -Delimiter "`t" | ConvertTo-Json -Compress
[{"First Name":"Adam","Last
Name":"Bertram","Department":"IT","Manager":"Miranda
Bertram"},{"First Name":"Mike","Last
Name":"Smith","Department":"Executive
Office","Manager":"Helen Smith"},{"First
Name":"Miranda","Last Name":"Bertram","Department":"Executive
Office","Manager":null},{"First Name":"Helen",
"Last Name":"Smith","Department":"Executive
Office","Manager":null}]
```

如果指定属性及其值，那么 ConvertTo-Json 也能转换：属性作为节点的键，属性值作为节点的值。

10.3.3 项目 3：查询并解析 REST API

现在知道如何解析 JSON 了，接下来进行一些实际工作：使用 PowerShell 查询一个 REST API，然后解析结果。使用任何 REST API 基本上都可以，不过有些 API 要求验证身份，如果免去这一步，那么整个过程就简单了。那就使用一个不需要验证身份的 REST API 吧。我们找到了一个满足需求的 API——postcodes.io，这个服务可以根据不同条件查询英国的邮政编码。

我们将使用的 URI 是 http://api.postcodes.io/random/postcodes。这个 URI 可以查询 postcodes.io API 服务，并随机返回一个 JSON 格式的邮编。为了查询这个 URI，需要使用 PowerShell 提供的 Invoke-WebRequest cmdlet。

```
PS> $result = Invoke-WebRequest -Uri 'http://api.postcodes.io/random/postcodes'
PS> $result.Content
{"status":200,"result":{"postcode":"IP12
2FE","quality":1,"eastings":641878,"northings":250383,"country
:"England","nhs_ha":"East of England","longitude":
1.53013518866685,"latitude":52.0988661618569,"european_elector
al_region":"Eastern","primary_care_trust":"Suffolk","region":"
East of England","lsoa":"Suffo
lk Coastal 007C","msoa":"Suffolk Coastal
007","incode":"2FE","outcode":"IP12","parliamentary_constituen
cy":"Suffolk Coastal","admin_district":"Suffolk Coa
stal","parish":"Orford","admin_county":"Suffolk","admin_ward":
"Orford & Eyke","ccg":"NHS Ipswich and East
Suffolk","nuts":"Suffolk","codes":{"admin_distri
ct":"E07000205","admin_county":"E10000029","admin_ward":"E0501
449","parish":"E04009440","parliamentary_constituency":"E14000
81","ccg":"E38000086","nuts"
:"UKH14"}}}
```

在 Windows PowerShell 中，Invoke-WebRequest 会依赖 Internet Explorer。如果你的计算机中没有 Internet Explorer，可以使用-UseBasicParsing 参数去除这个依赖。“高级”解析会稍微分解得到的 HTML 输出，但并不是所有情况都需要这么做。

现在来看看能不能将得到的结果转换成一个 PowerShell 对象。

```
PS> $result = Invoke-WebRequest -Uri 'http://api.postcodes.io/random/postcodes'
PS> $result.Content | ConvertFrom-Json

status result
------ ------
   200 @{postcode=DE7 9HY; quality=1; eastings=445564;
       northings=343166; country=England; nhs_ha=East Midlands;
       longitude=-1.32277519314161; latitude=...

PS> $result = Invoke-WebRequest -Uri 'http://api.postcodes.io/random/postcodes'
PS> $contentObject = $result.Content | ConvertFrom-Json
PS> $contentObject.result

postcode                   : HA7 2SR
quality                    : 1
eastings                   : 516924
northings                  : 191681
country                    : England
nhs_ha                     : London
longitude                  : -0.312779792807334
latitude                   : 51.6118279308721
european_electoral_region  : London
primary_care_trust         : Harrow
region                     : London
lsoa                       : Harrow 003C
msoa                       : Harrow 003
```

```
incode                       : 2SR
outcode                      : HA7
parliamentary_constituency : Harrow East
admin_district               : Harrow
parish                       : Harrow, unparished area
admin_county                 :
admin_ward                   : Stanmore Park
ccg                          : NHS Harrow
nuts                         : Harrow and Hillingdon
codes                        : @{admin_district=E09000015;
                               admin_county=E99999999; admin_ward=E05000303;
                               parish=E43000205;
```

我们成功地将响应转换成了 JSON。但这里要用到两个命令：Invoke-WebRequest 和 ConvertFrom-Json。如果能够只使用一个命令，岂不是更好？其实 PowerShell 提供了这样的命令，即 Invoke-RestMethod。

作用与 Invoke-WebRequest 类似，Invoke-RestMethod cmdlet 可以通过不同的 HTTP 动词请求 Web 服务，并返回响应。由于 postcodes.io API 服务不要求验证身份，因此将 Uri 参数传给 Invoke-RestMethod 就能得到响应。

```
PS> Invoke-RestMethod -Uri 'http://api.postcodes.io/random/postcodes'

status result
------ ------
   200 @{postcode=NE23 6AA; quality=1; eastings=426492;
       northings=576264; country=England; nhs_ha=North East;
       longitude=-1.5865793029774; latitude=55...
```

可以看到，Invoke-RestMethod 返回了一个状态码，API 的响应则在 result 属性中。但 JSON 格式的数据呢？其实它已经转换成对象了——这正合我们的意愿。无须自己动手将 JSON 转换成对象，直接使用 result 属性即可。

```
PS> (Invoke-RestMethod -Uri 'http://api.postcodes.io/random/postcodes').result

postcode                     : SY11 4BL
quality                      : 1
eastings                     : 332201
northings                    : 331090
country                      : England
nhs_ha                       : West Midlands
longitude                    : -3.00873643515338
latitude                     : 52.8729967314029
european_electoral_region    : West Midlands
primary_care_trust           : Shropshire County
region                       : West Midlands
lsoa                         : Shropshire 011E
msoa                         : Shropshire 011
```

```
incode                      : 4BL
outcode                     : SY11
parliamentary_constituency : North Shropshire
admin_district              : Shropshire
parish                      : Whittington
admin_county                :
admin_ward                  : Whittington
ccg                         : NHS Shropshire
nuts                        : Shropshire CC
codes                       : @{admin_district=E06000051;
                              admin_county=E99999999; admin_ward=E05009287;
                              parish=E04012256;
```

在 PowerShell 中处理 JSON 十分简单。使用 PowerShell 提供的 cmdlet，通常无须再对字符串做复杂处理——通过管道传入 JSON 或转换成 JSON 的对象，然后坐等结果即可。

10.4 小结

本章介绍了几种结构化数据，以及如何在 PowerShell 中处理这些结构化数据。借助 PowerShell 原生的 cmdlet，整个过程轻而易举。原生的 cmdlet 对复杂代码做了抽象处理，为用户提供了简单易用的命令。但不要被这种简单性所迷惑，其实 PowerShell 可以解析和处理大部分数据格式。即便没有处理某种数据的原生命令，也可以深层挖掘底层的.NET 类，运用一些高级的概念。

第 11 章将介绍 AD。AD 遍布重复性的任务，是学习使用 PowerShell 的好途径。本书余下内容将用很大篇幅讲解这个优秀的服务。

第11章

AD 任务自动化

AD是使用PowerShell实现自动化的最佳产品之一。在一个组织中，新人来旧人去或不同部门间调动是不可避免的事情。由于员工频繁变动，迫切需要一个动态的跟踪系统，AD应运而生。AD中的许多任务是相似的，IT人员需要执行很多重复操作，因此特别适合实现自动化。

本章将带领你学习如何使用 PowerShell 为 AD 中的一些场景实现自动化。可以使用PowerShell处理的AD对象很多，本章只涵盖其中三个最常用的对象：用户账户、计算机账户和组。这三个对象是AD管理员在日常工作中最可能遇到的。

11.1 环境要求

为了确保能跟着本章示例一起操作，假定你的计算机环境满足以下要求。

首先，你使用的Windows计算机在一个AD域中。工作组中的计算机也可以使用其他凭据加入AD，不过这超出了本章范畴。

其次，相关操作只在你的计算机当前所在的AD中进行，复杂的跨域和林信任（forest trust）问题同样超出了本章范畴。

最后，你的计算机使用AD账户登录，而且该账户具有相应的权限，可以读取、修改和创建常见的AD对象，比如用户、计算机、组和**组织单元**（organizational unit，OU）。我们在操作过程中所使用的账户在Domain Admins组中，这意味着我们对所在的域有完整的控制权。其实这完全没必要，在生产环境中这往往也不是推荐做法，但在演示各种操作时，使用Domain Admins组则不用担心对象权限问题。对象权限是一个专门的话题，超出了本书讨论范畴。

11.2 安装 ActiveDirectory PowerShell 模块

读到这里，你应该已经知道，在 PowerShell 中完成一项任务不止一种方式。如果有现成的工具，则没必要重造轮子，你造的轮子不一定更优秀、更好用。本章只用到了一个模块，即 ActiveDirectory。虽然这个模块有自身的缺点（比如参数不明就里、筛选句法不同寻常、错误行为稀奇古怪），但在管理 AD 方面，它是目前最全面的模块。

ActiveDirectory 模块随附 Remote Server Administration Tools 软件包。这个软件包中还有很多其他工具，但在撰写本书时，这是获取 ActiveDirectory 模块的唯一途径。在继续阅读本章前，建议你下载并安装这个软件包。操作完毕后，ActiveDirectory 模块也就安装好了。

可以使用 Get-Module 命令来确认有没有正确安装 ActiveDirectory 模块。

```
PS> Get-Module -Name ActiveDirectory -List
Directory: C:\WINDOWS\system32\WindowsPowerShell\v1.0\Modules

ModuleType Version Name            ExportedCommands
---------- ------- ----            ----------------
Manifest   1.0.0.0 ActiveDirectory {Add-ADCentralAccessPolicyMember,...
```

如果可以看到上述输出，那么说明已经安装了 ActiveDirectory 模块。

11.3 查询和筛选 AD 对象

满足前述所有环境要求且安装好 ActiveDirectory 模块后，就可以开始学习了。

了解新的 PowerShell 模块时，最好的办法是查看模块提供的所有以动词 Get 开头的命令。以 Get 开头的命令只读取信息，意外导致改动的风险极小。接下来我们就采用这种策略来学习 ActiveDirectory 模块，找出与本章涉及对象有关的命令。为了获取 ActiveDirectory 模块中以 Get 开头且名词部分包含"computer"这个词的命令，可以使用代码清单 11-1 所示的命令。

代码清单 11-1　ActiveDirectory 模块中以 Get 开头的命令

```
PS> Get-Command -Module ActiveDirectory -Verb Get -Noun *computer*

CommandType     Name                                Version    Source
-----------     ----                                -------    ------
Cmdlet          Get-ADComputer                      1.0.0.0    ActiveDirectory
Cmdlet          Get-ADComputerServiceAccount        1.0.0.0    ActiveDirectory

PS> Get-Command -Module ActiveDirectory -Verb Get -Noun *user*

CommandType     Name                                Version    Source
-----------     ----                                -------    ------
```

```
Cmdlet          Get-ADUser                        1.0.0.0   ActiveDirectory
Cmdlet          Get-ADUserResultantPasswordPolicy 1.0.0.0   ActiveDirectory

PS> Get-Command -Module ActiveDirectory -Verb Get -Noun *group*

CommandType     Name                              Version   Source
-----------     ----                              -------   ------
Cmdlet          Get-ADAccountAuthorizationGroup   1.0.0.0   ActiveDirectory
Cmdlet          Get-ADGroup                       1.0.0.0   ActiveDirectory
Cmdlet          Get-ADGroupMember                 1.0.0.0   ActiveDirectory
Cmdlet          Get-ADPrincipalGroupMembership    1.0.0.0   ActiveDirectory
```

可以看到，有几个命令或许对我们有用。本章将使用其中四个命令：Get-ADComputer、Get-ADUser、Get-ADGroup 和 Get-ADGroupMember。

11.3.1 筛选对象

ActiveDirectory 模块中很多以 Get 开头的命令有一个名为 Filter 的公共参数。这个参数的作用与 PowerShell 原生的 Where-Object 命令类似，用于筛选各个命令的输出，但是具体做法不一样。

Filter 参数的句法独特，难以理解，尤其是在进行复杂筛选操作时。要想详尽掌握 Filter 参数的句法，可以执行 Get-Help about_ActiveDirectory_Filter 命令。

本章力求简单，不使用高级的筛选操作。先在 Get-ADUser 命令中使用 Filter 参数来返回域中的所有用户，如代码清单 11-2 所示。但要注意，如果域中的用户账户很多，那么可能要等一段时间。

代码清单 11-2 查找域中的所有用户账户

```
PS> Get-ADUser -Filter *

DistinguishedName : CN=adam,CN=Users,DC=lab,DC=local
Enabled           : True
GivenName         :
Name              : adam
ObjectClass       : user
ObjectGUID        : 5e53c562-4fd8-4620-950b-aad8fbaa84db
SamAccountName    : adam
SID               : S-1-5-21-930245869-402111599-3553179568-500
Surname           :
UserPrincipalName :
--snip--
```

可以看到，Filter 参数会接受一个字符串值，这里提供的是一个通配符，即 *。如果只提供通配符，那么（多数）以 Get 开头的命令会返回找到的全部信息。有时确实需要所有信息，但多数时候你并不想要**全部对象**。话虽如此，倘若使用得当，通配符还是有很大作用的。

如果想查找 AD 中所有以字母 C 开头的计算机账户，可以执行 Get-ADComputer -Filter 'Name -like "C*"'命令，其中 C*表示 C 后可以有任意字符。除此之外，反过来也可以。如果想查找姓氏以 son 结尾的账户，可以执行 Get-ADComputer -Filter 'Name -like "*son"'命令。

如果想查找姓氏为 Jones 的所有用户，可以执行 Get-ADUser -Filter "surName -eq 'Jones'"命令；如果想查找姓氏和名字唯一确定的那个用户，可以执行 Get-ADUser -Filter "surName -eq 'Jones' -and givenName -eq 'Joe'命令。Filter 参数支持使用多个 PowerShell 运算符（如 like 和 eq）进行筛选，并且只返回我们需要的结果。AD 属性存储在 AD 数据库中，名称使用首字母小写的驼峰式，就像前几个示例中那样，不过这不是强制要求。

筛选 AD 对象时还有一个常用命令 Search-ADAccount。这个命令内置了一些常见场景，比如查找密码失效的所有用户、查找被锁定的用户，以及查找已经启用的计算机。要想了解完整的可用参数，请查看 Search-ADAccount cmdlet 的帮助信息。

大多数情况下，Search-ADAccount 命令的句法不言自明。一些开关参数（如 PasswordNeverExpires、AccountDisabled 和 AccountExpired）不需要额外提供参数值。

除此之外，Search-ADAccount 命令也有些参数要求提供输入值，比如指定日期时间属性的具体值，或者指定对象类型（如用户或计算机）来限制返回的结果。

以 AccountInactive 参数为例。假如想要查找 90 天内没有用过账户的全部用户，这就非常适合使用 Search-ADAccount 命令。如代码清单 11-3 所示，可以使用-TimeSpan 筛选近 90 天内没有激活的对象，再使用-UsersOnly 进一步筛选对象类型，从而快速找出满足条件的所有用户。

代码清单 11-3　使用 Search-ADAccount 命令

```
PS> Search-ADAccount -AccountInactive -TimeSpan 90.00:00:00 -UsersOnly
```

Search-ADAccount cmdlet 返回的对象是 Microsoft.ActiveDirectory.Management.ADUser 类型。Get-ADUser 和 Get-ADComputer 等命令返回的对象也是这个类型。使用以 Get 开头的命令时，如果想不出 Filter 参数的句法，那么 Search-ADAccount 命令兴许可以助我们一臂之力。

11.3.2　返回单个对象

有时我们知道具体要查找哪个 AD 对象，那就没必要使用 Fitler 参数了，应该使用 Identity 参数。

Identity 参数很灵活，可以通过属性限定 AD 对象，返回唯一结果。每个用户账户都有一个 samAccountName 属性，它的值是独一无二的。可以使用 Filter 参数来查找指定 samAccountName

值的所有用户，如下所示。

```
Get-ADUser -Filter "samAccountName -eq 'jjones'"
```

但是使用 Identity 参数要简洁得多。

```
Get-ADUser -Identity jjones
```

11.3.3 项目 4：查找 30 天内未修改密码的用户账户

至此我们对如何查询 AD 对象有了基本了解，接着来创建简单的脚本，实际运用所学的知识。背景如下：你就职的公司准备推行新的密码过期制度，分配给你的任务是，查找近 30 天内未修改密码的所有账户。

首先要考虑该使用哪个命令。你首选的可能是本章前文学过的 Search-ADAccount 命令。这个命令用途广泛，可以搜索和筛选各种对象，但筛选条件不易定制。为了对搜索结果进行更加细粒度的筛选，需要使用 Get-ADUser 命令来自己编写筛选条件。

确定要使用的命令后，接下来就要明确筛选什么。你的任务是筛选近 30 天内未修改密码的账户，可是倘若只查找满足该条件的账户，你得到的结果将比实际多。为什么呢？如果不筛选出已激活的账户，那么有可能会出现无须关注的旧账户（有人离职或失去了计算机权限）。因此，我们要筛选的是近 30 天内已激活但未修改密码的计算机。

先来筛选已激活的用户账户，使用的筛选条件为-Filter "Enabled -eq 'True'"。很简单吧。下一步是设法获取存储用户何时设定密码的属性。

在默认情况下，Get-ADUser 命令不返回用户的全部属性。使用 Properties 参数可以指定查看哪些属性，这里想查看的是 name 属性和 passwordlastset 属性。注意，有些用户没有 passwordlastset 属性，因为他们根本就没设置密码。

```
PS> Get-AdUser -Filter * -Properties passwordlastset  | select name,passwordlastset

name           passwordlastset
----           ---------------
adam           2/22/2019 6:45:40 AM
Guest
DefaultAccount
krbtgt         2/22/2019 3:03:32 PM
Non-Priv User  2/22/2019 3:12:38 PM
abertram
abertram2
fbar
--snip--
```

找到所需要的属性名称后，现在可以编写筛选条件了。别忘了，我们只想查找近 30 天内未修改密码的账户。如果想计算两个日期之间间隔多久，那么需要两个日期，一个是开始日期（30 天前），一个是结束日期（今天）。今天的日期可以使用 Get-Date 命令得到，30 天前的日期可以使用 AddDays 方法查明。这两个日期都要存入变量，以方便取用。

```
PS> $today = Get-Date
PS> $30DaysAgo = $today.AddDays(-30)
```

获得日期之后，便可以用到筛选条件中。

```
PS> Get-ADUser -Filter "passwordlastset -lt '$30DaysAgo'"
```

最后，还需要在筛选参数中加入 Enabled 条件。完整的步骤如代码清单 11-4 所示。

代码清单 11-4　查找已激活用户中近 30 天未修改密码的账户

```
$today = Get-Date
$30DaysAgo = $today.AddDays(-30)
Get-ADUser -Filter "Enabled -eq 'True' -and passwordlastset -lt
'$30DaysAgo'"
```

至此，我们通过自己编写的代码找出了已激活 AD 用户中近 30 天内设置过密码的账户。

11.4　创建和修改 AD 对象

现在，我们知道如何查找现有的 AD 对象了，接下来将学习如何修改和创建 AD 对象。本节分为两部分，一部分针对用户和计算机，另一部分针对组。

11.4.1　用户和计算机

如果想修改用户和计算机账户，则需要使用某个以 Set 开头的命令，即 Set-ADUser 或 Set-ADComputer。这两个命令可以修改 AD 对象的任何属性。通常我们通过管道传入以 Get 开头的命令获取的对象（就像上一节那样）。

假设有个名为 Jane Jones 的员工结婚了，主管让你修改她的用户账户，更新姓氏。如果你不知道这个用户账户的身份属性，那么可以在 Get-ADUser 命令中使用 Filter 参数查找。但是，首先需要知道 AD 如何存储各个用户的姓氏和名字，这样才能将相应的属性传给 Filter 参数。

有一种方法可以获取 AD 中存储的所有可用属性，但涉及一点儿.NET 知识：可以通过模式对象查找用户类，并枚举该类的所有属性。

```
$schema =[DirectoryServices.ActiveDirectory.ActiveDirectorySchema]::GetCurrentSchema()
$userClass = $schema.FindClass('user')
$userClass.GetAllProperties().Name
```

查看可用的属性列表可以发现 givenName 属性和 surName 属性。可以将这两个属性传给 Get-ADUser 命令的 Filter 参数，以找到对应的用户账户，再将用户对象传给 Set-ADUser 命令，如代码清单 11-5 所示。

代码清单 11-5　使用 Set-ADUser 命令修改 AD 对象的属性

```
PS> Get-ADUser -Filter "givenName -eq 'Jane' -and surName -eq
'Jones'" | Set-ADUser -Surname 'Smith'
PS> Get-ADUser -Filter "givenName -eq 'Jane' -and surName -eq
'Smith'"

DistinguishedName : CN=jjones,CN=Users,DC=lab,DC=local
Enabled           : False
GivenName         : Jane
Name              : jjones
ObjectClass       : user
ObjectGUID        : fbddbd77-ac35-4664-899c-0683c6ce8457
SamAccountName    : jjones
SID               : S-1-5-21-930245869-402111599-3553179568-3103
Surname           : Smith
UserPrincipalName :
```

也可以一次修改多个属性。假设 Jane 结婚后又调职到其他部门，而且升职了，这两个信息都要更新。没问题，使用对应于 AD 属性的参数即可。

```
PS> Get-ADUser -Filter "givenName -eq 'Jane' -and surname -eq
'Smith'" | Set-ADUser -Department 'HR' -Title Director
PS> Get-ADUser -Filter "givenName -eq 'Jane' -and surname -eq
'Smith'" -Properties GivenName,SurName,Department,Title

Department        : HR
DistinguishedName : CN=jjones,CN=Users,DC=lab,DC=local
Enabled           : False
GivenName         : Jane
Name              : jjones
ObjectClass       : user
ObjectGUID        : fbddbd77-ac35-4664-899c-0683c6ce8457
SamAccountName    : jjones
SID               : S-1-5-21-930245869-402111599-3553179568-3103
Surname           : Smith
Title             : Director
UserPrincipalName :
```

最后，可以使用 New-AD*命令创建 AD 对象。创建 AD 对象的方法与修改现有对象差不多，只是这里不能访问身份属性。新建 AD 计算机账户很简单，执行 New-ADComputer -Name FOO 命令即可。类似地，执行 New-ADUser -Name adam 命令将创建一个 AD 用户。可以看到，New-AD*命令也有与 AD 属性对应的参数，这一点与 Set-AD*命令一样。

11.4.2 组

组比用户和计算机复杂。可以将组理解为一种容器，内含很多 AD 对象。按照这个思路，组就是一个复合体。其实，组仅仅是一个容器，与用户和计算机一样，是单一的 AD 对象。这意味着，可以像对待用户和计算机那样查询、创建和修改组，只是具体做法稍有不同。

假设你所在的组织新成立了一个名为 AdamBertramLovers 的部门，这个部门人满为患。现在，你需要使用这个部门名称来创建一个组。代码清单 11-6 给出了创建这个组的方法。Description 参数会传入一个字符串（组的描述），GroupScope 参数会指明创建的组具有 DomainLocal 作用域。如果需要其他作用域，还可以设为 Global 或 Universal。

代码清单 11-6　创建 AD 组

```
PS> New-ADGroup -Name 'AdamBertramLovers'
-Description 'All Adam Bertram lovers in the company'
-GroupScope DomainLocal
```

存在的组可以像用户或对象那样进行修改。例如，可以采用如下方法来修改描述。

```
PS> Get-ADGroup -Identity AdamBertramLovers |
Set-ADGroup -Description 'More Adam Bertram lovers'
```

当然，组与用户和计算机之间主要的区别是，组可以包含用户和计算机。组中的计算机或用户账户称为组的成员。如果想将成员添加到组中，或者想要修改组中的成员，则不能使用前面用过的命令，而需要使用 Add-ADGroupMember 和 Remove-ADGroupMember。

如果想将 Jane 添加到 AdamBertramLovers 组中，那么需要使用 Add-ADGroupMember 命令；如果 Jane 想离开这个组，则需要使用 Remove-ADGroupMember 命令将其删除。可以自己操作一下，然后你会发现，Remove-ADGroupMember 命令会抛出一个问题，让你确认删除成员的决定。

```
PS> Get-ADGroup -Identity AdamBertramLovers | Add-ADGroupMember Members 'jjones'
PS> Get-ADGroup -Identity AdamBertramLovers | Remove-ADGroupMember-Members 'jjones'

    Confirm
Are you sure you want to perform this action?
Performing the operation "Set" on target
"CN=AdamBertramLovers,CN=Users,DC=lab,DC=local".
[Y] Yes  [A] Yes to All  [N] No  [L] No to All  [S] Suspend
[?]
Help (default is "Y"): a
```

要想跳过确认，可以添加 Force 参数。可是这步确认有时却能救你于水火。

11.4.3　项目 5：创建员工配置脚本

本节将综合运用目前所学知识，再来解决一个实际问题。假设你的公司雇用了一名新员工来作为系统管理员，那么你需要执行一系列操作：创建一个 AD 用户，创建一个计算机账户，再将二者添加到指定组。你打算编写一个脚本来自动完成整个过程。

在具体行动之前，首先要确定脚本的作用，并将相关信息大致写出来（不仅是这个项目，所有项目都应该这么做）。对这个脚本来说，创建 AD 用户涉及以下操作。

- 根据员工的姓氏和名字动态创建用户名
- 创建一个随机密码，并分配给用户
- 在用户登录时强制要求修改密码
- 根据员工所属的部门设置部门属性
- 为用户分配一个内部员工编号

接下来将用户账户添加到与部门同名的组中。最后，将用户账户添加到与所在部门同名的组织单元中。

确定好需求后，现在开始编写脚本。最终完成的脚本名为 New-Employee.ps1，本书的附带资源中已经提供。

另外，你还希望这个脚本可以复用，每次新进员工都可以使用。这就意味着，需要找到合适的方式来处理传给脚本的输入。根据需求，脚本需要的信息包括姓氏、名字、部门和员工编号。代码清单 11-7 是脚本的整体结构，其中定义了全部参数，还有一个 try/catch 块用于捕获可能遇到的终止性错误。脚本开头的#requires 语句可以确保每次运行该脚本时都会检查设备中有没有安装 ActiveDirectory 模块。

代码清单 11-7　New-Employee.ps1 脚本的基本结构

```
#requires -Module ActiveDirectory

[CmdletBinding()]
param (
    [Parameter(Mandatory)]
    [string]$FirstName,

    [Parameter(Mandatory)]
    [string]$LastName,

    [Parameter(Mandatory)]
    [string]$Department,
```

```
    [Parameter(Mandatory)]
    [int]$EmployeeNumber
)

try {

} catch {
    Write-Error -Message $_.Exception.Message
}
```

基本结构创建好后，接下来需要编写 try 块。

首先，根据大致确定的需求创建 AD 用户。用户名要**动态创建**。用户名的具体形式有好几种，有的组织喜欢使用名字的首字母加姓氏，有的组织喜欢使用名字加姓氏，有的组织则喜欢使用完全不同的其他形式。假设你的公司使用的是名字的首字母加姓氏的形式。如果按照这个规则创建的用户名已被占用，那就再加上名字中的下一个字母，直至得到唯一的用户名。

先来处理一般情况。获取名字的首字母可以使用每个字符串对象都有的内置方法 Substring。创建用户名的一种方法是使用**字符串格式化**句法，即在字符串中定义占位符，然后在运行时将占位符替换为表达式的求值结果，如下所示。

```
$userName = '{0}{1}' -f $FirstName.Substring(0, 1), $LastName
```

这是初次尝试创建用户名，还需要使用 Get-ADUser 命令查询 AD，以检查用户名是否已被占用。

```
Get-ADUser -Filter "samAccountName -eq '$userName'"
```

只要这个命令返回结果，就说明用户名已被占用，需要再尝试下一个用户名。这意味着，需要找到方法来动态生成新用户名，为用户名被占用做好万全准备。为了检查多个用户名，可以将上述 Get-ADUser 命令放在一个 while 循环中。但还需要考虑一种情况：万一名字中的字母用完了依然无法确定用户名呢？你可不想让这个循环一直运行下去，因此还需要添加如$userName -notlike "$FirstName*"这样的一个条件来停止循环。

这个 while 循环的条件如下所示。

```
(Get-ADUser -Filter "samAccountName -eq '$userName'") -and
($userName -notlike "$FirstName*")
```

循环条件确定后就可以编写 while 块中的代码了。

```
$i = 2
while ((Get-ADUser -Filter "samAccountName -eq '$userName'") -and
```

```
($userName -notlike "$FirstName*")) {
    Write-Warning -Message "The username [$($userName)] already exists. Trying another..."
    $userName = '{0}{1}' -f $FirstName.Substring(0, $i), $LastName
    Start-Sleep -Seconds 1
    $i++
}
```

这个循环每迭代一次，就会从名字中获取由 0 到$i 位置上的字母构成的子字符串，并将名字中的下一个字母添加到用户名中。这里的$i 是一个计数器（在字符串中的下一个位置），从 2 开始，循环每运行一次增加 1。等这个 while 循环运行结束，要么找到了一个唯一的用户名，要么尝尽了所有选择。

倘若最终找不到合适的用户名，你可以根据自己的意愿创建一个。如果找到了可用的用户名，则接下来还需要做几项检查：检查想让用户账户加入的组织单元和组是否存在。

```
if (-not ($ou = Get-ADOrganizationalUnit -Filter "Name -eq '$Department'")) {
    throw "The Active Directory OU for department [$($Department)] could not be found."
} elseif (-not (Get-ADGroup -Filter "Name -eq '$Department'")) {
    throw "The group [$($Department)] does not exist."
}
```

做完所有检查后就可以创建用户账户了。回头再看一下前面写的大致需求：创建一个随机密码，分配给用户。也就是说，每次运行这个脚本都要生成一个随机密码。安全密码的生成有一个简单方式，即使用 System.Web.Security.Membership 对象的 GeneratePassword 静态方法，如下所示。

```
Add-Type -AssemblyName 'System.Web'
$password = [System.Web.Security.Membership]::GeneratePassword(
    (Get-Random Minimum 20 -Maximum 32), 3)
$secPw = ConvertTo-SecureString -String $password -AsPlainText -Force
```

我喜欢生成至少 20 个字符、最长 32 个字符的密码，不过这完全是可以配置的。如有必要，可以运行 Get-ADDefaultDomainPasswordPolicy | Select-object -expand minPasswordLength 命令来查看 AD 对最短密码长度的要求。GeneratePassword 方法甚至可以指定密码的长度和复杂度。

生成安全密码字符串后，根据前面设定的需求，创建用户所需要的参数值全部都有了。

```
$newUserParams = @{
    GivenName             = $FirstName
    EmployeeNumber        = $EmployeeNumber
    Surname               = $LastName
    Name                  = $userName
    AccountPassword       = $secPw
    ChangePasswordAtLogon = $true
    Enabled               = $true
    Department            = $Department
```

```
    Path                    = $ou.DistinguishedName
    Confirm                 = $false
}
New-ADUser @newUserParams
```

创建好用户后，剩下的工作就是将其添加到部门组中。这一步使用 Add-ADGroupMember 命令即可完成。

```
Add-ADGroupMember -Identity $Department -Members $userName
```

请务必查看本书附带资源中的 New-Employee.ps1 脚本来了解完整实现。

11.5　与其他数据源同步

AD 中的对象可能是百万级的，大型企业中更多，而且每天会有很多人创建和修改对象。频繁活动势必引发问题。最有可能遇到的一个问题是，如何确保 AD 数据库与组织协调同步？

AD 应该与公司的组织架构保持一致，比如说每个部门都有对应的 AD 组，每间办公室都归属单独的组织单元。无论怎样，作为系统管理员，我们都面对一项艰难的任务：确保 AD 始终与组织协调同步。别被困难吓倒，PowerShell 可以助我们一臂之力。

通过使用 PowerShell，可以在 AD 与大部分信息源之间建立“连接”，让 PowerShell 持续读取外部数据源，根据需要对 AD 做适当更改，以实现同步。

这个同步过程在执行时大致包含以下六步。

(1) 查询外部数据源（SQL 数据库、CSV 文件，等等）。

(2) 从 AD 中检索对象。

(3) 通过唯一的属性在数据源中查找与 AD 匹配的对象。这个唯一的属性通常叫作 ID，可以是员工编号，甚至用户名，只要是唯一的就可以。如果没有找到匹配的对象，那么有两个选择：一是根据数据源创建 AD 对象，二是从 AD 中删除对象。

(4) 找到一个匹配的对象。

(5) 将所有外部数据源都映射到 AD 对象的属性上。

(6) 修改现有的 AD 对象或者新建 AD 对象。

下一节将付诸实践，实现上面规划的步骤。

11.5.1 项目 6：编写同步脚本

本节将介绍如何编写脚本，将一个 CSV 文件中的员工信息同步到 AD 中。为此，需要用到第 10 章学过的几个命令，以及本章前文讲过的知识。在着手编写前，建议你浏览本书附带资源中的 Employees.csv 和 Invoke-AdCsvSync.ps1，以便对这个项目先有整体认识。

构建 AD 同步工具的核心思想是一致的。数据源不可能一成不变，但是要设法采用同样的方式查询不同的数据存储器，并让各种数据存储器返回同样的对象。最为棘手的部分是，两个数据源使用不同的模式。对此，需要进行某种转换操作，在字段之间建立映射关系（详见本章后文）。

假如 AD 中的每个用户账户都有一些通用的属性，比如名字、姓氏和部门，这叫属性的**模式**（scheme）。然而，我们想同步的数据存储器极有可能没有完全相同的属性。即便有相同的属性，也可能是通过不同的名称获取的。为了解决这个问题，需要在两个数据存储器之间建立一种映射关系。

11.5.2 映射数据源属性

建立映射关系有一种简单且高效的方式——使用哈希表，其中键是第一个数据存储器中的属性名称，对应的值是第二个数据存储器中的属性名称。假设你就职于一家叫 Acme 的公司，现在想将一个 CSV 文件中的员工记录同步到 AD 中。具体而言，是想要同步本书附带资源中的 Employees.csv 文件，内容如下。

```
"fname","lname","dept"
"Adam","Bertram","IT"
"Mike","Smith","Executive Office"
"Miranda","Bertram","Executive Office"
"Helen","Smith","Executive Office"
```

假设我们知道 CSV 的表头，也知道 AD 中的属性名称，那么就可以构建一个映射哈希表，其中以 CSV 文件中的字段为键，以 AD 属性名称为值。

```
$syncFieldMap = @{
    fname = 'GivenName'
    lname = 'Surname'
    dept = 'Department'
}
```

这就将两个数据存储器的模式转换好了。但还需要一个唯一的 ID 来识别各个员工。目前尚且没有唯一的 ID，无法将 CSV 文件中的每一行都匹配到 AD 对象上。公司内叫 Adam 的人可能不止一个，IT 部门不是只有一个人，姓 Bertram 的人可能也很多。因此，我们要设法生成唯一的

ID。简单起见，假设员工的姓氏和名字不同时重复。当然，你也可以采用自己所在组织的独特方式来创建 ID。基于这个假设，只需要将各个数据存储器中的姓氏字段和名字字段拼接以创建一个临时的唯一 ID。

这个唯一的 ID 在另一个哈希表中表示。我们还没拼接过字符串，不过句法并不陌生。

```
$fieldMatchIds = @{
    AD = @('givenName','surName')
    CSV = @('fname','lname')
}
```

至此我们找到了一种映射不同字段的方式，接下来便可以在此基础上定义几个函数，以“强制”两个数据存储器返回相同的属性，实现对等比较。

11.5.3　定义返回相似属性的函数

创建好映射哈希表之后，需要转换字段名称并生成唯一的 ID。可以定义一个函数来查询 CSV 文件，并输出 AD 能理解的属性，以及一个用于匹配两个数据存储器的属性。这个函数名为 Get-AcmeEmployeeFromCsv，如代码清单 11-8 所示。这里赋予 CsvFilePath 参数的值是 C:\Employees.csv（假设 CSV 文件在这个位置）。

代码清单 11-8　Get-AcmeEmployeeFromCsv 函数

```
function Get-AcmeEmployeeFromCsv
{
[CmdletBinding()]
    param (
        [Parameter()]
        [string]$CsvFilePath = 'C:\Employees.csv',

        [Parameter(Mandatory)]
        [hashtable]$SyncFieldMap,

        [Parameter(Mandatory)]
        [hashtable]$FieldMatchIds
    )
    try {
        ## 读取$SyncFieldMap 中的键-值对，创建计算字段，稍后传给 Select-Object
        ## 这是为了返回能匹配 AD 属性的属性名称，
        ## 而不返回 CSV 文件中的字段名称
      ❶ $properties = $SyncFieldMap.GetEnumerator() | ForEach-Object {
            @{
                Name = $_.Value
                Expression = [scriptblock]::Create("`$_.$($_.Key)")
            }
        }
        ## 根据$FieldMatchIds 中定义的唯一字段创建唯一的 ID
```

```
    ❷ $uniqueIdProperty = '"{0}{1}" -f '
      $uniqueIdProperty = $uniqueIdProperty +=
      ($FieldMatchIds.CSV | ForEach-Object { '$_.{0}' -f $_ }) - join ','
      $properties += @{
          Name = 'UniqueID'
          Expression = [scriptblock]::Create($uniqueIdProperty)
      }
      ## 读取 CSV 文件，将 CSV 字段转换成 AD 属性
      ## 方便进行对等比较
    ❸ Import-Csv -Path $CsvFilePath | Select-Object - Property $properties
    } catch {
        Write-Error -Message $_.Exception.Message
    }
}
```

这个函数执行的操作分为三大步：首先，将 CSV 文件中的属性映射到 AD 属性上❶；然后，创建唯一的 ID，并将其设为一个属性❷；最后，读取 CSV 文件，并使用 Select-Object 命令和一个计算属性返回所需要的属性❸。

如下述代码片段所示，可以将$syncFieldMap 和$fieldMatchIds 两个哈希表传给新定义的 Get-AcmeEmployeeFromCsv 函数，以返回与 AD 属性同步的属性名称和新生成的唯一 ID。

```
PS> Get-AcmeEmployeeFromCsv -SyncFieldMap $syncFieldMap
-FieldMatchIds $fieldMatchIds

GivenName Department       Surname UniqueID
--------- ----------       ------- --------
Adam      IT               Bertram AdamBertram
Mike      Executive Office Smith   MikeSmith
Miranda   Executive Office Bertram MirandaBertram
Helen     Executive Office Smith   HelenSmith
```

至此还需要定义一个函数，用于查询 AD。幸好这次不用再转换属性名称了，因为 AD 属性名称已经定义好了。在这个函数中，只需要调用 Get-ADUser 命令，并返回所需要的属性，如代码清单 11-9 所示。

代码清单 11-9 Get-AcmeEmployeeFromAD 函数

```
function Get-AcmeEmployeeFromAD
{
    [CmdletBinding()]
    param (
        [Parameter(Mandatory)]
        [hashtable]$SyncFieldMap,

        [Parameter(Mandatory)]
        [hashtable]$FieldMatchIds
    )
```

```
    try {
        $uniqueIdProperty = '"{0}{1}" -f '
        $uniqueIdProperty += ($FieldMatchIds.AD | ForEach Object { '$_.{0}' -f $_ }) -join ','

        $uniqueIdProperty = @{ ❶
            Name = 'UniqueID'
            Expression = [scriptblock]::Create($uniqueIdProperty)
        }

        Get-ADUser -Filter * -Properties @($SyncFieldMap.Values) | Select-Object *,$uniqueIdProperty ❷
    } catch {
        Write-Error -Message $_.Exception.Message
    }
}
```

同样，这段代码的总体步骤如下：首先，创建唯一的 ID 来执行匹配操作❶；然后，查询 AD 用户，只返回字段映射哈希表中的值，以及前面创建的唯一 ID❷。

运行代码，你会发现返回的 AD 用户账户中有你需要的属性和唯一的 ID 属性。

11.5.4　在 AD 中查找匹配对象

目前我们定义了两个类似的函数，分别从不同的数据存储器中获取信息，并返回相同的属性名称。接下来需要找出 CSV 和 AD 之间相匹配的对象。简单起见，再定义一个名为 Find-UserMatch 的函数，它会调用前面定义的两个函数，收集双方数据，再通过 UniqueID 字段找出匹配的对象，如代码清单 11-10 所示。

代码清单 11-10　查找匹配的用户

```
function Find-UserMatch {
    [OutputType()]
    [CmdletBinding()]
    param
    (
        [Parameter(Mandatory)]
        [hashtable]$SyncFieldMap,

        [Parameter(Mandatory)]
        [hashtable]$FieldMatchIds
    )
    $adusers = Get-AcmeEmployeeFromAD -SyncFieldMap $SyncFieldMap -FieldMatchIds $FieldMatchIds ❶

    $csvUsers = Get-AcmeEmployeeFromCSV -SyncFieldMap $SyncFieldMap -FieldMatchIds $FieldMatchIds ❷

    $adUsers.foreach({
        $adUniqueId = $_.UniqueID
        if ($adUniqueId) { ❸
            $output = @{
                CSVProperties = 'NoMatch'
```

```
                ADSamAccountName = $_.samAccountName
            }
            if ($adUniqueId -in $csvUsers.UniqueId) { ❹
                $output.CSVProperties = ($csvUsers.Where({$_.UniqueId -eq $adUniqueId})) ❺
            }
            [pscustomobject]$output
        }
    })
}
```

下面来分析一下这段代码。首先，从 AD 中获取一组用户❶，再从 CSV 文件中获取一组用户❷。然后，检查从 AD 中获取的每个用户有没有 `UniqueID` 属性❸，如果有，检查从 CSV 中获取的用户有没有与之匹配的 AD 用户❹，如果有，在自定义对象中创建一个名为 `CSVProperties` 的属性，值为匹配用户的全部属性❺。

如果找到匹配的用户，那么这个函数会返回 AD 用户的 `samAccountName` 及其所有 CSV 属性；否则，它会返回 `NoMatch`。返回的 `samAccountName` 是用户在 AD 中的唯一 ID，供后面查找用户使用。

```
PS> Find-UserMatch -SyncFieldMap $syncFieldMap -FieldMatchIds $fieldMatchIds

ADSamAccountName CSVProperties
---------------- -------------
user             NoMatch
abertram         {@{GivenName=Adam; Department=IT;
                 Surname=Bertram; UniqueID=AdamBertram}}
dbddar           NoMatch
jjones           NoMatch
BSmith           NoMatch
```

这样就定义好了一个可在 AD 和 CSV 数据之间进行 1 : 1 匹配的函数。现在我们信心满满（但仍然胆战心惊），可以对 AD 做批量修改了。

11.5.5 修改 AD 属性

现在有办法查明 CSV 文件中的哪一行对应哪个 AD 用户账户了。可以使用 `Find-UserMatch` 函数通过唯一的 ID 查找 AD 用户，然后更新该用户在 AD 中的信息，以便与 CSV 文件中的数据保持一致，如代码清单 11-11 所示。

代码清单 11-11 同步 CSV 数据以更新 AD 属性

```
## 查找CSV文件匹配的所有AD用户账户
$positiveMatches = (Find-UserMatch -SyncFieldMap $syncFieldMap -FieldMatchIds
$fieldMatchIds).where({ $_.CSVProperties -ne 'NoMatch' })
foreach ($positiveMatch in $positiveMatches) {
```

```
        ## 以 AD samAccountName 为标识符
        ## 创建提供给 Set-ADUser 的初始参数
        $setADUserParams = @{
            Identity = $positiveMatch.ADSamAccountName
        }

        ## 读取 CSV 文件中的各个属性值
        $positiveMatch.CSVProperties.foreach({
            ## 将 CSV 文件中除 UniqueId 之外的所有属性添加到传给 Set-ADUser 的参数中
            ## 查找 CSV 文件每一行中除 UniqueId 之外的属性
            $_.PSObject.Properties.where({ $_.Name -ne 'UniqueID' }).foreach({
                $setADUserParams[$_.Name] = $_.Value
            })
        })
        Set-ADUser @setADUserParams
    }
```

编写灵活稳健的 AD 同步脚本的工作量还是很大的。在这个过程中会遇到大量的细节和各种小问题。可以想象，构建更复杂的脚本时，情况更加错综复杂。

可以使用 PowerShell 实现很多同步功能，本节只介绍了一点儿皮毛。如果想进一步探究这个话题，可以研究一下 PowerShell Gallery 中的 PSADSync 模块（Find-Module PSADSync）。使用这个模块处理本节的任务可谓得心应手，除此之外还能处理很多更为复杂的情况。在实操的过程中，如果感觉疑惑不解，可以再回头看一下前面的代码——书读百遍，其意自现。要想学好 PowerShell，唯一的途径是多实践。运行代码，发现问题，设法自己解决，然后再次运行。

11.6 小结

本章带领你熟悉了 PowerShell ActiveDirectory 模块，学习了如何创建和更新 AD 中的用户、计算机和组。通过几个具体示例，我们领略了如何使用 PowerShell 自动处理与 AD 相关的烦琐任务。

接下来的两章将升至云端，我们会继续自动化之旅，学习如何自动处理微软 Azure 和 Amazon Web Services（AWS）中的一些常见任务。

第 12 章

Azure 任务自动化

越来越多的组织将一项项服务推送到云端，作为实现自动化的人员，我们要顺应趋势地了解如何在云端开展工作。PowerShell 模块众多，而且可以处理大多数 API，得益于此，在云端工作可谓轻而易举。本章和第 13 章将介绍如何使用 PowerShell 自动处理云端任务，本章主要针对微软 Azure，第 13 章主要针对 Amazon Web Services。

12.1 环境要求

为了确保顺利运行本章代码，我对你的环境做了一些假设。首先，你要订阅微软 Azure 服务。本章将处理真正的云资源，这些资源是收费的，不过价格合理。只要不放任不管太长时间，你创建的虚拟机费用应该低于 10 美元。

订阅 Azure 之后，还要安装 PowerShell 模块包 Az。这个模块包由微软提供，包含上百个命令，可以在 Azure 提供的大多数服务中执行有关任务。在控制台（记得以管理员身份运行）中执行 `Install-Module Az` 命令即可安装这个模块包。注意，我使用的 Az 模块是 2.4.0 版。如果你使用的是较新版本，那么命令的效果与本章所讲的可能不会完全相同。

12.2 Azure 身份验证

Azure 服务提供了多种身份验证方式，本章使用**服务主体**（service principal）。服务主体是一种对象，用于标识 Azure 应用，可被赋予不同的权限。

为什么选择使用服务主体呢？这是因为我们想通过无须用户交互的自动化脚本向 Azure 表明身份。对此，在 Azure 提供的身份验证方式中，只能使用服务主体或机构账户。我希望每位读者都能跟着本章内容一起操作，不受账户类型限制，因此会选择使用服务主体向 Azure 表明身份。

12.2.1　创建服务主体

有点儿不合常理的是，创建服务主体前需要通过旧方式验证身份。为此，请执行 Connect-AzAccount 命令，这会弹出图 12-1 所示的窗口。

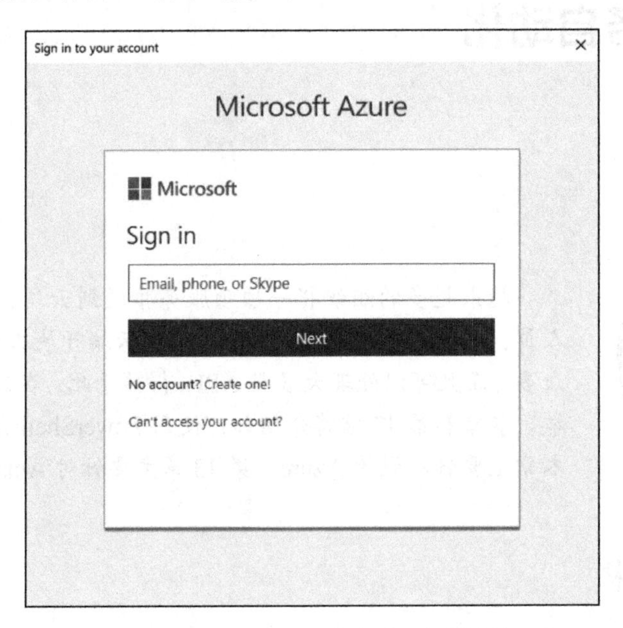

图 12-1　Connect-AzAccount 命令弹出的凭据输入窗口

输入 Azure 用户名和密码后，这个窗口便会关闭，然后输出类似代码清单 12-1 的内容。

代码清单 12-1　Connect-AzAccount 命令的输出

```
PS> Connect-AzAccount

Environment           : AzureCloud
Account               : email
TenantId              : tenant id
SubscriptionId        : subscription id
SubscriptionName      : subscription name
CurrentStorageAccount :
```

请记录下订阅 ID（subscription id）和租户 ID（tenant id），稍后脚本中要用。如果出于某种原因，执行 Connect-AzAccount 命令验证身份时没有记下这两项信息，那么之后还可以使用 Get-AzSubscription 命令获取。

现在，我们的身份已经验证（以交互的方式），可以创建服务主体了。整个过程分为三步：首先，新建一个 Azure AD 应用；其次，创建服务主体；最后，为服务主体分配一个角色。

创建 Azure AD 应用时，名称和 URI 随意选取（参见代码清单 12-2）。这里选取什么 URI 无关紧要，但创建 AD 应用必须提供一个 URI。为了确保你有创建 AD 应用的适当权限，请阅读官方文档（“Application and service principal objects in Azure Active Directory”）。

代码清单 12-2　创建 Azure AD 应用

```
PS> ❶$secPassword = ConvertTo-SecureString -AsPlainText -Force -String 'password'
PS> ❷$myApp = New-AzADApplication -DisplayName AppForServicePrincipal -IdentifierUris
'http://Some URL here' -Password $secPassword
```

可以看到，我们先用密码创建了一个机密字符串❶。得到正确格式的密码后，新建了一个 Azure AD 应用❷。服务主体依托 Azure AD 应用，后者必须先行创建。

接下来，使用 `New-AzADServicePrincipal` 命令创建服务主体，如代码清单 12-3 所示。这里引用了代码清单 12-2 创建的应用。

代码清单 12-3　使用 PowerShell 创建 Azure 服务主体

```
PS> $sp = New-AzADServicePrincipal -ApplicationId $myApp.ApplicationId
PS> $sp

ServicePrincipalNames : {application id, http://appforserviceprincipal}
ApplicationId         : application id
DisplayName           : AppForServicePrincipal
Id                    : service principal id
Type                  : ServicePrincipal
```

最后，为服务主体分配一个角色。代码清单 12-4 分配的角色是 `Contributor`，以确保服务主体有执行本章所有任务的权限。

代码清单 12-4　为服务主体分配一个角色

```
PS> New-AzRoleAssignment -RoleDefinitionName Contributor -ServicePrincipalName
$sp.ServicePrincipalNames[0]

RoleAssignmentId   : /subscriptions/subscription id/providers/Microsoft.Authorization/
                     roleAssignments/assignment id
Scope              : /subscriptions/subscription id
DisplayName        : AppForServicePrincipal
SignInName         :
RoleDefinitionName : Contributor
RoleDefinitionId   : id
ObjectId           : id
ObjectType         : ServicePrincipal
CanDelegate        : False
```

至此我们创建了一个服务主体，并为其分配了角色。

现在还剩下最后一项工作：将前面为应用创建的密码（一个机密字符串）保存到磁盘中的某个位置。为此，可以使用 ConvertFrom-SecureString 命令。这个命令（与 ConvertTo-SecureString 命令作用相反）可以将以 PowerShell 机密字符串表示的加密文本转换成普通的字符串，以方便保存，供以后使用。

```
PS> $secPassword | ConvertFrom-SecureString | Out-File -FilePath C:\AzureAppPassword.txt
```

将密码保存到磁盘后，接下来可以通过非交互的方式验证 Azure 身份了。

12.2.2 使用 Connect-AzAccount 实现非交互式身份验证

Connect-AzAccount 命令会要求你手动输入用户名和密码，但在脚本中，我们希望尽量避免交互，让坐在计算机前的人输入密码是迫不得已的方案。好在可以将一个 PSCredential 对象传给 Connect-AzAccount 命令。

我们将编写一个简单的脚本来处理非交互式身份验证。先创建一个包含 Azure 应用 ID 和密码的 PSCredential 对象。

```
$azureAppId = 'application id'
$azureAppIdPasswordFilePath = 'C:\AzureAppPassword.txt'
$pwd = (Get-Content -Path $azureAppIdPasswordFilePath | ConvertTo-SecureString)
$azureAppCred = (New-Object System.Management.Automation.PSCredential $azureAppId,$pwd)
```

还记得前面让你记下来的订阅 ID 和租户 ID 吗？这两个值也要传给 Connect-AzAccount 命令。

```
$subscriptionId = 'subscription id'
$tenantId = 'tenant id'
Connect-AzAccount -ServicePrincipal -SubscriptionId $subscriptionId -TenantId $tenantId
-Credential $azureAppCred
```

这样便实现了非交互式身份验证。通过验证后，你的身份会被记住，后面无须再次验证身份。

如果想查看精简的代码，可以从本章配套资源中下载 AzureAuthentication.ps1 脚本。

12.3 创建 Azure 虚拟机及所有依赖

是时候设置一个 Azure 虚拟机了。Azure 虚拟机是最受欢迎的 Azure 服务之一，在 Azure 环境中工作肯定要掌握创建 Azure 虚拟机的技能。

现在，将时钟拨回我刚订阅 Azure 的那一天。我想试一下虚拟机，我以为只用一个命令就可以创建虚拟机，比如说，执行 New-AzureVm 命令之后便能得到可以使用的虚拟机。事实证明，我太天真了。

我几乎没有意识到，让一个虚拟机运行起来需要的依赖有多少。不知道你有没有发现，12.1 节并不长，这是有意的，是为了给你提供更多实操的机会，让你自己动手使用 PowerShell 来安装创建 Azure 虚拟机的所有依赖。我们需要的依赖包括：一个资源组、一个虚拟网络、一个存储账户、一个公网 IP 地址、一个网络接口和一个操作系统映像。也就是说，我们将从零开始创建这个虚拟机。行动起来吧！

12.3.1 创建资源组

在 Azure 中，一切皆**资源**，而且一切都必须放在**资源组**中。我们的第一个任务是创建一个资源组。为此，需要使用 New-AzResourceGroup 命令。执行这个命令时需要传入资源组的名称，以及资源组所在的地理区域。这个示例创建的资源组名为 PowerShellForSysAdmins-RG，位于美国东部区域（参见代码清单 12-5）。可以通过 Get-AzLocation 命令查看所有可用的区域。

代码清单 12-5 创建 Azure 资源组

```
PS> New-AzResourceGroup -Name 'PowerShellForSysAdmins-RG' -Location 'East US'
```

创建好资源组后，接下来该创建虚拟机使用的网络栈了。

12.3.2 创建网络栈

要将虚拟机连接到外部世界或其他 Azure 资源，就需要一个**网络栈**：子网、虚拟网络、公网 IP 地址（可选）和虚拟网络适配器（vNIC）。

1. 子网

第一步是创建子网。**子网**是一种逻辑网络，可以让 IP 地址在不使用路由器的情况下相互通信。虚拟网络建立在子网之上。子网可以将虚拟网络划分为更小的网络。

可以使用 New-AzVirtualNetworkSubnetConfig 命令进行子网配置（参见代码清单 12-6）。这个命令要求提供子网名称和 IP 地址前缀（或网络标识）。

代码清单 12-6 配置虚拟网络子网

```
PS> $newSubnetParams = @{
    'Name' = 'PowerShellForSysAdmins-Subnet'
    'AddressPrefix' = '10.0.1.0/24'
}
PS> $subnet = New-AzVirtualNetworkSubnetConfig @newSubnetParams
```

指定这个子网的名称为 PowerShellForSysAdmins-Subnet，前缀为 10.0.1.0/24。

2. 虚拟网络

配置好子网之后，可以用它创建虚拟网络。**虚拟网络**是一种 Azure 资源，用于划分各种资源（如虚拟机），以便与其他资源保持独立。虚拟网络的功能相当于在网络路由器内实现的逻辑网络。

可以使用 New-AzVirtualNetwork 命令创建虚拟网络，如代码清单 12-7 所示。

代码清单 12-7　创建虚拟网络

```
PS> $newVNetParams = @{
 ❶ 'Name' = 'PowerShellForSysAdmins-vNet'
 ❷ 'ResourceGroupName' = 'PowerShellForSysAdmins-RG'
 ❸ 'Location' = 'East US'
 ❹ 'AddressPrefix' = '10.0.0.0/16'
}
PS> $vNet = New-AzVirtualNetwork @newVNetParams -Subnet $subnet
```

注意，创建虚拟网络时需要指定网络名称❶、所属资源组❷、所在区域（位置）❸，以及子网从属于哪个私有网络❹。

3. 公网 IP 地址

搭建好虚拟网络后，需要一个公网 IP 地址，从而让虚拟机连接互联网，也让客户端连接虚拟机。注意，严格来说，如果只想将虚拟机提供给其他 Azure 资源使用，那么这一步不是必需的。既然我们对前面创建的虚拟机“委以重任”了，那就走完这一步吧。

同样，通过一个命令就可以分配公网 IP 地址：New-AzPublicIpAddress。这个命令的参数前文基本上都介绍过，但请注意一个名为 AllocationMethod 的新参数。这个参数会告诉 Azure 是创建动态 IP 地址资源还是静态 IP 地址资源。如代码清单 12-8 所示，我们指定创建动态 IP 地址。之所以为这个虚拟机分配动态 IP 地址，是因为并不需要 IP 地址保持不变，多一事不如少一事。

代码清单 12-8　分配动态公网 IP 地址

```
PS> $newPublicIpParams = @{
    'Name' = 'PowerShellForSysAdmins-PubIp'
    'ResourceGroupName' = 'PowerShellForSysAdmins-RG'
    'AllocationMethod' = 'Dynamic' ## Dynamic 或 Static
    'Location' = 'East US'
}
PS> $publicIp = New-AzPublicIpAddress @newPublicIpParams
```

至此，公网 IP 地址也有了，但是还没什么用，因为还没有将其关联到任何资源上。我们需要将公网 IP 地址绑定到一个 vNIC 上。

4. 虚拟网络适配器

构建 vNIC 需要用到另一个命令，即 New-AzNetworkInterface。这个命令的很多参数前文已经介绍过，此外还需要指定子网和公网 IP 地址的 ID。子网和公网 IP 地址都是对象，均有一个 ID 属性。访问这个属性即可获取 ID，如代码清单 12-9 所示。

代码清单 12-9　创建 Azure vNIC

```
PS> $newVNicParams = @{
    'Name' = 'PowerShellForSysAdmins-vNIC'
    'ResourceGroupName' = 'PowerShellForSysAdmins-RG'
    'Location' = 'East US'
    'SubnetId' = $vNet.Subnets[0].Id
    'PublicIpAddressId' = $publicIp.Id
}
PS> $vNic = New-AzNetworkInterface @newVNicParams
```

至此，网络栈就完全创建好了。下一步是创建存储账户。

12.3.3 创建存储账户

虚拟机需要存储在某个地方，这个地方就是**存储账户**。使用 New-AzStorageAccount 命令即可创建基本的存储账户。与前文的几个命令一样，需要指定一个名称、所属的资源组和所在的地理位置。不过这个命令有一个新参数：Type，该参数指定了存储账户的冗余级别。这里指定了 Standard_LRS 值，以使用最便宜的存储账户类型（**本地冗余**），如代码清单 12-10 所示。

代码清单 12-10　创建 Azure 存储账户

```
PS> $newStorageAcctParams = @{
    'Name' = 'powershellforsysadmins'
    'ResourceGroupName' = 'PowerShellForSysAdmins-RG'
    'Type' = 'Standard_LRS'
    'Location' = 'East US'
}
PS> $storageAccount = New-AzStorageAccount @newStorageAcctParams
```

至此，虚拟机有地方存储了，接下来该创建操作系统映像了。

12.3.4 创建操作系统映像

操作系统映像是虚拟机中虚拟磁盘的基础。在虚拟机中，我们不安装 Windows，而是使用一个现有的操作系统映像达到即时可以开始工作的状态。

创建操作系统映像分两步：首先，定义一些操作系统配置项目；然后，定义需要使用的 offer 或操作系统映像。Azure 使用 offer 指代虚拟机映像。

配置项目通过一个虚拟机配置对象来设置，这个对象会定义想创建的虚拟机的名称和大小。它使用 New-AzVMConfig 命令来创建。代码清单 12-11 创建了一个大小为 Standard_A3 的虚拟机。（执行 Get-AzVMSize 命令并指定区域可以列出全部可用的大小。）

代码清单 12-11　创建虚拟机配置

```
PS> $newConfigParams = @{
    'VMName' = 'PowerShellForSysAdmins-VM'
    'VMSize' = 'Standard_A3'
}
PS> $vmConfig = New-AzVMConfig @newConfigParams
```

这里创建的配置对象将通过虚拟机参数传给 Set-AzVMOperatingSystem 命令。通过这个命令，既可以定义操作系统独特的属性（比如虚拟机的主机名），也可以启用 Windows 更新并设置其他属性。简单起见，这里不设置什么属性。如果想进一步探索，可以使用 Get-Help 命令查看 Set-AzVMOperatingSystem 的帮助信息。

代码清单 12-12 创建了一个 Windows 操作系统对象，主机名为 Automate-VM。（注意，主机名的长度不能超过 16 个字符。）我们使用 Get-Credential 命令返回的用户名和密码创建了一个管理员用户，还使用 EnableAutoUpdate 参数指定启动了 Windows 自动更新。

代码清单 12-12　创建操作系统映像

```
PS> $newVmOsParams = @{
    'Windows' = $true
    'ComputerName' = 'Automate-VM'
    'Credential' = (Get-Credential -Message 'Type the name and password of the
    local administrator account.')
    'EnableAutoUpdate' = $true
    'VM' = $vmConfig
}
PS> $vm = Set-AzVMOperatingSystem @newVmOsParams
```

现在需要创建一个虚拟机 offer。在 Azure 中，我们通过 offer 选择在虚拟机的磁盘中安装哪一种操作系统。这个示例使用 Windows Server 2012 R2 Datacenter 映像。该映像由微软提供，无须自己动手创建。

创建好 offer 对象后，可以使用 Set-AzVMSourceImage 命令创建源映像，如代码清单 12-13 所示。

代码清单 12-13　查找并创建虚拟机源映像

```
PS> $offer = Get-AzVMImageOffer -Location 'East US'❶ -PublisherName
'MicrosoftWindowsServer'❷ | Where-Object { $_.Offer -eq 'WindowsServer' }❸
PS> $newSourceImageParams = @{
    'PublisherName' = 'MicrosoftWindowsServer'
    'Version' = 'latest'
```

```
    'Skus' = '2012-R2-Datacenter'
    'VM' = $vm
    'Offer' = $offer.Offer
}
PS> $vm = Set-AzVMSourceImage @newSourceImageParams
```

这里先查询美国东部区域❶中发布者名称为 MicrosoftWindowsServer❷的所有 offer。如果不知道发布者有哪些，可以使用 Get-AzVMImagePublisher 命令列举。然后，限定 offer 的名称为 WindowsServer❸。找到想用的源映像后，需要将映像分配给虚拟机对象。虚拟机中虚拟磁盘的设置到此结束。

为了将映像分配给虚拟机对象，需要知道前面创建的操作系统磁盘的 URI，并将其连同虚拟机对象一起传给 Set-AzVMOSDisk 命令，如代码清单 12-14 所示。

代码清单 12-14　将操作系统磁盘分配给虚拟机

```
PS> $osDiskName = 'PowerShellForSysAdmins-Disk'
PS> $osDiskUri = '{0}vhds/PowerShellForSysAdmins-VM{1}.vhd' -f $storageAccount
                 .PrimaryEndpoints.Blob.ToString(), $osDiskName
PS> $vm = Set-AzVMOSDisk -Name $osDiskName -CreateOption 'fromImage' -VM $vm -VhdUri $osDiskUri
```

至此，我们得到了一个操作系统磁盘，并且将其分配给了一个虚拟机对象。曲折的道路就快到头了。

12.3.5 收尾工作

整个过程就快结束了。最后，还需要依附前面创建的 vNIC，这样就可以真正创建虚拟机了。

为了将 vNIC 依附到虚拟机上，需要使用 Add-AzVmNetworkInterface 命令。需要传入前面创建的虚拟机对象和 vNIC 的 ID，如代码清单 12-15 所示。

代码清单 12-15　将 vNIC 依附到虚拟机上

```
PS> $vm = Add-AzVMNetworkInterface -VM $vm -Id $vNic.Id
```

现在终于可以创建虚拟机了，如代码清单 12-16 所示。通过调用 New-AzVm 命令，传入虚拟机对象、资源组和区域，我们创建了一个虚拟机。注意，这个命令将启动虚拟机，也就是说，从此刻便开始计费了。

代码清单 12-16　创建 Azure 虚拟机

```
PS> New-AzVM -VM $vm -ResourceGroupName 'PowerShellForSysAdmins-RG' -Location 'East US'

RequestId IsSuccessStatusCode StatusCode ReasonPhrase
--------- ------------------- ---------- ------------
                         True         OK OK
```

现在Azure中会出现一个全新的虚拟机，名为Automate-VM。以防万一，可以执行Get-AzVm命令来确认这个虚拟机确实存在。该命令的输出如代码清单12-17所示。

代码清单12-17 查看Azure虚拟机的信息

```
PS> Get-AzVm -ResourceGroupName 'PowerShellForSysAdmins-RG' -Name PowerShellForSysAdmins-VM

ResourceGroupName  : PowerShellForSysAdmins-RG
Id                 : /subscriptions/XXXXXXXXXXXX/resourceGroups/PowerShellForSysAdmins-RG/
                     providers/Microsoft.Compute/virtualMachines/PowerShellForSysAdmins-VM
VmId               : e459fb9e-e3b2-4371-9bdd-42ecc209bc01
Name               : PowerShellForSysAdmins-VM
Type               : Microsoft.Compute/virtualMachines
Location           : eastus
Tags               : {}
DiagnosticsProfile : {BootDiagnostics}
Extensions         : {BGInfo}
HardwareProfile    : {VmSize}
NetworkProfile     : {NetworkInterfaces}
OSProfile          : {ComputerName, AdminUsername, WindowsConfiguration, Secrets}
ProvisioningState  : Succeeded
StorageProfile     : {ImageReference, OsDisk, DataDisks}
```

如果可以看到类似输出，那么说明你成功创建了一个Azure虚拟机。

12.3.6 自动创建虚拟机

终于松口气了。构建全部依赖，让虚拟机运行起来需要做的工作真不少啊！如果下次创建虚拟机需要再走一遍整个过程，我肯定不愿意。为什么不定义函数来处理这个过程呢？使用函数，可以将前面编写的代码组织在一起，构成一个可执行的代码单元，并在需要时一次次复用。

如果愿意冒险，你可以使用我自定义的PowerShell函数——New-CustomAzVm，源码位于本章的附带资源中。这个函数是很好的示范，它整合了本节完成的所有任务，构成了一个独立完善的单元，最大程度上减少了以后输入的代码量。

12.4 部署Azure Web应用

使用Azure的人肯定想知道如何部署Azure Web应用。通过Azure Web应用，可以快速搭建在IIS、Apache等服务器中运行的网站和其他各种Web服务，而无须自己动手构建Web服务器。学会使用PowerShell部署Azure Web应用后，可以将这个过程放到更大的工作流程中，比如开发构建流水线、搭建测试环境、置备实验室，等等。

Azure Web应用的部署分为两步：首先，创建应用服务方案；然后，创建Web应用自身。Azure Web应用是Azure App Services提供的一项功能，按要求，任何资源都需要有一个关联的

应用服务方案。应用服务方案会告诉 Web 应用底层使用何种计算资源来构建程序。

创建应用服务计划和 Web 应用

创建 Azure 服务计划十分简单，跟之前一样，只需要一个命令。为了执行这个命令，必须提供应用服务计划的名称、所在区域（或位置）、所属的资源组，还可以设置使用什么套餐（可选），定义 Web 应用底层的服务器具有什么级别的性能。

与上一节一样，我们会创建资源组将相关资源放在一起。可以执行命令 `New-AzResourceGroup -Name 'PowerShellForSysAdmins-App' -Location 'East US'`来创建一个资源组。然后在这个资源组中创建应用服务计划。

本例中的 Web 应用名为 `Automate`，它位于美国东部区域，使用 `Free` 套餐。完成这些任务的代码如代码清单 12-18 所示。

代码清单 12-18 创建 Azure 应用服务计划

```
PS> New-AzAppServicePlan -Name 'Automate' -Location 'East US'
-ResourceGroupName 'PowerShellForSysAdmins-App' -Tier 'Free'
```

执行这个命令便可以得到一个应用服务计划，接下来将创建 Web 应用自身。

如果我说使用 PowerShell 创建 Azure Web 应用只需要一个命令，你应该不会感到奇怪了。执行 `New-AzWebApp` 命令，并提供一些习以为常的参数，包括资源组名称、应用名称、所在区域，以及应用服务计划的名称，这样便可以得到一个 Web 应用。

代码清单 12-19 使用 `New-AzWebApp` 命令在 `PowerShellForSysAdmins-App` 资源组中以应用服务计划 `Automate`（前面创建的计划）创建了名为 `MyApp` 的 Web 应用。注意，这个命令会启动应用，并开始计费。

代码清单 12-19 创建 Azure Web 应用

```
PS> New-AzWebApp -ResourceGroupName 'PowerShellForSysAdmins-App' -Name
'AutomateApp' -Location 'East US' -AppServicePlan 'Automate'
```

这个命令会输出很多属性，它们是 Web 应用的各项设置。

12.5 部署 Azure SQL 数据库

在使用 Azure 的过程中，另一个常见任务是部署 SQL 数据库。要想在 Azure 中部署 SQL 数据库，需要做三件事：创建运行数据库的 SQL 服务器；创建 SQL 数据库；创建 SQL 服务器防火墙规则来连接数据库。

与前几节一样，本节会创建一个资源组将此次用到的资源放在一起。可以执行命令 New-AzResourceGroup -Name 'PowerShellForSysAdmins-SQL' -Location 'East US'来创建资源组。然后创建运行数据库的 SQL 服务器。

12.5.1　创建 Azure SQL 服务器

创建 Azure SQL 服务器也只使用一个命令：New-AzSqlServer。同样，需要提供资源的名称、服务器的名称，以及所在区域。但是这里还需要提供 SQL 服务器管理员用户的用户名和密码，因此多了一些工作。由于需要将凭据传给 New-AzSqlServer 命令，因此要先创建凭据。12.2.1 节已经介绍过创建 PSCredential 对象的方法，这里不再赘述。

```
PS> $userName = 'sqladmin'
PS> $plainTextPassword = 's3cretp@SSw0rd!'
PS> $secPassword = ConvertTo-SecureString -String $plainTextPassword -AsPlainText -Force
PS> $credential = New-Object -TypeName System.Management.Automation.PSCredential -ArgumentList
$userName,$secPassword
```

创建好凭据后，剩下的操作就简单了，只需要将所有参数放在一个哈希表中，并传给 New-AzSqlServer 函数，如代码清单 12-20 所示。

代码清单 12-20　创建 Azure SQL 服务器

```
PS> $parameters = @{
    ResourceGroupName = 'PowerShellForSysAdmins-SQL'
    ServerName = 'powershellforsysadmins-sqlsrv'
    Location =  'East US'
    SqlAdministratorCredentials = $credential
}
PS> New-AzSqlServer @parameters

ResourceGroupName        : PowerShellForSysAdmins-SQL
ServerName               : powershellsysadmins-sqlsrv
Location                 : eastus
SqlAdministratorLogin    : sqladmin
SqlAdministratorPassword :
ServerVersion            : 12.0
Tags                     :
Identity                 :
FullyQualifiedDomainName : powershellsysadmins-sqlsrv.database.windows.net
ResourceId               : /subscriptions/XXXXXXXXXXXX/resourceGroups
                           /PowerShellForSysAdmins-SQL/providers/Microsoft.Sql
                           /servers/powershellsysadmins-sqlsrv
```

至此，SQL 服务器就创建好了，这为数据库提供了运行基础。

12.5.2 创建 Azure SQL 数据库

可以使用 New-AzSqlDatabase 命令创建 SQL 数据库，如代码清单 12-21 所示。除了熟悉的 ResourceGroupName 参数，还需要传入刚创建的服务器名称和想要创建的数据库名称（本例中名为 AutomateSQLDb）。

代码清单 12-21 创建 Azure SQL 数据库

```
PS> New-AzSqlDatabase -ResourceGroupName 'PowerShellForSysAdmins-SQL'
-ServerName 'PowerShellSysAdmins-SQLSrv' -DatabaseName 'AutomateSQLDb'

ResourceGroupName              : PowerShellForSysAdmins-SQL
ServerName                     : PowerShellSysAdmins-SQLSrv
DatabaseName                   : AutomateSQLDb
Location                       : eastus
DatabaseId                     : 79f3b331-7200-499f-9fba-b09e8c424354
Edition                        : Standard
CollationName                  : SQL_Latin1_General_CP1_CI_AS
CatalogCollation               :
MaxSizeBytes                   : 268435456000
Status                         : Online
CreationDate                   : 9/15/2019 6:48:32 PM
CurrentServiceObjectiveId      : 00000000-0000-0000-0000-000000000000
CurrentServiceObjectiveName    : S0
RequestedServiceObjectiveName  : S0
RequestedServiceObjectiveId    :
ElasticPoolName                :
EarliestRestoreDate            : 9/15/2019 7:18:32 PM
Tags                           :
ResourceId                     : /subscriptions/XXXXXXX/resourceGroups
                                 /PowerShellForSysAdmins-SQL/providers
                                 /Microsoft.Sql/servers/powershellsysadmin-sqlsrv
                                 /databases/AutomateSQLDb
CreateMode                     :
ReadScale                      : Disabled
ZoneRedundant                  : False
Capacity                       : 10
Family                         :
SkuName                        : Standard
LicenseType                    :
```

至此，我们在 Azure 中成功运行了一个 SQL 数据库。但现在还连不上这个数据库，不信你可以试试。在 Azure 中，SQL 数据库默认与外界隔绝。如果想连接数据库，则需要创建防火墙规则。

12.5.3 创建 SQL 服务器防火墙规则

创建防火墙规则的命令是 New-AzSqlServerFirewallRule。这个命令的参数有资源组名称、前面创建的服务器名称、防火墙规则名称，以及开始和结束 IP 地址。开始和结束 IP 地址可以是单

个 IP 地址，也可以是 IP 地址范围，以指定哪些 IP 可以连接数据库。由于我们只通过自己的本地计算机管理 Azure，因此需要限定只能从当前使用的计算机连接 SQL 服务器。为此，需要先查明自己的公网 IP 地址。这很简单，使用一行 PowerShell 代码即可：`Invoke-RestMethod http://ipinfo.io/json | Select -ExpandProperty ip`。然后，将 `StartIPAddress` 和 `EndIPAddress` 两个参数都设为查到的公网 IP 地址。但请注意，如果你的公网 IP 地址是动态变化的，那么需要随时修改参数的值。

另外需要注意的是，代码清单 12-22 中的服务器名称只能包含小写字母、连字符和（或）数字。不然创建防火墙规则时会报错。

代码清单 12-22 创建 Azure SQL 服务器防火墙规则

```
PS> $parameters = @{
    ResourceGroupName = 'PowerShellForSysAdmins-SQL'
    FirewallRuleName = 'PowerShellForSysAdmins-FwRule'
    ServerName = 'powershellsysadmin-sqlsrv'
    StartIpAddress = 'Your Public IP Address'
    EndIpAddress = 'Your Public IP Address'
}
PS> New-AzSqlServerFirewallRule @parameters

ResourceGroupName : PowerShellForSysAdmins-SQL
ServerName        : powershellsys-sqlsrv
StartIpAddress    : 0.0.0.0
EndIpAddress      : 0.0.0.0
FirewallRuleName  : PowerShellForSysAdmins-FwRule
```

结束！现在数据库可以正常运转了。

12.5.4 测试 SQL 数据库

为了测试数据库，接下来将定义一个简单函数，它会使用 `System.Data.SqlClient.SqlConnection` 对象的 `Open()`方法来建立连接，如代码清单 12-23 所示。

代码清单 12-23 测试 Azure SQL 数据库连接

```
function Test-SqlConnection {
    param(
        [Parameter(Mandatory)]
    ❶ [string]$ServerName,

        [Parameter(Mandatory)]
        [string]$DatabaseName,

        [Parameter(Mandatory)]
    ❷ [pscredential]$Credential
    )
```

```
    try {
        $userName = $Credential.UserName
      ❸ $password = $Credential.GetNetworkCredential().Password
      ❹ $connectionString = 'Data Source={0};database={1};User
        ID={2};Password={3}' -f $ServerName,$DatabaseName,$userName,$password
        $sqlConnection = New-Object System.Data.SqlClient.SqlConnection
        $ConnectionString
      ❺ $sqlConnection.Open()
        $true
    } catch {
        if ($_.Exception.Message -match 'cannot open server') {
            $false
        } else {
            throw $_
        }
    } finally {
      ❻ $sqlConnection.Close()
    }
}
```

这个函数的参数有一个是前面创建的 SQL 服务器的完全限定域名 ServerName❶，还有一个是存储在 PSCredential 对象中的 SQL 管理员的用户名和密码❷。

将 PSCredential 对象拆分为明文形式的用户名和密码❸，创建用于连接数据库的字符串❹，然后在 SqlConnection 对象上调用 Open()方法来尝试连接数据库❺，最后断开数据库连接❻。

可以执行命令 Test-SqlConnection -ServerName 'powershellsysadmins-sqlsrv.database.windows.net' -DatabaseName 'AutomateSQLDb' -Credential (Get-Credential)来运行这个函数。如果能连接数据库，那么该函数会返回 True；否则会返回 False（表示需要进一步调查）。

可以执行 Remove-AzResourceGroup -ResourceGroupName 'PowerShellForSysAdmins-SQL'命令来删除这个资源组，以清理本节创建的所有资源。

12.6 小结

本章带领你动手操作，介绍了如何使用 PowerShell 自动管理微软 Azure。我们实现了非交互式身份验证，部署了一个虚拟机、一个 Web 应用和一个 SQL 数据库。这些操作全在 PowerShell 中完成，没有访问 Azure 门户网站。

如果没有 Az 这个 PowerShell 模块的帮助，以及创建该模块的人的辛勤付出，这一切都无从谈起。管理云平台的 PowerShell 模块都一样，模块中的命令背后都是调用各种 API。得益于这个模块，我们无须再分心学习如何调用 REST 方法，也不用学习如何使用端点 URL。

第 13 章将介绍如何使用 PowerShell 自动管理 Amazon Web Services。

第 13 章

Amazon Web Services 任务自动化

第 12 章学习了如何使用 PowerShell 管理微软 Azure，本章将探讨如何使用 PowerShell 管理 Amazon Web Services（AWS）。首先介绍如何在 PowerShell 中对 AWS 做身份验证，然后从头开始学习创建一个 EC2 实例，再部署一个 Elastic Beanstalk（EBS）应用，最后创建一个 Amazon Relational Database Service（Amazon RDS）以存贮 SQL Server 数据库。

与 Azure 一样，AWS 也是云计算领域的"领头羊"。身在 IT 界，职业生涯中或多或少都会用到 AWS。同 Azure 类似，可以借助 PowerShell 模块管理 AWS，即 `AWSPowerShell`。

与 Az 模块一样，AWSPowerShell 模块也通过 PowerShell Gallery 安装，执行的命令是 `Install-Module AWSPowerShell`。下载并安装好这个模块后，便可以开始动手操作了。

13.1 环境要求

本章假设你已经有 AWS 账户，而且可以访问根用户。如果没有，可以注册一个 AWS 免费套餐账户。不是所有操作都需要以根用户的身份执行，但创建第一个**身份识别和访问管理**（identity and access management，IAM）用户时需要这样做。另外，还需要下载并安装 AWSPowerShell 模块，方法如前文所述。

13.2 AWS 身份验证

在 AWS 中，身份通过 IAM 服务验证。AWS 的这项服务负责身份验证、权限控制、账户管理和风险审查。在 AWS 中验证身份时，订阅账户名下需要有一个 IAM 用户，而且该用户还需要具有访问相关资源的权限。因此，管理 AWS 的第一步是创建一个 IAM 用户。

注册 AWS 账户时会自动创建一个根用户，我们将使用根用户创建 IAM 用户。**严格来说**，一切 AWS 操作都可以使用根用户执行，但强烈建议不要这么做。

13.2.1 使用根用户验证身份

现在来创建本章余下内容需要使用的 IAM 用户。然而，在此之前还是需要通过某种方式验证身份。现在还没有 IAM 用户，因此只能使用根用户。也就是说，需要暂别 PowerShell 一段时间，打开 AWS 管理控制台的 GUI 来获取根用户的访问密钥和机密密钥。

先登录 AWS 账户。在界面的右上角单击账户下拉菜单，如图 13-1 所示。

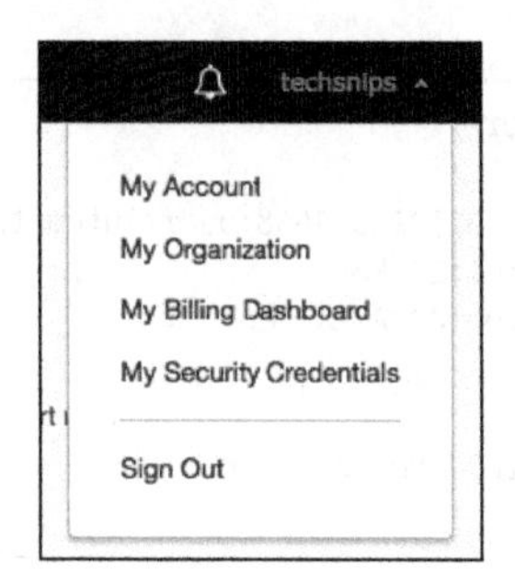

图 13-1 My Security Credentials 菜单项

单击 My Security Credentials 菜单项，然后会弹出一个提示框来提醒不要随意更改安全凭据，如图 13-2 所示。但为了创建 IAM 用户，必须这么做。

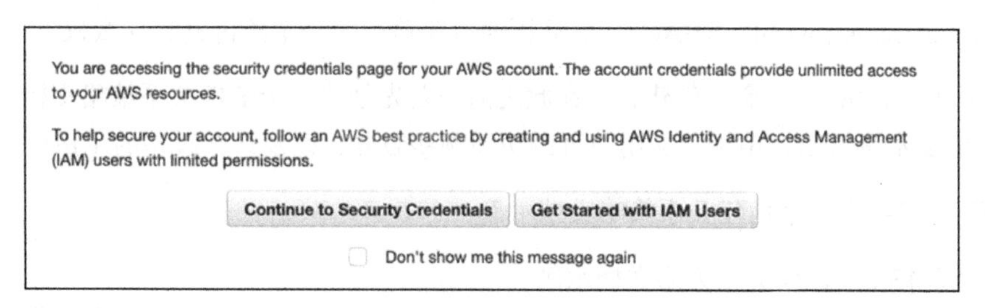

图 13-2 身份验证提醒

单击 Continue to Security Credentials，再单击 Access Keys。单击 Create New Access Key 会看到自己账户的访问密钥 ID 和机密密钥。另外，该界面还有一个下载链接，可供你下载包含两项信息的密钥文件。如果你还没有这个密钥文件，请下载该文件并保存在安全的地方。现在直接在这个页面中复制访问密钥和机密密钥，并将二者添加到 PowerShell 会话的默认配置中。

将两个密钥传递给 `Set-AWSCredential` 命令，以便存储起来，供创建 IAM 用户的命令复用。完整的命令参见代码清单 13-1。

代码清单 13-1　设置 AWS 访问密钥

```
PS> Set-AWSCredential -AccessKey 'access key' -SecretKey 'secret key'
```

这样操作后便可以创建 IAM 用户了。

13.2.2　创建 IAM 用户和角色

以根用户验证身份后，现在可以创建 IAM 用户了。可以执行 New-IAMUser 命令来指定为 IAM 用户起名（在本例中是 Automator）。创建用户后，应该会看到代码清单 13-2 所示的输出。

代码清单 13-2　创建 IAM 用户

```
PS> New-IAMUser -UserName Automator

Arn                 : arn:aws:iam::013223035658:user/Automator
CreateDate          : 9/16/2019 5:01:24 PM
PasswordLastUsed    : 1/1/0001 12:00:00 AM
Path                : /
PermissionsBoundary :
UserId              : AIDAJU2WN5KIFOUMPDSR4
UserName            : Automator
```

注意代码清单 13-2 中的 Arn 属性，下文创建 IAM 角色时要用到这个值。

下一步是为这个用户赋予相应权限。赋予权限的方法是为用户分配一个具有一定策略的角色。AWS 以**角色**为单位组织权限，这样方便管理员分配权限（这种策略称为**基于角色的访问控制，role-based access control，RBAC**）。然后再通过**策略**决定一个角色具有什么权限。

角色通过 New-IAMRole 命令创建，但在此之前需要先创建一个**信任关系策略文档**。这是一个 JSON 格式的文本字符串，用于定义用户可以访问哪些服务，以及什么级别的用户可以访问。

代码清单 13-3 是一个信任关系策略文档示例。

代码清单 13-3　信任关系策略文档示例

```
{
    "Version": "2012-10-17",
    "Statement": [
        {
            "Effect": "Allow",
            "Principal" : { "AWS": "arn:aws:iam::XXXXXX:user/Automator" },
            "Action": "sts:AssumeRole"
        }
    ]
}
```

注意 Principal 那一行中的 XXXXXX，请将其替换成前面创建的 IAM 用户的 ARN 值。

这段 JSON 会修改角色自身，让 Automator 用户可以使用该角色，并为用户赋予 AssumeRole 权限。这是创建角色必须要做的一步。

将这个 JSON 字符串赋值给$json 变量，并作为 AssumeRolePolicyDocument 参数的值传给 New-IAMRole 命令，如代码清单 13-4 所示。

代码清单 13-4 创建新的 IAM 角色

```
PS> $json = '{
>>     "Version": "2012-10-17",
>>     "Statement": [
>>         {
>>             "Effect": "Allow",
>>             "Principal" : { "AWS": "arn:aws:iam::XXXXXX:user/Automator" },
>>             "Action": "sts:AssumeRole"
>>         }
>>     ]
>> }'
PS> New-IAMRole -AssumeRolePolicyDocument $json -RoleName 'AllAccess'

Path             RoleName                        RoleId                  CreateDate
----             --------                        ------                  ----------
/                AllAccess                       <Your Specific Role ID> <Date created>
```

创建好 IAM 角色后，需要赋予角色一定的权限，以便访问想要处理的各种资源。要想详尽说明 AWS IAM 角色和安全措施，再来十几页篇幅也不够，简单起见，我们将赋予 Automator 用户对所有资源的完全访问权限（相当于变成了根用户）。

注意，实践中请不要这么做。限制只能访问必要的资源才是万全之策。更多信息请参见 AWS IAM 最佳实践指南。现在暂且使用 Register-IAMUserPolicy 命令为 Automator 用户赋予 AdministratorAccess 管理策略。这里要用到该策略的 Amazon Resource Name（ARN）。为此，可以使用 Get-IAMPolicies 命令并通过策略名称筛选，将结果存储在一个变量中，并传给 Register-IAMUserPolicy 命令（完整的命令参见代码清单 13-5）。

代码清单 13-5 为用户附加策略

```
PS> $policyArn = (Get-IAMPolicies | where {$_.PolicyName -eq 'AdministratorAccess'}).Arn
PS> Register-IAMUserPolicy -PolicyArn $policyArn -UserName Automator
```

最后一步是生成一个访问密钥，以便验证用户的身份。这个操作使用 New-IAMAcessKey 命令完成，如代码清单 13-6 所示。

代码清单 13-6 创建 IAM 访问密钥

```
PS> $key = New-IAMAccessKey -UserName Automator
PS> $key

AccessKeyId     : XXXXXXXX
CreateDate      : 9/16/2019 6:17:40 PM
SecretAccessKey : XXXXXXXXX
Status          : Active
UserName        : Automator
```

至此，IAM 用户完全设置好了。接下来将验证该用户的身份。

13.2.3 验证 IAM 用户的身份

上一节是以根用户验证身份的，这只是暂缓之策。真正进行管理操作时需要验证 IAM 用户。在 AWS 中，做任何操作前都要验证 IAM 用户。我们仍将使用 Set-AWSCredential 命令来更新配置，并会换上新的访问密钥和机密密钥。但这次稍有不同，需要使用 StoreAs 参数，如代码清单 13-7 所示。由于当前会话将一直使用这个 IAM 用户，因此需要将该用户的访问密钥和机密密钥存储在 AWS 的默认配置中，免得每次都要执行该命令。

代码清单 13-7 设置默认的 AWS 访问密钥

```
PS> Set-AWSCredential -AccessKey $key.AccessKeyId -SecretKey
$key.SecretAccessKey -StoreAs 'Default'
```

最后还需要执行命令 Initialize-AWSDefaultConfiguration -Region '*your region here*'，以免每次调用命令都指定区域。这个命令只需要执行一次。可以执行 Get-AWSRegion 命令来列出所有区域，以找到离你最近的区域。

结束！现在我们得到了一个通过身份验证的 AWS 会话，可以开始管理各项 AWS 服务了。要想再确认一下，可以执行 Get-AWSCredentials 命令，指定 ListProfileDetail 参数，以列出保存的所有凭据。一切正常的话，你会看到默认的配置。

```
PS> Get-AWSCredentials -ListProfileDetail
ProfileName StoreTypeName         ProfileLocation
----------- -------------         ---------------
Default     NetSDKCredentialsFile
```

13.3 创建一个 AWS EC2 实例

第 12 章创建了一个 Azure 虚拟机，这里对等操作是创建一个 AWS EC2 实例。我们通过创建

AWS EC2 实例学到的知识与创建 Azure 虚拟机是一样的。不管使用 Azure 还是 AWS，创建虚拟机都是极为常见的操作。然而，在 AWS 中创建虚拟机时，配置资源的方式与 Azure 不同。由于底层 API 不同，因此使用的命令是不一样的，但总体来看执行的任务不变，还是创建一个虚拟机。即使 AWS 有自己的一套用语，但本质不变。我将尽自己所能，力求整个过程与第 12 章创建虚拟机时保持一致。尽管如此，由于 Azure 和 AWS 在架构和句法上的差异，你还是会看到一些明显差别。

好的一面是，与 Azure 一样，可以借助模块 AWSPowerShell 简化操作过程，不用什么都从头编写。与第 12 章相同，我们将采用自下而上的方式，先设置所有依赖，再创建 EC2 实例。

13.3.1 虚拟私有云

我们需要的第一个依赖是网络。可以使用现有网络，也可以自己动手搭建。既然这是一本实践类图书，那就自己动手从头搭建网络吧。Azure 中通过虚拟网络搭建网络，但 AWS 需要使用**虚拟私有云**（virtual private cloud，VPC）。这是一种网络结构，虚拟机可以借此连接云中的其他资源。为了尽量与 Azure 中创建虚拟网络的步骤保持一致，我们将创建一个最基本的 VPC，即只有一个子网。配置网络的方式多种多样，为了尽量与 Azure 保持一致，本书才选了这种方式。

动手之前，需要对即将创建的子网做到心中有数。假设使用的网络是 10.10.0.0/24。可以将这个信息存储在一个变量中，并传给 New-EC2Vpc 命令，如代码清单 13-8 所示。

代码清单 13-8 创建一个 AWS VPC

```
PS> $network = '10.0.0.0/16'
PS> $vpc = New-EC2Vpc -CidrBlock $network
PS> $vpc

CidrBlock                   : 10.0.0.0/24
CidrBlockAssociationSet     : {vpc-cidr-assoc-03f1edbc052e8c207}
DhcpOptionsId               : dopt-3c9c3047
InstanceTenancy             : default
Ipv6CidrBlockAssociationSet : {}
IsDefault                   : False
State                       : pending
Tags                        : {}
VpcId                       : vpc-03e8c773094d52eb3
```

创建好 VPC 之后，需要自己动手启用 DNS 支持（Azure 会自动启用）。启用 DNS 的方法是，将依附在这个 VPC 上的服务器指向一台 Amazon 内部 DNS 服务器。此外，还需要设置一个公开的主机名（Azure 也代劳了）。为此，需要启用 DNS 主机名。这两个操作可以使用代码清单 13-9 中的命令完成。

代码清单 13-9 为 VPC 启用 DNS 和主机名

```
PS> Edit-EC2VpcAttribute -VpcId $vpc.VpcId -EnableDnsSupport $true
PS> Edit-EC2VpcAttribute -VpcId $vpc.VpcId -EnableDnsHostnames $true
```

注意，两个操作使用的都是 Edit-EC2VpcAttribute 命令。从名称可以看出，这个命令的作用是修改 EC2 VPC 的多个属性。

13.3.2 互联网网关

下一步是创建互联网网关，让 EC2 实例能够引导发往和来自互联网的流量。同样，这一步也需要自己动手，使用的命令是 New-EC2InternetGateway，如代码清单 13-10 所示。

代码清单 13-10 创建互联网网关

```
PS> $gw = New-EC2InternetGateway
PS> $gw

Attachments InternetGatewayId     Tags
----------- -----------------     ----
{}          igw-05ca5aaa3459119b1 {}
```

创建网关之后，需要使用 Add-EC2InternetGateway 命令将其依附到 VPC 上，如代码清单 13-11 所示。

代码清单 13-11 将互联网网关依附到 VPC 上

```
PS> Add-EC2InternetGateway -InternetGatewayId $gw.InternetGatewayId -VpcId $vpc.VpcId
```

VPC 准备就绪了，下一步是为网络添加路由。

13.3.3 路由

创建好网关之后，需要创建路由表和路由，以便 VPC 中的 EC2 实例访问互联网。**路由**是网络流量寻找目的地的路径。**路由表**就是多个路由组成的表。路由要放在路由表中，因此需要先创建路由表。为此，需要执行 New-EC2RouteTable 命令，传入 VPC 的 ID，如代码清单 13-12 所示。

代码清单 13-12 创建路由表

```
PS> $rt = New-EC2RouteTable -VpcId $vpc.VpcId
PS> $rt

Associations     : {}
PropagatingVgws : {}
Routes           : {}
```

```
RouteTableId     : rtb-09786c17af32005d8
Tags             : {}
VpcId            : vpc-03e8c773094d52eb3
```

然后在路由表中创建一个路由，以指向刚创建的网关。我们要创建的是**默认路由**（或称作**默认网关**），如果没有定义更具体的路由，那么它就是外发的网络流量默认使用的路由。我们计划让所有流量（0.0.0.0/0）都走这个互联网网关。可以执行 New-EC2Route 命令，返回 True 时表示操作成功，如代码清单 13-13 所示。

代码清单 13-13　创建路由

```
PS> New-EC2Route -RouteTableId $rt.RouteTableId -GatewayId
$gw.InternetGatewayId -DestinationCidrBlock '0.0.0.0/0'

True
```

可以看到，我们成功创建了这个路由。

13.3.4　子网

接下来需要在体量较大的 VPC 中创建一个子网，并将其关联到路由表上。还记得吗？子网定义的是逻辑网络，EC2 实例的网络适配器就在其中。为了创建子网，首先需要执行 New-EC2Subnet 命令，然后执行 Register-EC2RouteTable 命令将子网注册到前面创建的路由表上。但在此之前需要为子网定义一个**可用区**（子网所在的 AWS 数据中心）。如果不确定有哪些可用区，可以执行 Get-EC2AvailabilityZone 命令来一一列出，输出结果如代码清单 13-14 所示。

代码清单 13-14　列举 EC2 可用区

```
PS> Get-EC2AvailabilityZone

Messages RegionName State     ZoneName
-------- ---------- -----     --------
{}       us-east-1  available us-east-1a
{}       us-east-1  available us-east-1b
{}       us-east-1  available us-east-1c
{}       us-east-1  available us-east-1d
{}       us-east-1  available us-east-1e
{}       us-east-1  available us-east-1f
```

如果举棋不定，那就使用 us-east-1d 可用区吧。子网可以使用 New-EC2Subnet 命令来创建，参数有前面创建的那个 VPC ID、一个 CIDR 块（子网）和可用区，如代码清单 13-15 所示。这段代码还注册了路由表，使用的命令是 Register-EC2RouteTable。

代码清单 13-15　创建并注册子网

```
PS> $sn = New-EC2Subnet -VpcId $vpc.VpcId -CidrBlock '10.0.1.0/24' -AvailabilityZone 'us-east-1d'
PS> Register-EC2RouteTable -RouteTableId $rt.RouteTableId -SubnetId $sn.SubnetId
rtbassoc-06a8b5154bc8f2d98
```

至此，子网就创建并注册好了，网络栈一切就绪！

13.3.5　为 EC2 实例分配一个 AMI

网络栈创建完毕后，需要为虚拟机分配一个亚马逊云机器镜像（Amazon Machine Image，AMI）。作为磁盘的"快照"，AMI 是一种模板，有了它，就无须在 EC2 实例中从头开始安装操作系统了。AMI 很多，需要根据自己的需求寻找。我们需要的是一个支持 Windows Server 2016 的 AMI，因此首先要找到这个映像的名称。可以执行 Get-EC2ImageByName 命令来列举所有可用的实例，你应该会看到一个名为 WINDOWS_2016_BASE 的映像。

现在我们知道映像的名称了。可以再次执行 Get-EC2ImageByName 命令，指定想使用的映像，并返回所需要的映像对象，如代码清单 13-16 所示。

代码清单 13-16　查看 AMI 的信息

```
PS> $ami = Get-EC2ImageByName -Name 'WINDOWS_2016_BASE'
PS> $ami

Architecture        : x86_64
BlockDeviceMappings : {/dev/sda1, xvdca, xvdcb, xvdcc...}
CreationDate        : 2019-08-15T02:27:20.000Z
Description         : Microsoft Windows Server 2016...
EnaSupport          : True
Hypervisor          : xen
ImageId             : ami-0b7b74ba8473ec232
ImageLocation       : amazon/Windows_Server-2016-English-Full-Base-2019.08.15
ImageOwnerAlias     : amazon
ImageType           : machine
KernelId            :
Name                : Windows_Server-2016-English-Full-Base-2019.08.15
OwnerId             : 801119661308
Platform            : Windows
ProductCodes        : {}
Public              : True
RamdiskId           :
RootDeviceName      : /dev/sda1
RootDeviceType      : ebs
SriovNetSupport     : simple
State               : available
StateReason         :
Tags                : {}
VirtualizationType  : hvm
```

将映像存储在变量中，留待后用。最后，终于可以创建 EC2 实例了。创建实例需要知道实例的类型。可惜无法使用 PowerShell cmdlet 列出可用的类型，但可以在 AWS 网站中找到它们。我们选择免费类型 t2.micro。准备好参数，包括映像 ID、是否想关联公网 IP、实例类型和子网 ID，然后传给 New-EC2Instance 命令，如代码清单 13-17 所示。

代码清单 13-17　创建 EC2 实例

```
PS> $params = @{
>>      ImageId = $ami.ImageId
>>      AssociatePublicIp = $false
>>      InstanceType = 't2.micro'
>>      SubnetId = $sn.SubnetId
}
PS> New-EC2Instance @params

GroupNames    : {}
Groups        : {}
Instances     : {}
OwnerId       : 013223035658
RequesterId   :
ReservationId : r-05aa0d9b0fdf2df4f
```

完成！你会在 AWS 管理控制台中看到一个崭新的 EC2 实例。此外，执行 Get-EC2Instance 命令也会返回这个新创建的实例。

13.3.6 锦上添花

我们顺利写出了创建 EC2 实例的代码，但说实话，代码有点儿复杂。为了方便重用，可以简化一下。创建 EC2 实例是常见的事情，不妨定义一个函数，免得每次都一步步操作。总体而言，这个函数的运行过程与第 12 章为 Azure 定义的那个差不多，细节不再赘述，本书附带资源中有完整的脚本。强烈建议你自己试着动手定义这个函数。

准备好所有依赖（**当然 EC2 自身还未创建**）并调用这个脚本，如果加上 Verbose 参数，你会看到代码清单 13-18 所示的输出。

代码清单 13-18　运行自定义函数来创建 EC2 实例

```
PS> $parameters = @{
>>      VpcCidrBlock = '10.0.0.0/16'
>>      EnableDnsSupport = $true
>>      SubnetCidrBlock = '10.0.1.0/24'
>>      OperatingSystem = 'Windows Server 2016'
>>      SubnetAvailabilityZone = 'us-east-1d'
>>      InstanceType = 't2.micro'
>>      Verbose = $true
}
```

```
PS> New-CustomEC2Instance @parameters

VERBOSE: Invoking Amazon Elastic Compute Cloud operation 'DescribeVpcs' in region 'us-east-1'
VERBOSE: A VPC with the CIDR block [10.0.0.0/16] has already been created.
VERBOSE: Enabling DNS support on VPC ID [vpc-03ba701f5633fcfac]...
VERBOSE: Invoking Amazon EC2 operation 'ModifyVpcAttribute' in region 'us-east-1'
VERBOSE: Invoking Amazon EC2 operation 'ModifyVpcAttribute' in region 'us-east-1'
VERBOSE: Invoking Amazon Elastic Compute Cloud operation 'DescribeInternetGateways' in region
         'us-east-1'
VERBOSE: An internet gateway is already attached to VPC ID [vpc-03ba701f5633fcfac].
VERBOSE: Invoking Amazon Elastic Compute Cloud operation 'DescribeRouteTables' in region
         'us-east-1'
VERBOSE: Route table already exists for VPC ID [vpc-03ba701f5633fcfac].
VERBOSE: A default route has already been created for route table ID [rtb-0b4aa3a0e1801311f
         rtb-0aed41cac6175a94d].
VERBOSE: Invoking Amazon Elastic Compute Cloud operation 'DescribeSubnets' in region 'us-east-1'
VERBOSE: A subnet has already been created and registered with VPC ID [vpc-03ba701f5633fcfac].
VERBOSE: Invoking Amazon EC2 operation 'DescribeImages' in region 'us-east-1'
VERBOSE: Creating EC2 instance...
VERBOSE: Invoking Amazon EC2 operation 'RunInstances' in region 'us-east-1'

GroupNames    : {}
Groups        : {}
Instances     : {}
OwnerId       : 013223035658
RequesterId   :
ReservationId : r-0bc2437cfbde8e92a
```

在 AWS 中创建 EC2 实例是一件烦琐的事情，但现在有了自动化工具，这使我们的双手获得了解放。

13.4　部署 Elastic Beanstalk 应用

AWS 也有类似于 Azure Web App 的服务，叫作 Elastic Beanstalk（EB）。将 Web 包上传到这项服务中便可以使用 AWS 的基础设施来存贮应用。本节将介绍创建 EB 应用的步骤，讲解部署 Web 包的过程。整个过程分为五步。

(1) 创建应用。

(2) 创建环境。

(3) 上传包，供应用使用。

(4) 创建应用的一个新版本。

(5) 将新版本部署到环境中。

先来创建新应用。

13.4.1 创建应用

要创建新的应用，可以使用 New-EBApplication 命令，该命令提供了应用的名称。这里应用名为 AutomateWorkflow。执行这个命令应该会看到代码清单 13-19 所示的输出。

代码清单 13-19 新建 EB 应用

```
PS> $ebApp = New-EBApplication -ApplicationName 'AutomateWorkflow'
PS> $ebApp

ApplicationName         : AutomateWorkflow
ConfigurationTemplates  : {}
DateCreated             : 9/19/2019 11:43:56 AM
DateUpdated             : 9/19/2019 11:43:56 AM
Description             :
ResourceLifecycleConfig : Amazon.ElasticBeanstalk.Model
                          .ApplicationResourceLifecycleConfig
Versions                : {}
```

下一步是创建**环境**，即存贮应用的基础设施。新建环境的命令是 New-EBEnvironment。但是创建环境没有创建应用那么直观。某些参数（比如应用名称和环境名称）由你自己决定，此外还需要知道 SolutionStackName、Tier_Type 和 Tier_Name 的值。下面将具体分析。

SolutionStackName 指定了运行应用的操作系统和 IIS 版本。如果想查看所有可用的解决方案栈，可以执行 Get-EBAvailableSolutionStackList 命令并查看 SolutionStackDetails 属性，如代码清单 13-20 所示。

代码清单 13-20 查找可用的解决方案栈

```
PS> (Get-EBAvailableSolutionStackList).SolutionStackDetails

PermittedFileTypes SolutionStackName
------------------ -----------------
{zip}              64bit Windows Server Core 2016 v1.2.0 running IIS 10.0
{zip}              64bit Windows Server 2016 v1.2.0 running IIS 10.0
{zip}              64bit Windows Server Core 2012 R2 v1.2.0 running IIS 8.5
{zip}              64bit Windows Server 2012 R2 v1.2.0 running IIS 8.5
{zip}              64bit Windows Server 2012 v1.2.0 running IIS 8
{zip}              64bit Windows Server 2008 R2 v1.2.0 running IIS 7.5
{zip}              64bit Amazon Linux 2018.03 v2.12.2 runni...
{jar, zip}         64bit Amazon Linux 2018.03 v2.7.4 running Java 8
{jar, zip}         64bit Amazon Linux 2018.03 v2.7.4 running Java 7
{zip}              64bit Amazon Linux 2018.03 v4.5.3 running Node.js
{zip}              64bit Amazon Linux 2015.09 v2.0.8 running Node.js
{zip}              64bit Amazon Linux 2015.03 v1.4.6 running Node.js
{zip}              64bit Amazon Linux 2014.03 v1.1.0 running Node.js
{zip}              32bit Amazon Linux 2014.03 v1.1.0 running Node.js
{zip}              64bit Amazon Linux 2018.03 v2.8.1 running PHP 5.4
--snip--
```

可以看到，可用的解决方案栈很多。本例选择 64 位 Windows Server Core 2019 v2.5.9 运行 IIS 10.0。

接下来是 Tier_Type。这个参数指定了 Web 服务在什么类型的环境中运行。如果想存贮网站，那么应该使用 Standard 类型。

最后，Tier_Name 参数可选的值有 WebServer 和 Worker。这里选择 WebServer，因为我们打算存贮一个网站。（如果创建的是 API，则需要选择 Worker。）

至此，所有参数都已确定，可以执行 New-EBEnvironment 命令了。执行该命令的方法及其输出如代码清单 13-21 所示。

代码清单 13-21　创建 EB 应用

```
PS> $instanceProfileOptionSetting = New-Object Amazon.ElasticBeanstalk.Model.
ConfigurationOptionSetting -ArgumentList aws:autoscaling:launchconfiguration,
IamInstanceProfile,'aws-elasticbeanstalk-ec2-role'
PS> $parameters = @{
>>      ApplicationName = 'AutomateWorkflow'
>>      EnvironmentName = 'Testing'
>>      SolutionStackName = '64bit Windows Server Core 2019 v2.5.9 running IIS 10.0'
>>      Tier_Type = 'Standard'
>>      Tier_Name = 'WebServer'
>>      OptionSetting = $instanceProfileOptionSetting
>>      }
PS> New-EBEnvironment @parameters

AbortableOperationInProgress : False
ApplicationName              : AutomateWorkflow
CNAME                        :
DateCreated                  : 10/3/2020 9:31:49 AM
DateUpdated                  : 10/3/2020 9:31:49 AM
Description                  :
EndpointURL                  :
EnvironmentArn               : arn:aws:elasticbeanstalk:...
EnvironmentId                : e-f3pfgxhrzf
EnvironmentLinks             : {}
EnvironmentName              : Testing
Health                       : Grey
HealthStatus                 :
OperationsRole               :
PlatformArn                  : arn:aws:elasticbeanstalk...
Resources                    :
SolutionStackName            : 64bit Windows Server Core 2019 v2.5.9 running IIS 10.0
Status                       : Launching
TemplateName                 :
Tier                         : Amazon.ElasticBeanstalk.Model.EnvironmentTier
VersionLabel                 :
```

你或许注意到了，输出中的状态是 Launching。这意味着，应用现在还不可用，可能要等一段时间，待环境准备就绪。可以执行 Get-EBEnvironment -ApplicationName 'AutomateWorkflow' -EnvironmentName 'Testing'命令来定期检查应用的状态。环境的 Launching 状态可能要持续几分钟。

Status 属性的值变成 Ready 后，说明环境已经准备完毕，可以部署网站包了。

13.4.2 部署包

开始部署。我们部署的包中要包括网站的所有文件，无论用途，任何文件都可以。唯一的要求是，需要将所有文件放在一个 ZIP 文件中。可以使用 Compress-Archive 命令压缩要部署的文件。

```
PS> Compress-Archive -Path 'C:\MyPackageFolder\*' -DestinationPath 'C:\package.zip'
```

压缩好后，需要将包放在应用能找到的地方。可能的地方有好几处，本例将包放在一个 Amazon S3 bucket 中，这是在 AWS 中存储数据的常见方式。将包放在 Amazon S3 bucket 前，先要有一个 Amazon S3 bucket。可以在 PowerShell 中执行 New-S3Bucket -BucketName 'automateworkflow' 命令来创建。

有了 S3 bucket，剩下的就是上传内容了。可以使用 Write-S3Object 命令上传 ZIP 文件，如代码清单 13-22 所示。

代码清单 13-22　将包上传到 S3 中

```
PS> Write-S3Object -BucketName 'automateworkflow' -File 'C:\package.zip'
```

现在需要将应用指向刚创建的 S3 键，并为应用指定版本标签（version label）。版本标签可以是任何值，但通常使用与时间有关的唯一数字。本例使用的是表示当前日期和时间的秒数。有了版本标签后，就可以外加几个参数来执行 New-EBApplicationVersion 命令了，如代码清单 13-23 所示。

代码清单 13-23　新建应用版本

```
PS> $verLabel = [System.DateTime]::Now.Ticks.ToString()
PS> $newVerParams = @{
>>     ApplicationName       = 'AutomateWorkflow'
>>     VersionLabel          = $verLabel
>>     SourceBundle_S3Bucket = 'automateworkflow'
>>     SourceBundle_S3Key    = 'package.zip'
}
PS> New-EBApplicationVersion @newVerParams

ApplicationName        : AutomateWorkflow
```

```
BuildArn                : 
DateCreated             : 9/19/2019 12:35:21 PM
DateUpdated             : 9/19/2019 12:35:21 PM
Description             : 
SourceBuildInformation  : 
SourceBundle            : Amazon.ElasticBeanstalk.Model.S3Location
Status                  : Unprocessed
VersionLabel            : 636729573206374337
```

这样就创建了一个应用版本。接下来需要将这个版本部署到环境中。这一步使用 Update-EBEnvironment 命令，如代码清单13-24所示。

代码清单13-24　将应用部署到EB环境中

```
PS> Update-EBEnvironment -ApplicationName 'AutomateWorkflow'  -EnvironmentName
'Testing' -VersionLabel $verLabel -Force

AbortableOperationInProgress : True
ApplicationName              : AutomateWorkflow
CNAME                        : Testing.3u2ukxj2ux.us-ea...
DateCreated                  : 9/19/2019 12:19:36 PM
DateUpdated                  : 9/19/2019 12:37:04 PM
Description                  : 
EndpointURL                  : awseb-e-w-AWSEBL...
EnvironmentArn               : arn:aws:elasticbeanstalk...
EnvironmentId                : e-wkba2k4kcf
EnvironmentLinks             : {}
EnvironmentName              : Testing
Health                       : Grey
HealthStatus                 : 
PlatformArn                  : arn:aws:elasticbeanstalk:...
Resources                    : 
SolutionStackName            : 64bit Windows Server Core 2012 R2 running IIS 8.5
Status                       : ❶Updating
TemplateName                 : 
Tier                         : Amazon.ElasticBeanstalk.Model.EnvironmentTier
VersionLabel                 : 636729573206374337
```

可以看到，状态由 Ready 变成了 Updating❶。同样要等一小会儿，等状态再次变回 Ready，如代码清单13-25所示。

代码清单13-25　确认应用已就绪

```
PS> Get-EBEnvironment -ApplicationName 'AutomateWorkflow'
-EnvironmentName 'Testing'

AbortableOperationInProgress : False
ApplicationName              : AutomateWorkflow
CNAME                        : Testing.3u2ukxj2ux.us-e...
DateCreated                  : 9/19/2019 12:19:36 PM
DateUpdated                  : 9/19/2019 12:38:53 PM
```

```
Description               :
EndpointURL               : awseb-e-w-AWSEBL...
EnvironmentArn            : arn:aws:elasticbeanstalk...
EnvironmentId             : e-wkba2k4kcf
EnvironmentLinks          : {}
EnvironmentName           : Testing
Health                    : Green
HealthStatus              :
PlatformArn               : arn:aws:elasticbeanstalk:...
Resources                 :
SolutionStackName         : 64bit Windows Server Core 2012 R2 running IIS 8.5
Status                    : ❶Ready
TemplateName              :
Tier                      : Amazon.ElasticBeanstalk.Model.EnvironmentTier
VersionLabel              :
```

经确认，状态又变成了 Ready❶。目前一切顺利！

13.5　在 AWS 中创建 SQL Server 数据库

作为 AWS 管理员，你可能需要设置不同类型的关系数据库。为了方便管理员配置几个数据库，AWS 提供了 Amazon Relational Database Service（Amazon RDS）。使用这项服务可以配置多个数据库，此刻暂且将目光聚集在 SQL Server 上。

本节将在 RDS 中创建一个空的 SQL Server 数据库，使用的命令主要是 New-RDSDBInstance。与 New-AzureRmSqlDatabase 类似，New-RDSDBInstance 也有很多参数，多到本节无法全部涵盖。如果对配置 RDS 实例的其他方式感兴趣，建议你阅读 New-RDSDBInstance 命令的帮助内容。

本节示例需要以下信息。

- 实例的名称
- 数据库引擎（SQL Server、MariaDB、MySQL，等等）
- 指定 SQL Server 在何种资源类型上运行的实例类
- 主用户名和密码
- 数据库大小（单位：GB）

有些信息容易确定，包括名称、用户名、密码和大小。其他信息则需要进一步调查研究。

先来看看引擎版本。可以使用 Get-RDSDBEngineVersion 命令获取所有可用的引擎及其版本。如果不提供参数，那么这个命令会返回大量信息，多到无所适从。可以使用 Group-Object 命令按引擎分组所有对象，将名称相同的引擎分在一组，并列出所有版本。从代码清单 13-26 可以看出，现在得到的输出更有条理，可以清楚地分辨有哪些引擎可用。

代码清单 13-26　探查可用的 RDS DB 引擎版本

```
PS> Get-RDSDBEngineVersion | Group-Object -Property Engine

Count Name                     Group
----- ----                     -----
    1 aurora-mysql             {Amazon.RDS.Model.DBEngineVersion}
    1 aurora-mysql-pq          {Amazon.RDS.Model.DBEngineVersion}
    1 neptune                  {Amazon.RDS.Model.DBEngineVersion}
--snip--
   16 sqlserver-ee             {Amazon.RDS.Model.DBEngineVersion,
                               Amazon.RDS.Model.DBEngineVersion,
                               Amazon.RDS.Model.DBEngineVersion,
                               Amazon.RDS.Mo...

   17 sqlserver-ex             {Amazon.RDS.Model.DBEngineVersion,
                               Amazon.RDS.Model.DBEngineVersion,
                               Amazon.RDS.Model.DBEngineVersion,
                               Amazon.RDS.Mo...

   17 sqlserver-se             {Amazon.RDS.Model.DBEngineVersion,
                               Amazon.RDS.Model.DBEngineVersion,
                               Amazon.RDS.Model.DBEngineVersion,
                               Amazon.RDS.Mo...

   17 sqlserver-web            {Amazon.RDS.Model.DBEngineVersion,
                               Amazon.RDS.Model.DBEngineVersion,
                               Amazon.RDS.Model.DBEngineVersion,
                               Amazon.RDS.Mo...
--snip--
```

输出中有四条与 sqlserver 有关的记录，分别表示 SQL Server Express、Web、Standard Edition 和 Enterprise Edition。由于只是举个例子，因此就选用 SQL Server Express 吧。这个数据库引擎特别简单，机动性强，而且最重要的是，免费。可以使用 sqlserver-ex 来选择 SQL Server Express 引擎。

选定引擎后，还需要指定版本。在默认情况下，New-RDSDBInstance 会配置最新版本（本例就是），但也可以使用 EngineVersion 参数指定其他版本。如果想查看所有可用的版本，可以再次执行 Get-RDSDBEngineVersion 命令，限定只搜索 sqlserver-ex，而且只返回引擎的版本号，如代码清单 13-27 所示。

代码清单 13-27　查看 SQL Server Express 引擎的版本

```
PS> Get-RDSDBEngineVersion -Engine 'sqlserver-ex' |
Format-Table -Property EngineVersion

EngineVersion
-------------
10.50.6000.34.v1
```

```
10.50.6529.0.v1
10.50.6560.0.v1
11.00.5058.0.v1
11.00.6020.0.v1
11.00.6594.0.v1
11.00.7462.6.v1
12.00.4422.0.v1
12.00.5000.0.v1
12.00.5546.0.v1
12.00.5571.0.v1
13.00.2164.0.v1
13.00.4422.0.v1
13.00.4451.0.v1
13.00.4466.4.v1
14.00.1000.169.v1
14.00.3015.40.v1
```

需要提供给 New-RDSDBInstance 命令的下一个参数是实例类。实例类表示数据库底层基础设施的性能，包括内存、CPU 等。可惜没有 PowerShell 命令可以轻易找出所有可用的实例类，但可以查看文档“DB instance classes”。

选择实例类时，需要确认选定的引擎是否支持。这里使用 db2.t2.micro 实例类创建 RDS 数据库，其他选项都不合适。如果想详细了解 RDS 数据库支持的实例类，可以查看“AWS RDS 常见问题”。如果数据库引擎不支持选择的实例类，那么你会收到一个错误，如代码清单 13-28 所示。

代码清单 13-28　指定无效实例配置导致的错误

```
New-RDSDBInstance : RDS does not support creating a DB instance with the
following combination: DBInstanceClass=db.t1.micro, Engine=sqlserver-ex,
EngineVersion=14.00.3015.40.v1, LicenseModel=license-included. For supported
combinations of instance class and database engine version, see the
documentation.
```

选择（受支持的）实例类后，需要拟定用户名和密码。注意，AWS 不接受任何旧式密码，密码中不能有斜线、@符号、逗号或空格，否则将收到代码清单 13-29 所示的错误消息。

代码清单 13-29　在 New-RDSDBInstance 命令中指定无效密码

```
New-RDSDBInstance : The parameter MasterUserPassword is not a valid password.
Only printable ASCII characters besides '/', '@', '"', ' ' may be used.
```

至此，所需要的参数都准备好了。执行 New-RDSDBInstance 命令，你将看到代码清单 13-30 所示的输出。

代码清单 13-30　配置 RDS 数据库实例

```
PS> $parameters = @{
>>      DBInstanceIdentifier = 'Automating'
```

```
>>     Engine = 'sqlserver-ex'
>>     DBInstanceClass = 'db.t2.micro'
>>     MasterUsername = 'sa'
>>     MasterUserPassword = 'password'
>>     AllocatedStorage = 20
}
PS> New-RDSDBInstance @parameters

AllocatedStorage                    : 20
AutoMinorVersionUpgrade             : True
AvailabilityZone                    :
BackupRetentionPeriod               : 1
CACertificateIdentifier             : rds-ca-2015
CharacterSetName                    :
CopyTagsToSnapshot                  : False
--snip--
```

恭喜！你的 AWS 中出现了一个崭新的 RDS 数据库。

13.6　小结

本章介绍了使用 PowerShell 管理 AWS 的基本技能。从 AWS 身份验证开始，我们讲解了几个常见的 AWS 任务：创建 EC2 实例、部署 EB Web 应用，以及配置 Amazon RDS SQL 数据库。

读完第 12 章和本章，你应该对如何使用 PowerShell 管理云服务有了一定认识。当然，这方面的知识还有很多，多到本书无法全部涵盖。我们暂且结束这个话题，进入第 14 章：创建服务器清点脚本。

第14章

创建服务器清点脚本

目前本书主要将PowerShell当成一门语言来讲解，教你PowerShell的句法和命令。其实相较于语言，PowerShell 更应该被看作工具。现在我们已经掌握了 PowerShell 的基本用法，是时候发挥创意，做些有趣的事情了。

PowerShell真正的威力体现在工具制作上。这里所说的**工具**可以是PowerShell脚本、模块或函数之类，作用是帮助我们执行管理任务。无论任务是什么（比如制作报告、收集计算机信息、创建公司用户账户，或其他更复杂的工作），经过学习，都可以通过PowerShell实现自动化。

本章将介绍如何使用PowerShell收集数据，为制定决策提供必要依据。具体而言，我们将构建一个服务器清点项目。这个项目只含一个具备多个参数的脚本，提供服务器名称后便可输出可供分析研究的大量信息：操作系统规格和硬件信息，包括存储空间大小、可用存储空间、内存，等等。

14.1 环境要求

动手实践之前，需要有一台加入域的Windows计算机，这台计算机要拥有对AD计算机对象的读权限，要有一个AD组织单元的计算机账户，还要安装Remote Server Administration Toolkit（RSAT）软件包。

14.2 创建项目脚本

本章将编写脚本，而不是只在控制台中执行代码，因此首先要创建一个PowerShell脚本。创建一个名为Get-ServerInformation.ps1的脚本。我将这个脚本放在了C:\目录下。将本章所有的代码都添加到这个脚本中。

14.3　定义最终输出

动手编写代码前，最好先简略规划一下，大致确定最终要输出什么。不要小看这个粗略的规划，它能帮助衡量进度，尤其是构建大型脚本时。

对这个服务器清点脚本而言，我们希望脚本执行完毕后在 PowerShell 控制台中输入如下内容。

```
ServerName  IPAddress  OperatingSystem  AvailableDriveSpace (GB)  Memory (GB)  UserProfilesSize (MB)  StoppedServices
MYSERVER    x.x.x.x    Windows....      10                        4            50.4                   service1,service2,service3
```

既然已经明确了想看到的输出，接下来就开始动手实现吧。

14.4　探索脚本输入

第一步是确定如何告诉脚本要查询的目标。我们计划从多台服务器中收集信息。14.1 节说过，我们将使用 AD 查找服务器名称。

当然，查找服务器名称的方法有很多，可以读取文本文件，可以使用存储在 PowerShell 脚本中的服务器名称数组，也可以查询注册表、Windows Management Instrumentation（WMI）仓库或数据库，不管怎么做，只要最终能通过某种方式得到一组表示服务器名称的字符串即可。这个项目将使用 AD 中的服务器。

这个示例将假设所有服务器都在同一个组织单元中。实际情况不是这样也没关系，只是需要遍历各个组织单元，读取各部门的计算机对象。在这个假定前提下，第一项任务是读取组织单元中的所有计算机对象。假设所有服务器都在名为 Servers 的组织单元中，域名为 powerlab.local。为了从 AD 中检索计算机对象，需要使用 Get-ADComputer 命令，如代码清单 14-1 所示。这个命令应该返回我们关注的所有服务器的 AD 计算机账户。

代码清单 14-1　使用 Get-ADComputer 命令获取服务器数据

```
PS> $serversOuPath = 'OU=Servers,DC=powerlab,DC=local'
PS> $servers = Get-ADComputer -SearchBase $serversOuPath -Filter *
PS> $servers

DistinguishedName : CN=SQLSRV1,OU=Servers,DC=Powerlab,DC=local
DNSHostName       : SQLSRV1.Powerlab.local
Enabled           : True
Name              : SQLSRV1
ObjectClass       : computer
ObjectGUID        : c288d6c1-56d4-4405-ab03-80142ac04b40
SamAccountName    : SQLSRV1$
SID               : S-1-5-21-763434571-1107771424-1976677938-1105
UserPrincipalName :
```

```
DistinguishedName : CN=WEBSRV1,OU=Servers,DC=Powerlab,DC=local
DNSHostName       : WEBSRV1.Powerlab.local
Enabled           : True
Name              : WEBSRV1
ObjectClass       : computer
ObjectGUID        : 3bd2da11-4abb-4eb6-9c71-7f2c58594a98
SamAccountName    : WEBSRV1$
SID               : S-1-5-21-763434571-1107771424-1976677938-1106
UserPrincipalName :
```

注意，我们没有直接设定 SearchBase 参数的值，而是定义了一个变量。你要习惯这样做。其实，凡是类似这样具体的配置，最好都存储在变量中，因为你不知道什么时候还要用到这个值。另外，我们将 Get-ADComputer 命令返回的输出保存到了一个变量中。因为后面还要处理这些服务器，所以要提供方式来引用服务器名称。

Get-ADComputer 命令会返回整个 AD 对象，而我们只需要服务器名称。为此，可以使用 Select-Object 命令限制输出，只返回 Name 属性。

```
PS> $servers = Get-ADComputer -SearchBase $serversOuPath -Filter * |
Select-Object -ExpandProperty Name
PS> $servers
SQLSRV1
WEBSRV1
```

现在我们大概知道如何查询全体服务器了，接下来看看如何查询单台服务器。

14.5 查询单台服务器

如果想查询单台服务器，则需要使用循环来迭代数组中的每台服务器，一次查询一台。

千万不要妄想写出的代码立马就可用（面对现实吧）。我通常会放慢脚步，一点点测试，摸索前行。对这个例子来说，不要企图一口气写出所有代码，可以先使用 Write-Host 命令确保脚本能返回需要的服务器名称。

```
foreach ($server in $servers) {
    Write-Host $server
}
```

目前，Get-ServerInformation.ps1 脚本中的内容如代码清单 14-2 所示。

代码清单 14-2 目前脚本中的内容

```
$serversOuPath = 'OU=Servers,DC=powerlab,DC=local'
$servers = Get-ADComputer -SearchBase $serversOuPath -Filter * | Select-Object -ExpandProperty Name
```

```
foreach ($server in $servers) {
    Write-Host $server
}
```

运行这个脚本，你会看到几个服务器名称。当然，你看到的具体输出可能有所不同，这取决于用了哪些服务器。

```
PS> C:\Get-ServerInformation.ps1
SQLSRV1
WEBSRV1
```

很好！我们编写了一个循环，它迭代了数组中每一台服务器的名称。第一项任务顺利完成。

14.6　提前规划：合并不同类型的信息

良好的规划和组织是 PowerShell 成功的关键之一，这要求我们对结果有一定的预期。由于初学者缺乏经验，没见过多少 PowerShell 输出，只知道想要的效果（但愿吧），却不知道能达到什么样。结果写出来的脚本在多个数据源之间来回变化，先从一个数据源获取数据，随后换到另一个数据源，不等多久又回到第一个数据源，而后再换到第三个数据源，从而将多个数据源交织在一起，错综复杂。做事情肯定有较为简单的方法，如若不停下来解释一番，于情于理都说不过去。

如果查看代码清单 14-1，你会发现，需要使用好几个命令从不同的源头（WMI、文件系统、Windows 服务）获取信息。而不同源头返回的对象有所不同，如果强行将这些对象合并在一起，那么肯定是一片混乱。

稍微超前一点儿，来看一段输出。这是获取服务名称和内存信息得到的输出，没有任何格式化，也没做任何调整。你看到的输出可能如下所示。

```
Status   Name               DisplayName
------   ----               -----------
Running  wuauserv           Windows Update

__GENUS              : 2
__CLASS              : Win32_PhysicalMemory
__SUPERCLASS         : CIM_PhysicalMemory
__DYNASTY            : CIM_ManagedSystemElement
__RELPATH            : Win32_PhysicalMemory.Tag="Physical Memory 0"
__PROPERTY_COUNT     : 30
__DERIVATION         : {CIM_PhysicalMemory, CIM_Chip, CIM_PhysicalComponent, CIM_PhysicalElement...}
__SERVER             : DC
__NAMESPACE          : root\cimv2
__PATH               : \\DC\root\cimv2:Win32_PhysicalMemory.Tag="Physical Memory 0"
```

这里不仅查询一个服务，同时还尝试获取一台服务器的内存信息。两个操作返回的对象是不同的，对象的属性也不一样，倘若将它们混在一起，一股脑输出到我们面前，着实让人摸不着头脑。

来看看怎样避免这种输出。如果想合并不同的输出，则需要完全符合设想的规范，因此要自己动手创建一种输出类型。别担心，这没有你想的那么复杂。第 2 章介绍过如何创建 PSCustomObject 类型。在 PowerShell 中，这是一种通用的对象，允许添加额外属性，正符合这里的要求。

假设你知道输出中包含哪些表头（当然也应该知道表头对应的是对象的属性），那么可以创建自定义对象来设置希望在输出中看到的属性。显而易见，将这个对象命名为$output 最好不过了，属性的值填充好后，返回的就是它。

```
$output = [pscustomobject]@{
    'ServerName'                  = $null
    'IPAddress'                   = $null
    'OperatingSystem'             = $null
    'AvailableDriveSpace (GB)'    = $null
    'Memory (GB)'                 = $null
    'UserProfilesSize (MB)'       = $null
    'StoppedServices'             = $null
}
```

你应该注意到了，哈希表的键都被放在一对单引号内。如果键中没有空格，则无须这么做。然而，某些键的名称中会使用空格，为了统一，我决定将所有键都放在单引号内。一般来说，不建议在对象的属性名中使用空格，正确的做法是自定义格式。不过这个话题超出了本书范畴，如果想进一步了解，可以参阅 about_Format.ps1xml 帮助主题。

将上述代码复制到控制台并使用 Format-Table cmdlet 进行格式化，你将看到各个表头。

```
PS> $output | Format-Table -AutoSize

ServerName IPAddress OperatingSystem AvailableDriveSpace (GB) Memory (GB) UserProfilesSize (MB) StoppedServices
```

在 PowerShell 中，Format-Table 等几个格式化命令会被放在管道的最后，负责转换输出，并以不同的格式显示出来。这里告诉 PowerShell 将输出的对象转换成表格格式，并根据控制台的宽度自动调整行的大小。

定义好输出对象后，可以回到循环中，确保以该种格式返回每台服务器的信息。我们已经知道服务器的名称，因此现在便可以设置对应的属性，如代码清单 14-3 所示。

代码清单 14-3 在循环中使用自定义的 output 对象，并设置服务器名称

```
$serversOuPath = 'OU=Servers,DC=powerlab,DC=local'
$servers = Get-ADComputer -SearchBase $serversOuPath -Filter * | Select-Object -ExpandProperty Name
foreach ($server in $servers) {
```

```
    $output = @{
        'ServerName'                  = $server
        'IPAddress'                   = $null
        'OperatingSystem'             = $null
        'AvailableDriveSpace (GB)'    = $null
        'Memory (GB)'                 = $null
        'UserProfilesSize (MB)'       = $null
        'StoppedServices'             = $null
    }
    [pscustomobject]$output
}
```

注意，创建的 output 是一个哈希表，填充数据之后再将类型强制转换为 PSCustomObject。这样做是因为，在哈希表中保存属性值比在 PSCustomObject 对象中更简单，而且真正输出信息时才需要 output 是 PSCustomObject 类型，以便引入其他信息源时保持对象的类型一致。

执行下列代码可以查看这个自定义的 PSCustomObject 对象有哪些属性，以及要查询的服务器的名称。

```
PS> C:\Get-ServerInformation.ps1 | Format-Table -AutoSize

ServerName UserProfilesSize (MB) AvailableDriveSpace (GB) OperatingSystem StoppedServices IPAddress Memory (GB)
---------- --------------------- ------------------------ --------------- --------------- --------- -----------
SQLSRV1
WEBSRV1
```

可以看到，输出中有数据了。虽然不多，但是个好的开始。

14.7　查询远程文件

知道了如何存储数据，接下来是获取数据。我们要从各台服务器中获取信息，并且只返回关注的属性。从 UserProfilesSize 属性的值（单位：MB）入手。为此，需要设法获取每台服务器的 C:\Users 文件夹中所有用户配置占据了多少空间。

鉴于目前编写循环的方式，找到针对一台服务器的方法即可。既然知道文件夹的路径是 C:\Users，不妨先试着查询服务器中所有用户配置文件夹中的全部文件。

如果有权访问这些共享文件，可以使用 Get-ChildItem -Path \\WEBSRV1\c$\Users -Recurse -File 命令来列出所有用户配置中的文件和文件夹，但是不能看到与大小有关的信息。可以将输出通过管道传给 Select-Object 命令，以返回所有属性。

```
PS> Get-ChildItem -Path \\WEBSRV1\c$\Users -Recurse -File | Select-Object -Property *

PSPath            : Microsoft.PowerShell.Core\FileSystem::\WEBSRV1\c$\Users\Adam\file.log
```

```
PSParentPath      : Microsoft.PowerShell.Core\FileSystem::\\WEBSRV1\c$\Users\Adam
PSChildName       : file.log
PSProvider        : Microsoft.PowerShell.Core\FileSystem
PSIsContainer     : False
Mode              : -a----
VersionInfo       : File:             \\WEBSRV1\c$\Users\Adam\file.log
                    InternalName:
                    OriginalFilename:
                    FileVersion:
                    FileDescription:
                    Product:
                    ProductVersion:
                    Debug:            False
                    Patched:          False
                    PreRelease:       False
                    PrivateBuild:     False
                    SpecialBuild:     False
                    Language:

BaseName          : file
Target            :
LinkType          :
Name              : file.log
Length            : 8926
DirectoryName     : \\WEBSRV1\c$\Users\Adam
--snip--
```

Length 属性的值是文件的字节大小。知道这一点后，需要设法将服务器的 C:\Users 文件夹中每一个文件的 Length 值加在一起。好在 PowerShell 提供的一个 cmdlet（Measure-Object）可以简化这个操作。通过管道接受输入，这个 cmdlet 可以自动将指定属性的值加在一起。

```
PS> Get-ChildItem -Path '\\WEBSRV1\c$\Users\' -File -Recurse | Measure-Object -Property Length -Sum

Count    : 15
Average  :
Sum      : 600554
Maximum  :
Minimum  :
Property : Length
```

现在，我们知道输出中用户配置的总计大小可以通过一个属性（Sum）获取。剩下的就是在循环中融入这部分代码，并设置$output 哈希表中对应的属性。由于只需要 Measure-Object 返回对象中的 Sum 属性，因此可以将命令放在一对圆括号中并引用 Sum 属性，如代码清单 14-4 所示。

代码清单 14-4　更新脚本，存储 UserProfilesSize 的值

```
Get-ServerInformation.ps1
-------------------
$serversOuPath = 'OU=Servers,DC=powerlab,DC=local'
```

```
$servers = Get-ADComputer -SearchBase $serversOuPath -Filter * | Select-Object -ExpandProperty Name
foreach ($server in $servers) {
    $output = @{
        'ServerName'                = $null
        'IPAddress'                 = $null
        'OperatingSystem'           = $null
        'AvailableDriveSpace (GB)'  = $null
        'Memory (GB)'               = $null
        'UserProfilesSize (MB)'     = $null
        'StoppedServices'           = $null
    }
    $output.ServerName = $server
    $output.'UserProfileSize (MB)' = (Get-ChildItem -Path '\\WEBSRV1\c$\Users\' -File -Recurse |
    Measure-Object -Property Length -Sum).Sum
    [pscustomobject]$output
}
```

运行脚本会得到如下输出。

```
PS> C:\Get-ServerInformation.ps1 | Format-Table -AutoSize

ServerName UserProfilesSize (MB) AvailableDriveSpace (GB) OperatingSystem StoppedServices IPAddress Memory (GB)
---------- --------------------- ------------------------ --------------- --------------- --------- -----------
SQLSRV1                   636245
WEBSRV1                   600554
```

可以看到，输出中有用户配置的总计大小，但单位不是 MB。我们计算了 Length 属性的总和，但其单位是字节。在 PowerShell 中，这种单位转换十分方便，除以 1MB 就能得到所需要的数值。但是计算结果可能带有小数点。如果想得到整数，则最后需要再加一步，将输出强制转换成整型，从而将数字四舍五入为整 MB 值。

```
$output.'UserProfileSize (MB)' = (Get-ChildItem -Path "\\$server\c$\Users\" -File -Recurse
Measure-Object -Property Length -Sum).Sum
$output.'UserProfilesSize (MB)' = [int]($userProfileSize / 1MB)
```

14.8　查询 Windows Management Instrumentation

输出中还有五个值没有填充，其中四个值将用到微软提供的一项原生功能，该功能称作 Windows Management Instrumentation（WMI）。基于行业标准公用信息模型（Common Information Model，CIM），WMI 是一个仓库，存储着数千个属性的实时信息，涵盖操作系统和底层硬件。这些信息按照命名空间、类和属性被分门别类放置。查找有关计算机的信息时，基本上要用到 WMI。

对这个脚本来说，我们将获取硬盘空间、操作系统版本、服务器 IP 地址和内存大小等四个信息。

PowerShell 为查询 WMI 提供了两个命令：Get-WmiObject 和 Get-CimInstance。Get-WmiObject 命令出现的时间较早，没有 Get-CimInstance 命令灵活（技术层面上的原因是，Get-WmiObject 只使用 DCOM 连接远程计算机，而 Get-CimInstance 默认使用 WSMAN，此外也可以使用 DCOM）。现如今，微软几乎将所有精力都放在 Get-CimInstance 命令上，因此我们将使用这个命令。要想详细了解 CIM 与 WMI 之间的区别，可以阅读以下博客文章："Should I use CIM or WMI with Windows PowerShell?"

查询 WMI 最难的部分是找出所需要的信息隐藏在何处。通常，这应该由你自己研究（建议你自己试一下），但为了节省时间，这里我会直接告诉你：所有存储资源使用情况在 Win32_LogicalDisk 中，有关操作系统的信息在 Win32_OperatingSystem 中，Windows 服务相关的信息在 Win32_Service 中，网络适配器信息在 Win32_NetworkAdapterConfiguration 中，而内存信息在 Win32_PhysicalMemory 中。

接下来将说明如何使用 Get-CimInstance 命令查询这些 WMI 类，以获取需要的属性。

14.8.1 磁盘空闲空间

先从 Win32_LogicalDisk 中的可用硬盘空间入手。与 UserProfilesSize 一样，先处理一台具体的服务器，然后做适当抽象并写入循环。我们运气比较好，根本不用借助 Select-Object 命令在所有属性中挖掘，一眼就能看到 FreeSpace 信息。

```
PS> Get-CimInstance -ComputerName sqlsrv1 -ClassName Win32_LogicalDisk

DeviceID DriveType ProviderName VolumeName Size        FreeSpace   PSComputerName
-------- --------- ------------ ---------- ----        ---------   --------------
C:       3                                 42708496384 34145906688 sqlsrv1
```

既然 Get-CimInstance 命令会返回一个对象，那么只需要访问对应的属性就能获取空闲空间有多少。

```
PS> (Get-CimInstance -ComputerName sqlsrv1 -ClassName Win32_LogicalDisk).FreeSpace
34145906688
```

上述命令仅适用于只有一个磁盘的计算机。在我的测试环境中，sqlsrv1 只有一个 C 盘。如果你的服务器有多个盘，可以使用 Measure-Object 命令把所有挂载盘的空闲空间加在一起：(Get-CimInstance -ComputerName sqlsrv1 -ClassName Win32_LogicalDisk | Measure-Object - Property FreeSpace -Sum).Sum。后续获取空闲空间的代码清单都假设你的远程服务器只有一个盘。

我们得到了一个值，但与前文一样，单位是字节（WMI 的常用单位）。可以像前面那样转换，只不过这次我们想要的单位是 GB，因此要除以 1GB。通过将 FreeSpace 属性除以 1GB 来更新脚本，得到的输出如下所示。

```
PS> C:\Get-ServerInformation.ps1 | Format-Table -AutoSize

ServerName UserProfilesSize (MB) AvailableDriveSpace (GB) OperatingSystem StoppedServices IPAddress Memory (GB)
---------- --------------------- ------------------------ --------------- --------------- --------- -----------
SQLSRV1                  636245         31.800853729248
WEBSRV1                  603942        34.5973815917969
```

空闲空间没必要精确到小数点后 12 位，可以使用[Math]类的 Round()方法四舍五入，以精简输出内容。

```
$output.'AvailableDriveSpace (GB)' = [Math]::Round(((Get-CimInstance -ComputerName $server
-ClassName Win32_LogicalDisk).FreeSpace / 1GB),1)

ServerName UserProfilesSize (MB) AvailableDriveSpace (GB) OperatingSystem StoppedServices IPAddress Memory (GB)
---------- --------------------- ------------------------ --------------- --------------- --------- -----------
SQLSRV1                 636245                      31.8
WEBSRV1                 603942                      34.6
```

现在显示的值更容易识别了。我们已经获取了三个值，还剩四个值。

14.8.2 操作系统信息

至此你应该看出一般模式了：先查询一台服务器，找到相应的属性，然后再将查询添加到 foreach 循环中。

从现在开始，直接将代码添加到 foreach 循环中。从 WMI 中查询所需要的值过程是一样的：找到类，找到类属性，获取属性的值。不管查询什么值，只需要按照下述模式操作。

```
$output.'PropertyName' = (Get-CimInstance -ComputerName ServerName
-ClassName WMIClassName).WMIClassPropertyName
```

添加针对下一个值的查询，得到的脚本如代码清单 14-5 所示。

代码清单 14-5　更新脚本来查询 OperatingSystem 信息

```
Get-ServerInformation.ps1
-------------------
$serversOuPath = 'OU=Servers,DC=powerlab,DC=local'
$servers = Get-ADComputer -SearchBase $serversOuPath -Filter * |
Select-Object -ExpandProperty Name
foreach ($server in $servers) {
    $output = @{
        'ServerName'                 = $null
        'IPAddress'                  = $null
        'OperatingSystem'            = $null
        'AvailableDriveSpace (GB)'   = $null
```

```
        'Memory (GB)'                 = $null
        'UserProfilesSize (MB)'       = $null
        'StoppedServices'             = $null
    }
    $output.ServerName = $server
    $userProfileSize = (Get-ChildItem -Path "\\$server\c$\
    Users\" -File -Recurse | Measure-Object -Property Length -Sum).Sum
    $output.'User ProfileSize (MB)' = [int]($userProfileSize / 1MB)
    $output.'AvailableDriveSpace (GB)' = [Math]::Round(((Get-CimInstance
    -ComputerName $server -ClassName Win32_LogicalDisk).FreeSpace / 1GB),1)
    $output.'OperatingSystem' = (Get-CimInstance -ComputerName $server
    -ClassName Win32_OperatingSystem).Caption
    [pscustomobject]$output
}
```

接着运行脚本。[①]

```
PS> C:\Get-ServerInformation.ps1 | Format-Table -AutoSize

ServerName UserProfilesSize (MB) AvailableDriveSpace (GB) OperatingSystem                          StoppedServices IPAddress Memory (GB)
---------- --------------------- ------------------------ ---------------                          --------------- --------- -----------
SQLSRV1                        1                     31.8 Microsoft Windows Server 2016 Standard
WEBSRV1                        1                     34.6 Microsoft Windows Server 2012 R2 Standard
```

我们得到了一些有用的操作系统信息。接下来需要查询关于内存的信息。

14.8.3 内存

下面接着探讨信息的收集问题（Memory），这一次要用到 Win32_PhysicalMemory 类。同样，还是在某一台服务器中测试查询，设法获取要查找的信息。这里内存信息存储在 Capacity 中。

```
PS> Get-CimInstance -ComputerName sqlsrv1 -ClassName Win32_PhysicalMemory

Caption              : Physical Memory
Description          : Physical Memory
InstallDate          :
Name                 : Physical Memory
Status               :
CreationClassName    : Win32_PhysicalMemory
Manufacturer         : Microsoft Corporation
Model                :
OtherIdentifyingInfo :
--snip--
Capacity             : 2147483648
--snip--
```

① 根据上下文，AvailableDriveSpace (GB)字段的值应该四舍五入。原文没有四舍五入，翻译时做了修改。——译者注

Win32_PhysicalMemory 中的每个实例都表示一个 RAM 记忆体组。服务器中一个记忆体组可以被看作一个 RAM 插条。碰巧，我的 SQLSRV1 服务器只有一个记忆体组。有的服务器会有多个记忆体组。

由于想查询服务器的内存总量，因此要像获取用户配置大小那样将每个实例的 Capacity 值加在一起。好在 Measure-Object **cmdlet** 支持不同类型的对象，只要属性的值是数字，就能计算总和。

同样，由于 Capacity 的单位是字节，因此还需要根据表头要求转换单位。

```
PS> (Get-CimInstance -ComputerName sqlsrv1 -ClassName Win32_PhysicalMemory |
Measure-Object -Property Capacity -Sum).Sum /1GB
2
```

脚本的内容又增多了，如代码清单 14-6 所示。

代码清单 14-6　添加 Memory 查询后的脚本

```
Get-ServerInformation.ps1
-------------------
$serversOuPath = 'OU=Servers,DC=powerlab,DC=local'
$servers = Get-ADComputer -SearchBase $serversOuPath -Filter * | Select-Object
-ExpandProperty Name
foreach ($server in $servers) {
    $output = @{
        'ServerName'                  = $null
        'IPAddress'                   = $null
        'OperatingSystem'             = $null
        'AvailableDriveSpace (GB)'    = $null
        'Memory (GB)'                 = $null
        'UserProfilesSize (MB)'       = $null
        'StoppedServices'             = $null
    }
    $output.ServerName = $server
    $userProfileSize = (Get-ChildItem -Path "\\$server\c$\
    Users\" -File -Recurse | Measure-Object -Property Length -Sum).Sum
    $output.'User ProfileSize (MB)' = [int]($userProfileSize / 1MB).
    $output.'AvailableDriveSpace (GB)' = [Math]::Round(((Get-CimInstance
    -ComputerName $server -ClassName Win32_LogicalDisk).FreeSpace / 1GB),1)
    $output.'OperatingSystem' = (Get-CimInstance -ComputerName $server
    -ClassName Win32_OperatingSystem).Caption
    $output.'Memory (GB)' = (Get-CimInstance -ComputerName $server -ClassName
    Win32_PhysicalMemory | Measure-Object -Property Capacity -Sum).Sum /1GB
    [pscustomobject]$output
}
```

以下是目前的输出。

```
PS> C:\Get-ServerInformation.ps1 | Format-Table -AutoSize

ServerName UserProfilesSize (MB) AvailableDriveSpace (GB) OperatingSystem                             StoppedServices IPAddress Memory (GB)
---------- --------------------- ------------------------ ---------------                             --------------- --------- -----------
SQLSRV1                        1                     31.8 Microsoft Windows Server 2016 Standard                                         2
WEBSRV1                        1                     34.6 Microsoft Windows Server 2012 R2 Standard                                      2
```

现在只剩两个字段要填充了。

14.8.4 网络信息

从 WMI 中获取的最后一部分信息是 IP 地址，用到的类是 Win32_NetworkAdapterConfiguration。将查找 IP 地址的任务放在最后的原因是，与其他数据条目不同，查找服务器的 IP 地址是复杂的过程，不是将找到的值添加到$output 哈希表中那样简单，还要做一番筛选来缩小范围。

先来看看按照前面一直使用的方法得到的输出。

```
PS> Get-CimInstance -ComputerName SQLSRV1 -ClassName Win32_NetworkAdapterConfiguration

ServiceName    DHCPEnabled    Index    Description     PSComputerName
-----------    -----------    -----    -----------     --------------
kdnic          True           0        Microsoft...    SQLSRV1
netvsc         False          1        Microsoft...    SQLSRV1
tunnel         False          2        Microsoft...    SQLSRV1
```

一眼就能看出，默认输出中没有显示 IP 地址，之前费尽全力配置的 IP 地址已不见踪影。更麻烦的是，这个命令返回的实例不止一个。这台服务器有三个网络适配器，怎么才能知道哪一个绑定了要找的 IP 地址呢？

需要先使用 Select-Object 命令来查看所有属性。可以执行 Get-CimInstance -ComputerName SQLSRV1 -ClassName Win32_NetworkAdapterConfiguration | Select-Object -Property *命令来滚动浏览输出（很多）。根据服务器安装网络适配器的方式，可能会发现某些实例的 IPAddress 属性没有任何值。这并不奇怪，因为网络适配器可以没有 IP 地址。然而，如果有绑定 IP 地址的网络适配器，则会看到如下输出。可以看到，（这里的）IPAddress 属性❶有一个 IPv4 地址（192.168.0.40）和几个 IPv6 地址。

```
DHCPLeaseExpires              :
Index                         : 1
Description                   : Microsoft Hyper-V Network Adapter
DHCPEnabled                   : False
DHCPLeaseObtained             :
```

```
DHCPServer                     :
DNSDomain                      : Powerlab.local
DNSDomainSuffixSearchOrder     : {Powerlab.local}
DNSEnabledForWINSResolution    : False
DNSHostName                    : SQLSRV1
DNSServerSearchOrder           : {192.168.0.100}
DomainDNSRegistrationEnabled   : True
FullDNSRegistrationEnabled     : True
❶ IPAddress                    : {192.168.0.40...
IPConnectionMetric             : 20
IPEnabled                      : True
IPFilterSecurityEnabled        : False
--snip--
```

我们的脚本要灵活支持多种网络适配器配置。除了这里的 Microsoft Hyper-V Network Adapter，还需要能够处理其他类型的网络适配器。因此需要找到一个标准的筛选条件，以适用于所有服务器。

IPEnabled 属性是关键所在。如果这个属性的值为 True，那么说明网络适配器绑定了 TCP/IP 协议，这是拥有 IP 地址的前提条件。如果能缩小范围，找出 IPEnabled 属性值为 True 的 NIC，那就找到了要寻找的网络适配器。

筛选 WMI 实例时，在 Get-CimInstance 命令中使用 Filter 参数是最佳实践。PowerShell 社区总结了一个经验：**靠左筛选**。大意是要尽量靠左筛选输出，也就是说要尽早筛选，以免通过管道发送不需要的对象。除非必要，否则不要使用 Where-Object。如果管道没有被不需要的对象阻塞，那么性能将得到极大提升。

Get-CimInstance 命令的 Filter 参数会使用 Windows Query Language（WQL），后者是 SQL 的一个小子集。Filter 参数可以使用 WQL 的 WHERE 子句句法。举个例子，在 WQL 中，如果想查找所有 IPEnabled 属性值为 True 的 Win32_NetworkAdapterConfiguration 类实例，可以使用 SELECT * FROM Win32_NetworkAdapterConfiguration WHERE IPEnabled = 'True'。由于已经在 Get-CimInstance 命令的 ClassName 参数中指定类名，因此 Filter 参数只需要指定 IPEnabled = 'True'。

```
Get-CimInstance -ComputerName SQLSRV1 -ClassName Win32_NetworkAdapterConfiguration
-Filter "IPEnabled = 'True'" | Select-Object -Property *
```

这样一来，返回的结果就只有 IPEnabled 为 True 的网络适配器了（意思是具有 IP 地址）。

现在将范围缩小到一个具体的 WMI 实例，而且知道要查找什么属性（IPAddress），接着来看看如何查询单台服务器。这里依然使用熟悉的 object.property 句法。

```
PS> (Get-CimInstance -ComputerName SQLSRV1 -ClassName Win32_NetworkAdapterConfiguration
-Filter "IPEnabled = 'True'").IPAddress
```

```
192.168.0.40
fe80::e4e1:c511:e38b:4f05
2607:fcc8:acd9:1f00:e4e1:c511:e38b:4f05
```

糟糕，输出中既有 IPv4 地址，也有 IPv6 地址。还需要继续筛选。由于 WQL 无法进一步筛选属性的值，因此需要想办法将 IPv4 地址解析出来。

经过一番研究，我们发现全部地址包含在一对花括号内，地址之间以逗号分隔。

```
IPAddress : {192.168.0.40, fe80::e4e1:c511:e38b:4f05, 2607:fcc8:acd9:1f00:e4e1:c511:e38b:4f05}
```

这大致表明，该属性的值不是一整个字符串，而是一个数组。为了确认属性的值是数组，可以尝试使用索引，查看能否只获取 IPv4 地址。

```
PS> (Get-CimInstance -ComputerName SQLSRV1 -ClassName Win32_NetworkAdapterConfiguration
-Filter "IPEnabled = 'True'").IPAddress[0]

192.168.0.40
```

真走运！IPAddress 属性的值果然是一个数组。找到获取值的方法后，可以将完整的命令添加到脚本中，如代码清单 14-7 所示。

代码清单 14-7　更新脚本来获取 IPAddress 信息

```
Get-ServerInformation.ps1
-------------------
$serversOuPath = 'OU=Servers,DC=powerlab,DC=local'
$servers = Get-ADComputer -SearchBase $serversOuPath -Filter * |
Select-Object -ExpandProperty Name
foreach ($server in $servers) {
    $output = @{
        'ServerName'                  = $null
        'IPAddress'                   = $null
        'OperatingSystem'             = $null
        'AvailableDriveSpace (GB)'    = $null
        'Memory (GB)'                 = $null
        'UserProfilesSize (MB)'       = $null
        'StoppedServices'             = $null
    }
    $output.ServerName = $server
    $userProfileSize = (Get-ChildItem -Path "\\$server\c$\
    Users\" -File -Recurse | Measure-Object -Property Length -Sum).Sum
    $output.'User ProfileSize (MB)' = [int]($userProfileSize / 1MB).
    $output.'AvailableDriveSpace (GB)' = [Math]::Round(((Get-CimInstance
    -ComputerName $server -ClassName Win32_LogicalDisk).FreeSpace / 1GB),1)
    $output.'OperatingSystem' = (Get-CimInstance -ComputerName $server
    -ClassName Win32_OperatingSystem).Caption
    $output.'Memory (GB)' = (Get-CimInstance -ComputerName $server -ClassName
    Win32_PhysicalMemory | Measure-Object -Property Capacity -Sum).Sum /1GB
```

```
    $output.'IPAddress' = (Get-CimInstance -ComputerName $server -ClassName
    Win32_NetworkAdapterConfiguration -Filter "IPEnabled = 'True'").IPAddress[0]
    [pscustomobject]$output
}
```

接着运行脚本。

```
PS> C:\Get-ServerInformation.ps1 | Format-Table -AutoSize

ServerName UserProfilesSize (MB) AvailableDriveSpace (GB) OperatingSystem                       StoppedServices IPAddress    Memory (GB)
---------- --------------------- ------------------------ ---------------                       --------------- ---------    -----------
SQLSRV1                        1                     31.8 Microsoft Windows Server 2016 Standard                192.168.0.40 2
WEBSRV1                        1                     34.6 Microsoft Windows Server 2012 R2 Standard             192.168.0.70 2
```

至此，需要从 WMI 中获取的信息都有了，还剩一个字段。

14.9　Windows 服务

需要收集的最后一部分数据是服务器中已停止运行的服务列表。继续前面的做法，先在单台服务器中测试。为此，需要使用 Get-Service 命令找出服务器使用过的所有服务。然后将输出通过管道传给 Where-Object 命令，筛选出状态为 Stopped 的服务。综上所述，要使用的命令是 Get-Service -ComputerName sqlsrv1 | Where-Object { $_.Status -eq 'Stopped' }。

这个命令会返回包含所有属性的完整对象，但我们只想查找服务名称，因此还要使用前面用过的技术（引用属性名称），从而只返回服务名称列表。

```
PS> (Get-Service -ComputerName sqlsrv1 | Where-Object { $_.Status -eq 'Stopped' }).DisplayName
Application Identity
Application Management
AppX Deployment Service (AppXSVC)
--snip--
```

将这部分代码添加到脚本中，如代码清单 14-8 所示。

代码清单 14-8　更新脚本来查询已停止的服务

```
Get-ServerInformation.ps1
-------------------
$serversOuPath = 'OU=Servers,DC=powerlab,DC=local'
$servers = Get-ADComputer -SearchBase $serversOuPath -Filter * |
Select-Object -ExpandProperty Name
foreach ($server in $servers) {
    $output = @{
        'ServerName'                  = $null
        'IPAddress'                   = $null
        'OperatingSystem'             = $null
```

```
        'AvailableDriveSpace (GB)'    = $null
        'Memory (GB)'                 = $null
        'UserProfilesSize (MB)'       = $null
        'StoppedServices'             = $null
    }
    $output.ServerName = $server
    $userProfileSize = (Get-ChildItem -Path "\\$server\c$\
    Users\" -File -Recurse | Measure-Object -Property Length -Sum).Sum
    $output.'User ProfileSize (MB)' = [int]($userProfileSize / 1MB).
    $output.'AvailableDriveSpace (GB)' = [Math]::Round(((Get-CimInstance
    -ComputerName $server -ClassName Win32_LogicalDisk).FreeSpace / 1GB),1)
    $output.'OperatingSystem' = (Get-CimInstance -ComputerName $server
    -ClassName Win32_OperatingSystem).Caption
    $output.'Memory (GB)' = (Get-CimInstance -ComputerName $server -ClassName
    Win32_PhysicalMemory | Measure-Object -Property Capacity -Sum).Sum /1GB
    $output.'IPAddress' = (Get-CimInstance -ComputerName $server -ClassName
    Win32_NetworkAdapterConfiguration -Filter "IPEnabled = 'True'").IPAddress[0]
    $output.StoppedServices = (Get-Service -ComputerName $server |
    Where-Object { $_.Status -eq 'Stopped' }).DisplayName
    [pscustomobject]$output
}
```

运行下述代码以测试脚本。

```
PS> C:\Get-ServerInformation.ps1 | Format-Table -AutoSize

ServerName UserProfilesSize (MB) AvailableDriveSpace (GB) OperatingSystem                              StoppedServices
---------- --------------------- ------------------------ ---------------                              ---------------
SQLSRV1                        1                     31.8 Microsoft Windows Server 2016 Standard       {Application Identity,
                                                                                                         Application Management,
                                                                                                         AppX Deployment Servi...
WEBSRV1                        1                     34.6 Microsoft Windows Server 2012 R2 Standard {Application Experience,
                                                                                                         Application Management,
                                                                                                         Background Intellig...
```

获取已停止的服务后，看起来没什么问题，可是其他属性怎么不见了？这是因为控制台窗口的空间不够用。删除 Format-Table 后便可以看到所有值了。

```
PS> C:\Get-ServerInformation.ps1

ServerName               : SQLSRV1
UserProfilesSize (MB)    : 1
AvailableDriveSpace (GB) : 31.8
OperatingSystem          : Microsoft Windows Server 2016 Standard
StoppedServices          : {Application Identity, Applic...
IPAddress                : 192.168.0.40
Memory (GB)              : 2

ServerName               : WEBSRV1
UserProfilesSize (MB)    : 1
AvailableDriveSpace (GB) : 34.6
```

```
OperatingSystem         : Microsoft Windows Server 2012 R2 Standard
StoppedServices         : {Application Experience, Application Management,
                          Background Intelligent Transfer Service, Computer
                          Browser...}
IPAddress               : 192.168.0.70
Memory (GB)             : 2
```

不错！

14.10 清理和优化脚本

不要盲目宣布胜利，扭头就走，来反思一下。编写代码是一个迭代的过程。一开始设定的目标可能已经实现，但写出的代码说不定十分糟糕。仅仅完成要求的任务还不算是优秀的程序。目前，这个脚本完全可以做到我们要求它做的事情，但方式方法还有改进空间。如何改进呢？

你应该听说过 DRY 原则，即**不要自我重复**。肉眼可见，这个脚本中有大量重复。我们多次调用 Get-CimInstance 命令，一遍遍传入相同的参数。而且频繁访问同一台服务器的 WMI。这些都是可以改进的地方。

首先，查询 CIM 的 cmdlet 有一个 CimSession 参数。可以利用这个参数创建一个 CIM 会话，然后多次重用。与其多次创建临时会话，用完即刻销毁，不如整个脚本只创建一个会话，供所有查询使用，最后再销毁，如代码清单 14-9 所示。这背后的思想与第 8 章介绍的 Invoke-Command 命令的 Session 参数是一样的。

代码清单 14-9 更新代码，创建会话以便多次重用

```
Get-ServerInformation.ps1
-------------------
$serversOuPath = 'OU=Servers,DC=powerlab,DC=local'
$servers = Get-ADComputer -SearchBase $serversOuPath -Filter * |
Select-Object -ExpandProperty Name
foreach ($server in $servers) {
    $output = @{
        'ServerName'                = $null
        'IPAddress'                 = $null
        'OperatingSystem'           = $null
        'AvailableDriveSpace (GB)'  = $null
        'Memory (GB)'               = $null
        'UserProfilesSize (MB)'     = $null
        'StoppedServices'           = $null
    }
    $cimSession = New-CimSession -ComputerName $server
    $output.ServerName = $server
    $userProfileSize = (Get-ChildItem -Path "\\$server\c$\
    Users\" -File -Recurse | Measure-Object -Property Length -Sum).Sum
    $output.'User ProfileSize (MB)' = [int]($userProfileSize / 1MB).
```

```
    $output.'AvailableDriveSpace (GB)' = [Math]::Round(((Get-CimInstance
    -CimSession $cimSession -ClassName Win32_LogicalDisk).FreeSpace / 1GB),1)
    $output.'OperatingSystem' = (Get-CimInstance -CimSession $cimSession
    -ClassName Win32_OperatingSystem).Caption
    $output.'Memory (GB)' = (Get-CimInstance -CimSession $cimSession
    -ClassName Win32_PhysicalMemory | Measure-Object -Property Capacity -Sum)
    .Sum /1GB
    $output.'IPAddress' = (Get-CimInstance -CimSession $cimSession -ClassName
    Win32_NetworkAdapterConfiguration -Filter "IPEnabled = 'True'").IPAddress[0]
    $output.StoppedServices = (Get-Service -ComputerName $server |
    Where-Object { $_.Status -eq 'Stopped' }).DisplayName
    Remove-CimSession -CimSession $cimSession
    [pscustomobject]$output
}
```

现在可以始终重用一个 CIM 会话，而不是创建多个会话。但在多个命令的参数中还是要频繁引用这个会话。更进一步，可以创建一个哈希表，分配一个名为 `CIMSession` 的键，并将值设为前面创建的 CIM 会话。将通用参数保存到哈希表后，每次调用 `Get-CimInstance` 命令都可以重用这个哈希表。

这个技术叫作**抛雪球**（splatting）。每次调用 `Get-CimInstance` 命令时，在哈希表的名称前面加上@符号可以指定使用对应的哈希表，如代码清单 14-10 所示。

代码清单 14-10　创建重用的 `CIMSession` 参数

```
Get-ServerInformation.ps1
-------------------
$serversOuPath = 'OU=Servers,DC=powerlab,DC=local'
$servers = Get-ADComputer -SearchBase $serversOuPath -Filter * |
Select-Object -ExpandProperty Name
foreach ($server in $servers) {
    $output = @{
        'ServerName'                = $null
        'IPAddress'                 = $null
        'OperatingSystem'           = $null
        'AvailableDriveSpace (GB)'  = $null
        'Memory (GB)'               = $null
        'UserProfilesSize (MB)'     = $null
        'StoppedServices'           = $null
    }
    $getCimInstParams = @{
        CimSession = New-CimSession -ComputerName $server
    }
    $output.ServerName = $server
    $userProfileSize = (Get-ChildItem -Path "\\$server\c$\
    Users\" -File -Recurse | Measure-Object -Property Length -Sum).Sum
    $output.'User ProfileSize (MB)' = [int]($userProfileSize / 1MB).
    $output.'AvailableDriveSpace (GB)' = [Math]::Round(((Get-CimInstance
    @getCimInstParams -ClassName Win32_LogicalDisk).FreeSpace / 1GB),1)
    $output.'OperatingSystem' = (Get-CimInstance @getCimInstParams -ClassName
    Win32_OperatingSystem).Caption
```

```
    $output.'Memory (GB)' = (Get-CimInstance @getCimInstParams -ClassName
    Win32_PhysicalMemory | Measure-Object -Property Capacity -Sum).Sum /1GB
    $output.'IPAddress' = (Get-CimInstance @getCimInstParams -ClassName
    Win32_NetworkAdapterConfiguration -Filter "IPEnabled = 'True'").IPAddress[0]
    $output.StoppedServices = (Get-Service -ComputerName $server |
    Where-Object { $_.Status -eq 'Stopped' }).DisplayName
    Remove-CimSession -CimSession $getCimInstParams.CimSession
    [pscustomobject]$output
}
```

至此，你或许已经习惯了使用-<*parameter name*> <*parameter value*>格式将参数传递给命令。这样做是可以的，但效率不高，尤其需要多次将相同的参数传给命令时。更好的方法是像前面那样使用抛雪球技术，创建哈希表，并将哈希表传给需要使用相同参数的命令。

现在我们完全规避了`$cimSession`变量。

14.11　小结

综合应用前文学到的重要知识，本章解决了一个现实世界中可能遇到的情况。一般来说，建议从查询信息的脚本入手。编写这样的脚本，你能学到很多 PowerShell 知识，且无须担心会产生不良后果。

本章不断迭代，先设定目标，然后得出解决方案，最后又做了一些改进。在使用 PowerShell 的日子里，你会一次次经历这样的过程。先定一个小目标，将整体框架搭好（本章中的 `foreach` 循环），然后再一点点添加代码，一次克服一个障碍，直至达到终点。

记住，写完脚本不算完美收官，还需要审查代码，想办法提高效率、减少资源使用、提升运行速度。经验多了，你便知道如何优化。当优化意识成为第二天性，你看待问题才会更加透彻。优化完成后，请你靠在椅子上，沉浸在成功的喜悦中，然后收拾心情，准备开始下一个项目。

接下来进入本书的第三部分：自制一个功能完整的 PowerShell 模块。

第三部分

自制模块

现在你应该深深体会到 PowerShell 的强大之处了。前两部分介绍了这门语言的句法，也编写了几个模块，为某些日常工作实现了自动化。但直到第 14 章，我们始终在做碎片化学习，这里介绍一点儿句法，那里提到一点儿句法，不成体系。在第 14 章中，我们编写了服务器清点脚本，第一次体验了开发一个完整的 PowerShell 项目要经历怎样的漫长过程。这一部分的目标更加宏大，我们将自制一个 PowerShell 模块。

PowerLab

PowerLab 是一个 PowerShell 模块，包含从头开始配置 Windows 服务器所需要的全部函数。我们将一步步开发 PowerLab，如果想查看最终结果，可以访问 GitHub 仓库 https://github.com/adbertram/PowerLab。

从头开始配置 Windows 服务器的过程如下。

- 创建一个虚拟机
- 安装一个 Windows 操作系统
- 安装一个服务器服务（AD、SQL Server 或 IIS）

这意味着 PowerLab 模块要实现下述功能。

- 创建 Hyper-V 虚拟机
- 安装一台 Windows 服务器
- 创建一个 AD 林
- 配置 SQL 服务器
- 配置 IIS Web 服务器

这些任务主要使用三个命令完成。

- New-PowerLabActiveDirectoryForest
- New-PowerLabSqlServer
- New-PowerLabWebServer

当然，要使用的命令不止三个。上述命令还需要多个辅助命令，负责在背后默默做些工作，包括创建虚拟机和安装操作系统。接下来的几章将一一实现。

环境要求

为确保顺利制作 PowerLab 模块，必须满足以下要求。

- 一台加入工作组的 Windows 10 专业版客户端计算机。一台加入域的 Windows 10 设备或许也可以，但未经测试。
- 一台加入工作组的 Hyper-V 主机，（至少）运行 Windows Server 2012 R2，与客户端位于同一网络中。主机也可以加入域中，但这种情况未经测试。
- Windows Server 2016 的 ISO 文件，存放在 Hyper-V 主机中。Windows Server 2019 未经测试。
- 客户端计算机装有 RSAT。
- 客户端计算机装有最新版 Pester PowerShell 模块。

此外，要以本地管理员组用户的身份登录客户端计算机，并将 PowerShell 执行策略设为不受限。（可以执行 Set-ExecutionPolicy Unrestricted 命令修改执行策略，建议实验室搭建完毕后改回 AllSigned 或 RemoteSigned。）

安装 PowerLab

为客户安装 PowerLab 等模块时，你肯定希望整个过程“顺风顺水”。为此，可以提供脚本来处理模块的安装和配置，尽量减少用户的输入量。

我已经为 PowerLab 编写好了安装脚本，并放在了 PowerLab 的 GitHub 仓库中：https://raw.githubusercontent.com/adbertram/PowerLab/master/Install-PowerLab.ps1。这个链接中是安装脚本的原始代码。你可以新建一个文本文件，复制粘贴代码，保存为 Install-PowerLab.ps1。既然这是一本关于 PowerShell 的图书，那就通过命令下载吧。

```
PS> Invoke-WebRequest -Uri 'http://bit.ly/powerlabinstaller' -OutFile 'C:\Install-PowerLab.ps1'
```

事先提醒，运行这个脚本要回答几个问题。你要知道 Hyper-V 主机的名称、Hyper-V 主机的

IP 地址、Hyper-V 主机的本地管理员用户名和密码，以及想安装的各个操作系统的产品密钥（如果没有，可以使用 Windows Server 评估版）。

准备好所有信息后，就可以执行下述命令来运行安装脚本了。

```
PS> C:\Install-PowerLab.ps1

Name of your HYPERV host: HYPERVSRV
IP address of your HYPERV host: 192.168.0.200
Enabling PS remoting on local computer...
Adding server to trusted computers...
PS remoting is already enabled on [HYPERVSRV]
Setting firewall rules on Hyper-V host...
Adding the ANONYMOUS LOGON user to the local machine and host server
Distributed COM Users group for Hyper-V manager
Enabling applicable firewall rules on local machine...
Adding saved credential on local computer for Hyper-V host...
Ensure all values in the PowerLab configuration file are valid and close the
ISE when complete.
Enabling the Microsoft-Hyper-V-Tools-All features...
Lab setup is now complete.
```

如果想知道这个脚本做了什么，可以到本书的附带资源中下载脚本，仔细分析。但要知道，安装脚本的目的是让你得到和我相同的基础设施，而不是向你解释代码做了什么事情，现在你可能还看不懂。我编写这个脚本是为了防止你掉队，让你跟上我的步伐。

示例代码

接下来几章编写的代码都在这里：https://github.com/adbertram/PowerShellForSysadmins/tree/master/Part%20III。除了 PowerLab 模块的全部代码，还有一些数据文件和 Pester 脚本，用于测试模块和验证你的环境满足前面提出的要求。阅读每一章前，强烈建议使用 `Invoke-Pester` 命令运行各章文件中的 Pester 脚本 Prerequisites.Tests.ps1，以免将来出现各种令人头疼的问题。

小结

制作 PowerLab 模块的准备工作应该都做好了。接下来的几章将涵盖大量基础知识，涉及 PowerShell 的很多方面，如果遇到读不懂的内容，不要惊慌。许多在线资源可以帮助你解决棘手的句法问题，如果遇到不理解的内容，可以随时通过 adbertram@gamil.com 联系我，或者在互联网上寻求其他人的帮助。

话不多说，开始行动吧！

第 15 章

配置虚拟环境

从现在开始，我们将使用目前所学的全部概念，加上一些补充知识来开发一个名为 PowerLab 的大型项目。这个项目的作用是自动配置 Hyper-V 虚拟机，包括安装及配置 SQL 和 IIS 等服务。最终目的是只执行一个命令（比如 New-PowerLabSqlServer、New-PowerLabIISServer，甚至是 New-PowerLab），等上几分钟就能得到一个（或多个）完全配置好的设备。如果能坚持读完本书余下内容，那么这个目标不难实现。

PowerLab 项目旨在摒除配置测试环境或搭建实验室的过程中涉及的所有重复性工作、消耗时间的任务。开发完毕后，只需要一台 Hyper-V 主机和几个 ISO 文件，就可以通过一些命令构建完整的 AD 林。

第一部分和第二部分没有介绍开发 PowerLab 所需要的全部知识，这是故意为之，意在让你自己探索相关概念，找出一套解决问题的方案。在编程领域，同一个任务往往有多种实现方式。如果感觉受阻了，你随时可以通过 adbertram@gmail.com 联系我。

构建这种规模的项目涵盖的 PowerShell 话题成百上千，你不仅可以顺便领略脚本语言的强大功能，而且最终能得到一个省时省力的实用工具。

本章将迈出开发 PowerLab 项目的第一步，首先创建 PowerLab 模块的骨架，然后实现几项自动化操作，包括创建虚拟交换机、虚拟机和虚拟硬盘（virtual hard disk，VHD）。

15.1 环境要求

如果想跟着这一部分的示例代码一起操作，则需要满足一些环境要求。这一部分的每章都有“环境要求”一节，以确保你事先做好了准备工作。

本章需要一台 Hyper-V 主机，且具有以下配置。

- 一个网络适配器
- IP：10.0.0.5（可选，但是如果想按部就班跟着操作，就需要这个 IP）
- 子网掩码：255.255.255.0
- 一个工作组
- 至少 100GB 可用容量
- 有完整 GUI 的 Windows Server 2016

为了创建 Hyper-V 服务器，需要在想使用的 Windows 服务器中安装 Hyper-V 角色。如果想加快进度，可以从本书的附带资源中下载 Setup.ps1 脚本。可以运行这个脚本来设置 Hyper-V，创建所需要的文件夹。

注意 如果想按部就班跟着操作，那么请运行各章附带资源中的 Pester 脚本（名为 Prerequisites.Tests.ps1），以确认你的 Hyper-V 服务器满足要求。这些测试的作用是确保你搭建的实验室环境与我的完全一样。运行 Pester 脚本的方法是执行 `Invoke-Pester` 命令，传入脚本路径，如代码清单 15-1 所示。在本书余下的章节中，所有代码均在 Hyper-V 主机中运行。

代码清单 15-1 运行 Pester 脚本以检查 Hyper-V 主机

```
PS> Invoke-Pester -Path 'C:\PowerShellForSysadmins\Part III\Automating Hyper-V\Prerequisites
.Tests.ps1'

Describing Automating Hyper-V Chapter Prerequisites
 [+] Hyper-V host server should have the Hyper-V Windows feature installed 2.23s
 [+] Hyper-V host server is Windows Server 2016 147ms
 [+] Hyper-V host server should have at least 100GB of available storage 96ms
 [+] has a PowerLab folder at the root of C 130ms
 [+] has a PowerLab\VMs folder at the root of C 41ms
 [+] has a PowerLab\VHDs folder at the root of C 47ms
Tests completed in 2.69s
Passed: 5 Failed: 0 Skipped: 0 Pending: 0 Inconclusive: 0
```

如果环境设置正确，可以在输出中看到有五个测试通过。确认环境准确无误后就可以开始项目开发了。

15.2 创建模块

由于我们想为多个（量可能很大）相互关联的任务实现自动化，因此需要创建一个 PowerShell 模块。第 7 章说过，PowerShell 模块是将大量相关函数组织在一起的好方式，方便集中管理围绕特定目标执行的多个任务的代码。PowerLab 就是这样。没必要一次性考虑所有事情，应该从小处着手，添加功能、编写测试，如此往复。

15.2.1 创建空模块

首先需要创建一个空模块。为此，请通过远程桌面连接到你想使用的 Hyper-V 主机，并以本地管理员身份登录（也可以使用本地管理员组中的其他账户）。为了简化虚拟机的创建和管理，我们直接在 Hyper-V 主机中构建这个模块。这意味着需要使用 RDP 会话连接 Hyper-V 主机的控制台会话。然后创建模块文件夹、模块自身（.psm1 文件）和可选的清单文件（.psd1 文件）。

由于我们是以本地管理员账户登录的，而且以后可能会允许其他人使用 PowerLab 模块，因此要在 C:\ProgramFiles\WindowsPowerShell\Modules 路径下创建这个模块。如此一来，以任何具有管理权限的账户登录 Hyper-V 主机都可以访问该模块。

接下来，打开一个 PowerShell 控制台，选择“以管理员身份运行”。执行下述命令来创建 PowerLab 模块文件夹。

```
PS> New-Item -Path C:\Program Files\WindowsPowerShell\Modules\PowerLab -ItemType Directory
```

最后，使用 New-Item 命令创建一个空文本文件，并命名为 PowerLab.psm1。

```
PS> New-Item -Path 'C:\Program Files\WindowsPowerShell\Modules\PowerLab\PowerLab.psm1'
```

15.2.2 创建模块清单文件

现在需要创建一个模块清单文件。模块清单文件可以使用便利的 New-ModuleManifest 命令来创建。这个命令会为清单文件创建一个模板，如果需要，可以在文本编辑器中打开，做些调整。创建清单文件模板时，我使用的参数如下所示。

```
PS> New-ModuleManifest -Path 'C:\Program Files\WindowsPowerShell\Modules\PowerLab\PowerLab.psd1'
-Author 'Adam Bertram'
-CompanyName 'Adam the Automator, LLC'
-RootModule 'PowerLab.psm1'
-Description 'This module automates all tasks to provision entire environments of a domain
controller, SQL server and IIS web server from scratch.'
```

请根据自己的需求修改参数的值。

15.2.3 函数名称使用固定的前缀

函数无须使用特殊名称。然而，如果构建的模块中有一系列相关函数，那么最好在函数名称的名词部分前加上相同的标注。我们开发的项目叫作 PowerLab。这个项目中的函数都围绕同一个主题。为了区分 PowerLab 中的函数与可能加载的其他模块中的函数，可以在函数名称的名词部分前加上模块的名称。也就是说，多数函数名称的名词部分将以 PowerLab 开头。

然而，不是所有函数都需要以模块的名称开头。比如说辅助函数，这类函数只是辅助其他函数，不会由用户直接调用。

如果确定所有函数名称的名词部分使用相同的前缀，而且不想在定义函数时明确写上前缀，可以使用模块清单文件中的 DefaultCommandPrefix 选项来定义。这个选项会强制 PowerShell 在函数名称的名词部分前加上指定的字符串。如果在清单文件中定义了 DefaultCommandPrefix 键，那么模块中定义的 New-Switch 函数导入时就不是 New-Switch 了，而是 New-PowerLabSwitch。

```
# 从本模块导出的命令默认使用的前缀
# DefaultCommandPrefix = ''
```

我不喜欢这么做，因为不想在模块的所有函数名称的名词部分前都加上一个固定的字符串。

15.2.4 导入新模块

创建好清单文件后，可以检查一下能否成功导入该模块。我们还没有编写任何函数，这个模块什么也做不了，现在导入只是为了确认 PowerShell 能否发现该模块。如果看到下述结果，那么说明一切顺利。

```
PS> Get-Module -Name PowerLab -ListAvailable

    Directory: C:\Program Files\WindowsPowerShell\Modules

ModuleType Version    Name                                ExportedCommands
---------- -------    ----                                ----------------
Script     1.0        PowerLab
```

如果输出结果中没有 PowerLab 模块，请返回前面几步，特别检查一下 PowerLab 文件夹是否在 C:\Program Files\WindowsPowerShell\Modules 路径下，以及该文件夹中是否有 PowerLab.psm1 和 PowerLab.psd1 这两个文件。

15.3 自动配置虚拟环境

创建好模块的整体结构后，可以开始添加功能了。创建服务器（如 SQL 或 IIS）涉及多个步骤，而且相互依赖。现在先从简单的工作入手：自动创建虚拟交换机、虚拟机和虚拟磁盘。然后自动将操作系统部署到虚拟机中，最后，在虚拟机中安装 SQL Server 和 IIS。

15.3.1　虚拟交换机

如果想自动创建虚拟机，那么首先要确保 Hyper-V 主机中设置了虚拟交换机。虚拟机通过虚拟交换机与客户机和主机中的其他虚拟机通信。

1. 手动创建虚拟交换机

我们要创建的是一个名为 PowerLab 的外部交换机。Hyper-V 主机中大概率没有以这个名称命名的交换机，以防万一，还是列出主机中所有的虚拟交换机确认一下吧。事先检查永不为过。

可以使用 Get-VmSwitch 命令查看 Hyper-V 主机中设置的所有交换机。确认不存在名为 PowerLab 的交换机后，可以使用 New-VmSwitch 命令新建一个虚拟交换机，以指定交换机的名称（PowerLab）和类型。

```
PS> New-VMSwitch -Name PowerLab -SwitchType External
```

因为需要让虚拟机与 Hyper-V 主机以外的主机通信，所以将 External 值传给 SwitchType 参数。如果将这个项目分享给其他人，那么他也需要创建一个外部交换机。

自己动手创建好交换机后，就可以定义 PowerLab 模块的第一个函数了。

2. 自动创建虚拟交换机

PowerLab 模块的第一个函数名为 New-PowerLabSwitch，用于为 Hyper-V 主机创建交换机。这个函数并不复杂，其实即便没有这个函数，在提示符中执行一个命令（New-VmSwitch）就可以达到目的。但使用函数包装该命令还可以实现其他功能，比如为交换机添加一些默认配置。

我特别喜欢**幂等**，这个华丽的词表达的意思是，“不管在什么状态下执行命令，每次执行的任务都是相同的”。这里如果创建交换机这个任务不是幂等的，那么当交换机已经存在时，执行 New-VmSwitch 命令就会出错。

为了免除在创建交换机前自己动手检查交换机是否已经存在的麻烦，可以使用 Get-VmSwitch 命令检查是否已经创建过指定名称的交换机。当且仅当指定名称的交换机不存在时才新建。这样一来，不管在什么环境中（不管 Hyper-V 主机处在什么状态下），执行 New-PowerLabSwitch 命令都能创建指定名称的虚拟交换机，且不会返回错误。

打开 C:\Program Files\WindowsPowerShell\Modules\PowerLab\PowerLab.psm1 文件并定义 New-PowerLabSwitch 函数，如代码清单 15-2 所示。

代码清单 15-2　在 PowerLab 模块中定义 New-PowerLabSwitch 函数

```
function New-PowerLabSwitch {
    param(
```

```
        [Parameter()]
        [string]$SwitchName = 'PowerLab',

        [Parameter()]
        [string]$SwitchType = 'External'
    )

    if (-not (Get-VmSwitch -Name $SwitchName -SwitchType $SwitchType -ErrorAction
    SilentlyContinue)) { ❶
        $null = New-VMSwitch -Name $SwitchName -SwitchType $SwitchType ❷
    } else {
        Write-Verbose -Message "The switch [$($SwitchName)] has already been created." ❸
    }
}
```

这个函数会先检查是否已经创建过指定的交换机❶。如果未创建过，就创建指定的交换机❷；如果已经创建过，则直接向控制台返回详细的消息❸。

保存模块，然后使用 Import-Module -Name PowerLab -Force 命令强制重新导入。

向模块中添加新函数后必须重新导入模块。如果之前已经导入，那么必须将 Force 参数传给 Import-Module 命令，以强制 PowerShell 再次导入。否则在 PowerShell 看来，指定的模块已经导入，整个命令将被跳过。

再次导入该模块后，New-PowerLabSwitch 函数应该可以使用了。执行下面这个命令。

```
PS> New-PowerLabSwitch -Verbose
VERBOSE: The switch [PowerLab] has already been created.
```

注意，我们没有得到错误，而是看到了一条详细消息，提示已经创建过指定的交换机。这是因为我们向 New-PowerLabSwitch 函数传入了可选的 Verbose 参数。因为 SwitchName 和 SwitchType 两个参数的值通常是不变的，所以选择使用默认值。

15.3.2 虚拟机

设置好虚拟交换机后，可以开始创建虚拟机了。本例将创建一个二代虚拟机，名为 LABDC，具有 2GB 内存，依附在前面创建的虚拟交换机上，保存在 Hyper-V 主机的 C:\PowerLab\VMs 文件夹中。之所以选择 LABDC 这个名称，是因为最终将使用该虚拟机作为 AD 域控制器。最终构建出来的实验室将使用这个虚拟机作为域控制器。

先列出现有的全部虚拟机，以确保没有同名虚拟机。既然已经知道要创建的虚拟机名称，那就将其传给 Get-Vm 命令的 Name 参数吧。

```
PS> Get-Vm -Name LABDC
Get-Vm : A parameter is invalid. Hyper-V was unable to find a virtual machine with name LABDC.
At line:1 char:1
+ Get-Vm -Name LABDC
+ ~~~~~~~~~~~~~~~~~~~~~~~~~~~~~~~~~~~~~~~~~~~~~~~~~~~~~~
    + CategoryInfo          : InvalidArgument: (LABDC:String) [Get-VM],
                              VirtualizationInvalidArgumentException
    + FullyQualifiedErrorId : InvalidParameter,Microsoft.HyperV.PowerShell.Commands.GetVMCommand
```

如果找不到指定名称的虚拟机，则 Get-Vm 命令会返回一个错误。我们只是想检查指定的虚拟机是否存在，现在存在或不存在，返回的结果对我们没什么影响，但在后面的自动化脚本中，需要将 ErrorAction 参数的值设为 SilentlyContinue，以确保虚拟机不存在时什么也不返回。简单起见，这里没有使用 try/catch 块。

当然，仅当命令返回的是非终止性错误时才可以这么做。如果命令返回的是终止性错误，那么要么返回全部对象，再使用 Where-Object 筛选，要么将命令放在 try/catch 块中。

1. 手动创建虚拟机

指定名称的虚拟机不存在，需要自己动手创建。可以执行 New-VM 命令，传入本节开头确定的值来创建一个虚拟机。

```
PS> New-VM -Name 'LABDC' -Path 'C:\PowerLab\VMs'
-MemoryStartupBytes 2GB -Switch 'PowerLab' -Generation 2

Name   State CPUUsage(%) MemoryAssigned(M) Uptime   Status             Version
----   ----- ----------- ----------------- ------   ------             -------
LABDC  Off   0           0                 00:00:00 Operating normally 8.0
```

现在主机中应该有一个虚拟机了，可以再次执行 Get-Vm 命令确认一下。

2. 自动创建虚拟机

为了自动创建一个简单的虚拟机，还需要再添加一个函数。这个函数与创建虚拟交换机的函数采用相同的思想来定义，即定义一个幂等函数，不管 Hyper-V 主机的状态如何，始终执行一个任务。

在 PowerLab.psm1 模块中定义 New-PowerLabVm 函数，如代码清单 15-3 所示。

代码清单 15-3 在 PowerLab 模块中定义 New-PowerLabVm 函数

```
function New-PowerLabVm {
    param(
        [Parameter(Mandatory)]
        [string]$Name,
```

```
        [Parameter()]
        [string]$Path = 'C:\PowerLab\VMs',

        [Parameter()]
        [string]$Memory = 4GB,

        [Parameter()]
        [string]$Switch = 'PowerLab',

        [Parameter()]
        [ValidateRange(1, 2)]
        [int]$Generation = 2
    )

❶ if (-not (Get-Vm -Name $Name -ErrorAction SilentlyContinue)) {
     ❷ $null = New-VM -Name $Name -Path $Path -MemoryStartupBytes $Memory
        -Switch $Switch -Generation $Generation
    } else {
     ❸ Write-Verbose -Message "The VM [$($Name)] has already been created."
    }
}
```

这个函数会先检查指定的虚拟机是否存在❶。如果不存在，就创建一个❷；如果存在，则向控制台中输出一条详细的消息❸。

保存 PowerLab.psm1 文件，在提示符中执行这个新定义的函数。

```
PS> New-PowerLabVm -Name 'LABDC' -Verbose
VERBOSE: The VM [LABDC] has already been created.
```

同样，（强制重新导入该模块后）执行这个命令将创建一个具有指定参数值的虚拟机，而不管对应的虚拟机是否存在。

15.3.3 虚拟硬盘

现在可以将虚拟机依附到交换机上了，但是如果没有存储空间，则虚拟机没有任何作用。为了解决这个问题，需要创建一个本地虚拟硬盘，并将其连接到虚拟机上。

注意 第 16 章会使用一个社区脚本将 ISO 文件转换成虚拟硬盘，这样便能省掉创建虚拟硬盘这一步。但如果不打算实现操作系统自动部署，或者想在其他脚本中实现虚拟硬盘自动创建，仍然建议你读完本节。

1. 手动创建虚拟硬盘

创建虚拟硬盘文件只需要一个命令：New-Vhd。本节创建的虚拟硬盘最大容量为 50GB，为了节省空间，我们将这个虚拟硬盘设置为可动态调整大小。

首先要在 Hyper-V 主机的 C:\PowerLab\VHDs 路径下创建一个文件夹，用于存放虚拟硬盘。为了简化相关操作，请将虚拟硬盘的名称命名为与想要依附的虚拟机一样。

可以使用 New-Vhd 命令创建这个虚拟硬盘。

```
PS> New-Vhd ❶-Path 'C:\PowerLab\VHDs\MYVM.vhdx' ❷-SizeBytes 50GB ❸-Dynamic

ComputerName            : HYPERVSRV
Path                    : C:\PowerLab\VHDs\MYVM.vhdx
VhdFormat               : VHDX
VhdType                 : Dynamic
FileSize                : 4194304
Size                    : 53687091200
MinimumSize             :
LogicalSectorSize       : 512
PhysicalSectorSize      : 4096
BlockSize               : 33554432
ParentPath              :
DiskIdentifier          : 3FB5153D-055D-463D-89F3-BB733B9E69BC
FragmentationPercentage : 0
Alignment               : 1
Attached                : False
DiskNumber              :
Number                  :
```

传给 New-Vhd 命令的参数包括虚拟硬盘的路径❶和大小❷，最后还指明了希望动态调整大小❸。

可以使用 Test-Path 命令确认有没有成功在 Hyper-V 主机中创建这个虚拟硬盘。如果 Test-Path 命令返回 True，那么说明创建成功。

```
PS> Test-Path -Path 'C:\PowerLab\VHDs\MYVM.vhdx'
True
```

现在要将这个虚拟硬盘依附到前面创建的虚拟机上。为此，需要使用 Add-VMHardDiskDrive 命令。但是因为我们目前不打算为 LABDC 依附虚拟硬盘（第 16 章自动部署操作系统时才执行该操作），所以会再创建一个名为 MYVM 的虚拟机，并将虚拟硬盘依附到该虚拟机上。

```
PS> New-PowerLabVm -Name 'MYVM'
PS> ❶Get-VM -Name MYVM | Add-VMHardDiskDrive -Path 'C:\PowerLab\VHDs\MYVM.vhdx'
PS> ❷Get-VM -Name MYVM | Get-VMHardDiskDrive

VMName ControllerType ControllerNumber ControllerLocation DiskNumber Path
------ -------------- ---------------- ------------------ ---------- ----
MYVM   SCSI           0                0                             C:\PowerLab\VHDs\MYVM.vhdx
```

Add-VMHardDiskDrive 命令的管道输入会接受 Get-VM 命令返回的对象类型，因此可以直接将 Get-VM 命令返回的虚拟机传给 Add-VMHardDiskDrive 命令，并指定虚拟硬盘在 Hyper-V 主机中的路径❶。

随后，立即使用 Get-VMHardDiskDrive 命令确认有没有成功添加 VHDX 文件❷。

2. 自动创建虚拟硬盘

可以在模块中再添加一个函数，自动创建虚拟硬盘，并将其依附到一个虚拟机上。编写脚本或定义函数时，最好考虑不同的配置情况。

代码清单 15-4 定义了 New-PowerLabVhd 函数，该函数创建了一个虚拟硬盘，并将其依附到一个虚拟机上。

代码清单 15-4 在 PowerLab 模块中定义 New-PowerLabVhd 函数

```
function New-PowerLabVhd {
    param
    (
        [Parameter(Mandatory)]
        [string]$Name,

        [Parameter()]
        [string]$AttachToVm,

        [Parameter()]
        [ValidateRange(512MB, 1TB)]
        [int64]$Size = 50GB,

        [Parameter()]
        [ValidateSet('Dynamic', 'Fixed')]
        [string]$Sizing = 'Dynamic',

        [Parameter()]
        [string]$Path = 'C:\PowerLab\VHDs'
    )

    $vhdxFileName = "$Name.vhdx"
    $vhdxFilePath = Join-Path -Path $Path -ChildPath "$Name.vhdx"

    ### 如果指定的虚拟硬盘已存在，则不再新建
    if (-not (Test-Path -Path $vhdxFilePath -PathType Leaf)) { ❶
        $params = @{
            SizeBytes = $Size
            Path      = $vhdxFilePath
        }
        if ($Sizing -eq 'Dynamic') { ❷
            $params.Dynamic = $true
        } elseif ($Sizing -eq 'Fixed') {
            $params.Fixed = $true
        }
```

```
        New-VHD @params
        Write-Verbose -Message "Created new VHD at path [$($vhdxFilePath)]"
    }

    if ($PSBoundParameters.ContainsKey('AttachToVm')) {
        if (-not ($vm = Get-VM -Name $AttachToVm -ErrorAction SilentlyContinue)) { ❸
            Write-Warning -Message "The VM [$($AttachToVm)] does not exist. Unable to attach VHD."
        } elseif (-not ($vm | Get-VMHardDiskDrive | Where-Object { $_.Path -eq $vhdxFilePath })) { ❹
            $vm | Add-VMHardDiskDrive -Path $vhdxFilePath
            Write-Verbose -Message "Attached VHDX [$($vhdxFilePath)] to VM [$($AttachToVM)]."
        } else { ❺
            Write-Verbose -Message "VHDX [$($vhdxFilePath)] already attached to VM [$($AttachToVM)]."
        }
    }
}
```

这个函数支持创建动态和固定大小的虚拟硬盘❷，还考虑了四种状态。

- 虚拟硬盘已经存在❶。
- 虚拟硬盘要依附的虚拟机不存在❸。
- 虚拟硬盘要依附的虚拟机存在，但是没有连接虚拟硬盘❹。
- 虚拟硬盘要依附的虚拟机存在，而且已经连接虚拟硬盘❺。

函数设计十分考验功夫，需要经年累月的编程实践才能写出适用多种场景的脚本或函数。这是一门艺术，永远没有完美的方案。如果事先能充分考虑问题的多面性，积极做好应对措施，那么写出的函数便会尽善尽美。然而，请不要过分追求完美，力求让函数或脚本涵盖每一个细节，这样只会浪费时间。记住，编写的代码是随时可以修改的。

3. 执行 New-PowerLabVhd 函数

这个函数考虑了各种状态，可以在不同的状态下运行。下面来测试一下，确保我们的自动化脚本能在各种情况下正常运行。

```
PS> New-PowerLabVhd -Name MYVM -Verbose -AttachToVm MYVM

VERBOSE: VHDX [C:\PowerLab\VHDs\MYVM.vhdx] already attached to VM [MYVM].

PS> Get-VM -Name MYVM | Get-VMHardDiskDrive | Remove-VMHardDiskDrive
PS> New-PowerLabVhd -Name MYVM -Verbose -AttachToVm MYVM

VERBOSE: Attached VHDX [C:\PowerLab\VHDs\MYVM.vhdx] to VM [MYVM].
PS> New-PowerLabVhd -Name MYVM -Verbose -AttachToVm NOEXIST

WARNING: The VM [NOEXIST] does not exist. Unable to attach VHD.
```

这里只是简单测试一下，强行指定函数在不同代码路径下运行不算正规测试。

15.4 使用 Pester 测试新定义的函数

现在可以自动创建 Hyper-V 虚拟机了，但是无论编写什么代码，都应该进行 Pester 测试，以确保一切能按预期运作，并在以后的时间里监控自动化过程。本书后续内容都将使用 Pester 测试作为保障。完整的 Pester 测试参见本书附带资源。

本章实现了四个操作。

- ❑ 创建一个虚拟交换机
- ❑ 创建一个虚拟机
- ❑ 创建一个虚拟硬盘
- ❑ 将虚拟硬盘依附到虚拟机上

本章的 Pester 测试分为四个部分，分别对应上述四个操作。像这样分段编写测试有助于保持测试条理清晰。

接着运行测试来检查本章编写的代码。运行测试前，请从本书附带资源中下载 Automating-Hyper-V.Tests.ps1 脚本。在下述代码片段中，测试脚本位于 C:\根目录下。你的路径可能与此不同，这取决于你下载的资源文件位于何处。

```
PS> Invoke-Pester 'C:\Automating-Hyper-V.Tests.ps1'
Describing Automating Hyper-V Chapter Demo Work
    Context Virtual Switch
     [+] created a virtual switch called PowerLab 195ms
    Context Virtual Machine
     [+] created a virtual machine called MYVM 62ms
    Context Virtual Hard Disk
     [+] created a VHDX called MYVM at C:\PowerLab\VHDs 231ms
     [+] attached the MYVM VHDX to the MYVM VM 194ms
Tests completed in 683ms
Passed: 4 Failed: 0 Skipped: 0 Pending: 0 Inconclusive: 0
```

四个测试全部通过，可以放心阅读第 16 章了。

15.5 小结

本章为我们第一个真实的 PowerShell 自动化项目奠定了基础。希望你能发现使用 PowerShell 实现自动化可以节省大量宝贵的时间。使用微软提供的免费可用的 PowerShell 模块执行几个命令就可以快速创建虚拟交换机、虚拟机和虚拟硬盘。微软提供了相关命令，至于在此基础上如何构建逻辑以将整个流程顺利串起来，那就取决于你自己了。

你可能发现了，编写脚本并不难，但需要提前谋划，添加充足的逻辑，让脚本涵盖更多情况。

第 16 章将自动为刚创建的虚拟机部署操作系统，整个过程只需要一个 ISO 文件。

第 16 章

安装操作系统

第 15 章搭建了 PowerLab 模块的骨架，为后续工作做好了准备。现在要在自动化的旅途迈出下一步：学习自动安装操作系统。得到依附了虚拟硬盘的虚拟机后，需要安装 Windows 系统。在这个过程中，我们将用到一个 Windows Server ISO 文件和 PowerShell 脚本 Convert-WindowsImage.ps1，并通过脚本编程完全实现 Windows 系统自动化部署，从而解放双手。

16.1 环境要求

本章假定你的环境满足第 15 章的要求，而且完成了第 15 章的操作。此外，本章还有一些其他要求。首先，既然想部署操作系统，那就需要有一个 Windows Server 2016 ISO 文件。

读完第 15 章后，你的 Hyper-V 服务器中应该有一个 C:\PowerLab 文件夹。现在需要创建子文件夹 C:\PowerLab\ISOs，以存放 Windows Server 2016 ISO 文件。撰写本书时，这个 ISO 文件名为 en_windows_server_2016_x64_dvd_9718492.iso。脚本需要用到这个文件的路径，如果你将它放在别处，请相应地更改脚本代码。

其次，还需要将 PowerShell 脚本 Convert-WindowsImage.ps1 放到 PowerLab 模块文件夹中。如果下载了本书附带资源，那么本章的资源中是有该脚本的。

另外，Hyper-V 服务器中要有第 15 章创建的 LABDC 虚拟机。本章新创建的虚拟硬盘将连接到这个虚拟机上。

最后，需要将无人值守应答文件 LABDC.xml（XML 格式，也可从本章的附带资源中下载）放到 PowerLab 模块文件夹中。

与前面一样，需要运行本章的 Pester 测试脚本 Prerequisites.Tests.ps1 以确认事先已经满足所有环境要求。

16.2 部署操作系统

自动部署操作系统主要涉及三个方面。

- 一个包含操作系统的 ISO 文件。
- 一个应答文件，它提供了安装过程中通常由自己动手输入的信息。
- 微软提供的 PowerShell 脚本，用于将 ISO 文件转换成 VHDX 文件。

我们的工作是找到方法将这三个方面串联起来。多数繁重的工作已经由应答文件和 ISO 转换脚本完成了，我们只需要编写一个简单的脚本，确保将恰当的参数传给转换脚本，并将新创建的虚拟硬盘依附到正确的虚拟机上。

在阅读本章内容的过程中，可以参照从本书附带资源中下载的 Install-LABDCOperatingSystem.ps1 脚本。

16.2.1 创建 VHDX 文件

LABDC 虚拟机有 40GB 动态容量，虚拟硬盘使用 GPT（GUID partition table，全局唯一标识分区表）格式进行分区，以运行 Windows Server 2016 Standard Core 系统。转换脚本需要这些信息，此外还要知道源 ISO 文件的路径，以及无人值守应答文件的路径。

首先，定义 ISO 文件和预填内容的应答文件的路径。

```
$isoFilePath = 'C:\PowerLab\ISOs\en_windows_server_2016_x64_dvd_9718492.iso'
$answerFilePath = 'C:\PowerShellForSysAdmins\PartII\Automating Operating System Installs\LABDC.xml'
```

然后，准备传给转换脚本的全部参数。可以使用 PowerShell 的抛雪球技术，创建一个哈希表，并在一处集中定义所有参数。使用这种方式为命令定义并传递参数比在一行命令中一个个输入参数简捷多了。

```
$convertParams = @{
    SourcePath         = $isoFilePath
    SizeBytes          = 40GB
    Edition            = 'ServerStandardCore'
    VHDFormat          = 'VHDX'
    VHDPath            = 'C:\PowerLab\VHDs\LABDC.vhdx'
    VHDType            = 'Dynamic'
    VHDPartitionStyle  = 'GPT'
```

```
    UnattendPath      = $answerFilePath
}
```

定义好转换脚本的所有参数后，需要点引 Convert-WindowsImage.ps1 脚本。不要直接调用转换脚本，因为该脚本中有个名为 Convert-WindowsImage 的函数，如果直接执行 Convert-WindowsImage.ps1 脚本，则什么效果也没有，只会加载脚本中的该函数。

点引会将函数载入内存，供后续使用。脚本中定义的所有函数都将被加载到当前会话中，而不真正执行。点引 Convert-WindowsImage.pst1 脚本的方法如下所示。

```
. "$PSScriptRoot\Convert-WindowsImage.ps1"
```

注意，上述代码中有一个新的变量$PSScriptRoot，这是自动变量，表示脚本所在文件夹的路径。由于 Convert-WindowsImage.ps1 脚本就在 PowerLab 模块文件夹中，因此这里引用的是 PowerLab 模块中的那个脚本。

将转换脚本点引到会话中之后，便可以调用脚本中的函数，其中就包括 Convert-WindowsImage 函数。所有繁重的工作都由这个函数代劳：打开 ISO 文件，以恰当的方式格式化一个新虚拟硬盘，设置启动卷，注入提供的应答文件，最终得到一个 VHDX 文件，该文件是全新的 Windows 系统，供我们启动使用。

```
Convert-WindowsImage @convertParams

Windows(R) Image to Virtual Hard Disk Converter for Windows(R) 10
Copyright (C) Microsoft Corporation.  All rights reserved.
Version 10.0.9000.0.amd64fre.fbl_core1_hyp_dev(mikekol).141224-3000 Beta

INFO   : Opening ISO en_windows_server_2016_x64_dvd_9718492.iso...
INFO   : Looking for E:\sources\install.wim...
INFO   : Image 1 selected (ServerStandardCore)...
INFO   : Creating sparse disk...
INFO   : Attaching VHDX...
INFO   : Disk initialized with GPT...
INFO   : Disk partitioned
INFO   : System Partition created
INFO   : Boot Partition created
INFO   : System Volume formatted (with DiskPart)...
INFO   : Boot Volume formatted (with Format-Volume)...
INFO   : Access path (F:\) has been assigned to the System Volume...
INFO   : Access path (G:\) has been assigned to the Boot Volume...
INFO   : Applying image to VHDX. This could take a while...
INFO   : Applying unattend file (LABDC.xml)...
INFO   : Signing disk...
INFO   : Image applied. Making image bootable...
INFO   : Drive is bootable. Cleaning up...
INFO   : Closing VHDX...
```

```
INFO   : Closing Windows image...
INFO   : Closing ISO...

INFO   : Done.
```

使用 Convert-WindowsImage.ps1 这种社区脚本可以大大提升开发速度，节省相当多的时间。这个脚本是微软提供的，可以放心使用。如果好奇它做了哪些工作，可以打开脚本一探究竟。这个脚本做了大量工作，在实现操作系统安装自动化的过程中有这样一种资源着实让人喜出望外。

16.2.2 依附虚拟机

转换脚本运行完毕后，C:\PowerLab\VHDs 文件夹中会出现一个 LABDC.vhdx 文件，用于启动操作系统。但是我们的工作还没有做完，因为虚拟硬盘还没有依附到虚拟机上。接下来将这个虚拟硬盘依附到一个现有的虚拟机上（使用前文创建的 LABDC 虚拟机）。

与第 15 章一样，使用 Add-VmHardDiskDrive 函数将虚拟硬盘依附到虚拟机上。

```
$vm = Get-Vm -Name 'LABDC'
Add-VMHardDiskDrive -VMName 'LABDC' -Path 'C:\PowerLab\VHDs\LABDC.vhdx'
```

因为要从这个硬盘启动，所以需要将其放在正确的启动顺序上。查看 Get-VMFirmware 命令返回结果中的 BootOrder 属性可以找出现有的启动顺序。

```
$bootOrder = (Get-VMFirmware -VMName 'LABDC').BootOrder
```

注意，启动顺序中排在第一位的是网络设备。这不是我们想要的，我们希望从刚创建的虚拟硬盘启动虚拟机。

```
$bootOrder.BootType
BootType
------
Network
```

执行 Set-VMFirmware 命令，将刚创建的虚拟硬盘传给 FirstBootDevice 参数，并将其设为第一启动设备。

```
$vm | Set-VMFirmware -FirstBootDevice $vm.HardDrives[0]
```

至此，我们得到了一个名为 LABDC 的虚拟机，该虚拟机依附了一个虚拟硬盘，使用 Windows 系统启动。执行 Start-VM -Name LABDC 命令，打开虚拟机，并确保能成功启动 Windows 系统。

成功启动后，我们的工作就结束了。

16.3 自动部署操作系统

目前，我们成功创建了一个名为 LABDC 的虚拟机，并可以使用 Windows 系统启动。但要意识到，我们使用的脚本是专为这个虚拟机定制的。放在现实中来看，这是一件很奢侈的事。好的脚本应该是可重用且可移植的，不需要针对每个具体的输入而修改，而是通过一系列能变化的参数值适应更多情况。

可以查看 PowerLab 模块中的 `Install-PowerLabOperatingSystem` 函数（可从本章附带资源中下载）。这个函数是一个很好的例子，只需要修改参数的值即可让 **Install-LABDCOperatingSystem.ps1** 脚本在不同的虚拟硬盘中部署操作系统。

本节不会对整个脚本做全面介绍，因为多数功能已经在上一节中说明，不过有几点区别需要注意。首先，使用的变量更多。变量可以增加脚本的灵活性。变量会为具体的值提供占位符，而不直接在代码中硬编码信息。

其次，注意脚本中的条件逻辑。可以查看代码清单 16-1 中的代码。这是一个 `switch` 语句，该语句会基于操作系统的名称查找 ISO 文件的路径。前面使用的脚本中不需要这个语句，因为一切信息都是硬编码在脚本中的。

代码清单 16-1　使用 PowerShell `switch` 逻辑

```
switch ($OperatingSystem) {
    'Server 2016' {
        $isoFilePath = "$IsoBaseFolderPath\en_windows_server_2016_x64_dvd_9718492.iso"
    }
    default {
        throw "Unrecognized input: [$_]"
    }
}
```

`Install-PowerLabOperatingSystem` 函数有个 `OperatingSystem` 参数，这提供了安装不同操作系统的灵活性。我们只需要找到一种方式以传入不同的操作系统。比较好的方式是使用 `switch` 语句，这样方便以后添加更多情况。

可以看到，我们将硬编码的值改成了参数。参数是构建可重用脚本的关键，这一点再怎么强调也不为过。请尽量避免硬编码，对于需要在运行时改变的值，一定要多加留意，说不定就可以定义为参数。但你可能又会想，如果只是偶尔需要修改某个值呢？这也不难，请接着往下看，你会发现多个具有默认值的参数。这相当于为参数设置一个固定的“典型”值，必要时再覆盖。

```
param
(
    [Parameter(Mandatory)]
    [string]$VmName,

    [Parameter()]
    [string]$OperatingSystem = 'Server 2016',

    [Parameter()]
    [ValidateSet('ServerStandardCore')]
    [string]$OperatingSystemEdition = 'ServerStandardCore',

    [Parameter()]
    [string]$DiskSize = 40GB,

    [Parameter()]
    [string]$VhdFormat = 'VHDX',

    [Parameter()]
    [string]$VhdType = 'Dynamic',

    [Parameter()]
    [string]$VhdPartitionStyle = 'GPT',

    [Parameter()]
    [string]$VhdBaseFolderPath = 'C:\PowerLab\VHDs',

    [Parameter()]
    [string]$IsoBaseFolderPath = 'C:\PowerLab\ISOs',

    [Parameter()]
    [string]$VhdPath
)
```

Install-PowerLabOperatingSystem 函数可以将整个安装过程压缩到一行命令中，而且支持多个配置参数。现在我们得到了一个自成一体的代码单元，可以通过多种方式对其进行调用，无须修改脚本中的任何一行代码。

16.4　在磁盘中存储加密凭据

这个项目在本阶段的工作即将结束，收尾之前，我们要稍微岔开话题，因为马上要使用PowerShell 执行需要凭据的操作。脚本编程中时常需要用到以明文形式存储在脚本中的敏感信息，比如用户名和密码。在测试环境中，我们往往不会考虑太多，认为这没什么大不了，可是一桩桩安全事故还历历在目。即使在测试中，也要时刻牢记安全措施，养成良好的安全习惯，确保由测试环境到生产环境的平稳过渡。

避免在脚本中出现明文密码的简单方法是将密码加密保存在文件中。需要使用时再解密密码。好在 PowerShell 为此提供了一种原生方式，即 Windows Data Protection API。Get-Credential 命令背后就使用了这个 API，返回一个 PSCredential 对象。

Get-Credential 命令创建的加密密码形式称为**安全字符串**。变成安全字符串格式后，可以使用 Export-CliXml 命令将整个凭据对象保存到磁盘中；反过来，如果想读取 PSCredential 对象，则使用 Import-CliXml 命令。综合使用这几个命令便可以得到一个便利的密码管理系统。

在 PowerShell 中处理凭据基本上会使用 PSCredential 对象，Credential 参数大都接受这种对象类型。前面的章节要么在交互式会话中输入用户名和密码，要么将用户名和密码存储为明文形式。现在既然知道了更好的方法，那就来实际操作一下，为凭据增加一层安全防护。

将加密格式的 PSCredential 对象保存到磁盘中需要使用 Export-CliXml 命令。先使用 Get-Credential 命令在提示符中接收用户名和密码，然后将结果传给 Export-CliXml 命令，以指定 XML 文件的保存路径，如代码清单 16-2 所示。

代码清单 16-2　将凭据导出到文件中

```
Get-Credential | Export-CliXml  -Path C:\DomainCredential.xml
```

打开这个文件，应该会看到如下内容。

```
<TN RefId="0">
  <T>System.Management.Automation.PSCredential</T>
  <T>System.Object</T>
  </TN>
  <ToString>System.Management.Automation.PSCredential</ToString>
  <Props>
  <S N="UserName">userhere </S>
  <SS N="Password">ENCRYPTEDTEXTHERE </SS>
  </Props>
  </Obj>
</Objs>
```

现在凭据已经保存到磁盘中，接下来看看如何在 PowerShell 中读取凭据。可以执行 Import-CliXml 命令解析这个 XML 文件，并创建一个 PSCredential 对象。

```
$cred = Import-Clixml -Path C:\DomainCredential.xml
$cred | Get-Member

   TypeName: System.Management.Automation.PSCredential

Name                 MemberType Definition
----                 ---------- ----------
Equals               Method     bool Equals(System.Object obj)
GetHashCode          Method     int GetHashCode()
```

```
GetNetworkCredential Method     System.Net.NetworkCredential
                                GetNetworkCredential()
GetObjectData         Method    void GetObjectData(System.Runtime...
GetType               Method    type GetType()
ToString              Method    string ToString()
Password              Property  securestring Password {get;}
UserName              Property  string UserName {get;}
```

经过上述操作后，只需要将$cred 变量传给命令的 Credential 参数。现在，代码依然能够正常运行，就像在交互式会话中输入相关信息那样。这种方式简洁明了，但是往往不在生产环境中使用，因为加密文本的用户必须与解密文本的用户保持一致（这就违背了加密的初衷），不具有普适性。尽管如此，在测试环境中使用还是不错的。

16.5 PowerShell Direct 功能

现在回到我们的项目上。通常来说，在 PowerShell 中运行针对远程计算机的命令时，背后都要使用 PowerShell 远程处理功能。显然，命令的运行情况取决于本地主机和远程主机之间的网络连接状况。如果能简化这个过程，不考虑网络连接状况，岂不是很好？是的，确实可以。

由于所有自动化操作都在一个 Windows Server 2016 Hyper-V 主机中执行，因此可以利用现有的功能，即 PowerShell Direct。这是 PowerShell 近期才提供的一个新功能，使用该功能，我们可以在任何 Hyper-V 服务器主机中运行命令，**不用担心网络连接状况**，也不用事先在虚拟机中设置网络适配器（尽管已经使用无人值守的 XML 文件设置了）。

本着去繁就简的原则，我们将大量使用 PowerShell Direct 功能，而不耗时费力地设置完整的网络栈。如果是在工作组环境中，那就逃不掉了，必须要配置 PowerShell 远程处理功能。有选择时当然选择最简单的那个。

PowerShell Direct 功能与 PowerShell 远程处理功能的作用几乎一样，也是在远程计算机中运行命令的一种方式。一般情况下，在远程计算机中运行命令需要网络连接，但使用 PowerShell Direct 功能则没这个必要。使用 PowerShell 远程处理功能在远程计算机中执行命令时，通常使用 Invoke-Command 命令，并会传入 ComputerName 参数和 ScriptBlock 参数。

```
Invoke-Command -ComputerName LABDC -ScriptBlock { hostname }
```

使用 PowerShell Direct 功能时，ComputerName 参数变成了 VMName，此外还要增加一个 Credential 参数。通过 PowerShell Direct 功能执行的命令不变，只是现在一切都只发生在 Hyper-V 主机中。为了简化操作，先在磁盘中存储一个 PSCredential 对象，免得以后时常输入凭据。

在这个示例中，用户名为 powerlabuser，密码为 P@$$w0rd12。

```
Get-Credential | Export-CliXml -Path C:\PowerLab\VMCredential.xml
```

将凭据保存到磁盘后，需要解密凭据，并传给 Invoke-Command 命令。以下代码读取了保存在 VMCredential.xml 文件中的凭据，然后使用该凭据在 LABDC 虚拟机中执行代码。

```
$cred = Import-CliXml -Path C:\PowerLab\VMCredential.xml
Invoke-Command -VMName LABDC -ScriptBlock { hostname } -Credential $cred
```

PowerShell Direct 功能背后需要大量支撑，具体细节不再详述。如果想全面了解 PowerShell Direct 功能的工作原理，建议阅读微软博客中宣布该功能的文章。

16.6　Pester 测试

现在到了本章最重要的部分：使用 Pester 测试整个过程。本章的测试模式与第 15 章一样，但有一点需要特别指出。在本章的测试中，需要使用 BeforeAll 块和 AfterAll 块，如代码清单 16-3 所示。

代码清单 16-3　Tests.ps1 脚本中的 BeforeAll 块和 AfterAll 块

```
BeforeAll {
    $cred = Import-CliXml -Path C:\PowerLab\VMCredential.xml
    $session = New-PSSession -VMName 'LABDC' -Credential $cred
}

AfterAll {
    $session | Remove-PSSession
}
```

从名称可以看出，BeforeAll 块中的代码在所有测试之前执行，而 AfterAll 块中的代码在所有测试之后执行。之所以使用这两个块，是因为要通过 PowerShell Direct 功能多次连接 LABDC 服务器。PowerShell 远程处理和 PowerShell Direct 功能都支持会话，第一部分（第 8 章）已经介绍过会话的作用。如果多次使用 Invoke-Command 命令建立和销毁会话，则消耗较大，不如提前定义全局会话来延续使用。

在 BeforeAll 块中，首先要解密保存在磁盘中的凭据，然后将凭据连同虚拟机的名称一起传给 New-PSSession 命令。第一部分（第 8 章）介绍过 New-PSSession 命令，这里将 ComputerName 参数换成了 VMName。

这里创建的远程会话将在所有测试中重用。所有测试运行结束后，Pester 将执行 AfterAll 块，并删除会话。这种方式比一个个单独创建会话高效很多，如果有十几上百个远程运行代码的测试，则效果会更明显。

本章附带资源中余下的脚本都很简单，而且遵循一直使用的模式。可以看到，所有 Pester 测试的结果都是正面的，这表明我们没有偏离轨道。

```
PS> Invoke-Pester 'C:\PowerShellForSysadmins\Part II\Automating Operating
System Installs\Automating Operating System Installs.Tests.ps1'
Describing Automating Operating System Installs
   Context Virtual Disk
    [+] created a VHDX called LABDC in the expected location 305ms
    [+] attached the virtual disk to the expected VM 164ms
    [+] creates the expected VHDX format 79ms
    [+] creates the expected VHDX partition style 373ms
    [+] creates the expected VHDX type 114ms
    [+] creates the VHDDX of the expected size 104ms
   Context Operating System
    [+] sets the expected IP defined in the unattend XML file 1.07s
    [+] deploys the expected Windows version 65ms
Tests completed in 2.28s
Passed: 8 Failed: 0 Skipped: 0 Pending: 0 Inconclusive: 0
```

16.7 小结

本章继续开发了我们的真实项目，并取得了一点儿进展：在第 15 章创建的虚拟机中部署操作系统，而且涵盖手动和自动两种方式。至此，我们得到了一个功能齐全的 Windows 虚拟机，为下一阶段的工作做好了准备。

第 17 章将在 LABDC 虚拟机中设置 AD，新建 AD 林和域，让更多服务器加入。

第 17 章

部署 AD

本章将运用第二部分后几章中介绍的知识在虚拟机中部署服务。因为很多服务会依靠 AD，所以必须先部署 AD 林和域，以便为后续章节提供身份验证和权限控制功能。

假设你已经读完了第 16 章并配置好 LABDC 虚拟机。我们将在这个虚拟机中全面自动配置一个 AD 林，并填充一些测试用户和组。

17.1 环境要求

本章将会用到第 16 章的成果，因此假设你使用无人值守的 XML 文件设置好了名为 LABDC 的虚拟机，而且运行的是 Windows Server 2016 系统。满足这个要求就可以了。如果达不到要求，依然可以看一下本章的示例，学习如何自动操作 AD，但务必注意，想一步步跟着操作是不可能了。

一如往常，请运行相应的 Pester 测试，确保你满足了本章的所有环境要求。

17.2 创建 AD 林

好消息是，综合来看，使用 PowerShell 创建 AD 林十分容易。说到底，实际上只需要运行两个命令：`Install-WindowsFeature` 和 `Install-ADDSForest`。我们将使用这两个命令构建一个林和一个域，然后再配置 Windows 服务器作为域控制器。

由于将在实验室环境中使用这个林，因此还需要创建一些组织单元、用户和组。处于实验室环境意味着，我们没有任何可用的生产对象。无须费力将 AD 生产对象同步到实验室环境中，可以自己创建一些对象，模拟生产环境，并提供一些可供使用的对象。

17.3 构建林

创建 AD 林之前先要创建域控制器，这是 AD 的基础。为保障 AD 环境正常运转，至少需要一个域控制器。

由于这是实验室环境，因此一台域控制器就够了。在真实场景中，至少需要两台域控制器，以留出一定的冗余量。然而，由于实验室环境中没有数据，而且我们希望能迅速从头开始重新创建，因此这里只使用一台域控制器。开始创建之前，需要在 LABDC 服务器中安装一项 Windows 功能：AD-Domain-Services。安装 Windows 功能的命令是 Install-WindowsFeature。

```
PS> $cred = Import-CliXml -Path C:\PowerLab\VMCredential.xml
PS> Invoke-Command -VMName 'LABDC' -Credential $cred -ScriptBlock
{ Install-windowsfeature -Name AD-Domain-Services }
PSComputerName : LABDC RunspaceId : 33d41d5e-50f3-475e-a624-4cc407858715
Success : True RestartNeeded : No FeatureResult : {AD Domain
Services, Remote Server Administration Tools, AD module for
Windows PowerShell, AD DS and AD LDS Tools...} ExitCode : Success
```

先获取连接服务器的凭据，然后使用 Invoke-Command 命令在远程服务器中运行 Install-WindowsFeature 命令。

安装这个功能后，可以使用 Install-ADDSForest 命令创建林。这个命令位于 PowerShell 模块 ActiveDirectory 中，在 LABDC 服务器中安装该功能的过程中已经安装。

创建林只需要使用 Install-ADDSForest 这一个命令。该命令接受的参数可通过代码提供，不过通常使用 GUI 进行设置。我们将创建的林名为 powerlab.local。由于域控制器是 Windows Server 2016，因此将域模式和林模式都设为 WinThreshold。DomainMode 和 ForestMode 两个参数可用值的详细说明参见微软网站中的 Install-ADDSForest 文档页面。

17.3.1 将安全字符串保存到磁盘中

第 16 章是将需要用到的凭据保存为 PSCredential 对象，然后在命令中重用的。这一次不再需要 PSCredential 对象，使用加密字符串就行了。

本节需要以安全格式将管理员密码传给命令。只要是敏感信息，都要加密。与第 16 章一样，我们将使用 Export-CliXml 命令把 PowerShell 对象保存到文件系统中，然后再使用 Import-CliXml 命令从文件系统中读取。但这里不调用 Get-Credential 命令，而是使用 ConvertTo-SecureString 命令创建一个安全字符串，再将其保存到文件中。

为了将加密密码保存到文件中，需要将纯文本密码传给 ConvertTo-SecureString 命令，然后将得到的安全字符串对象传给 Export-CliXml 命令，以创建一个供后续引用的文件。

```
PS> 'P@$$w0rd12' | ConvertTo-SecureString -Force -AsPlainText
| Export-Clixml -Path C:\PowerLab\SafeModeAdministratorPassword.xml
```

将安全格式的管理员密码保存到磁盘后，可以使用 Import-CliXml 命令读取出来，随其他参数一起传给 Install-ADDSForest 命令，如下述代码所示。

```
PS> $safeModePw = Import-CliXml -Path C:\PowerLab\
SafeModeAdministratorPassword.xml
PS> $cred = Import-CliXml -Path C:\PowerLab\VMCredential.xml
PS> $forestParams = @{
>>> DomainName                    = 'powerlab.local' ❶
>>> DomainMode                    = 'WinThreshold' ❷
>>> ForestMode                    = 'WinThreshold'
>>> Confirm                       = $false ❸
>>> SafeModeAdministratorPassword = $safeModePw ❹
>>> WarningAction                 = 'Ignore ❺
>>>}
PS> Invoke-Command -VMName 'LABDC' -Credential $cred -ScriptBlock { $null =
Install-ADDSForest @using:forestParams }
```

这里创建了林和域（名为 powerlab.local）❶，运行在 Windows Server 2016 功能级别上（WinThreshold）❷，绕过所有确认❸，传入了安全格式的管理员密码❹，并忽略可能出现的相关警告消息❺。

17.3.2　自动创建林

手动创建好后，在 PowerLab 模块中定义一个函数来处理创建 AD 林的过程。有这样一个函数后，便可以在多个环境中反复使用。

在本章附带资源的 PowerLab 模块中有一个名为 New-PowerLabActiveDirectoryForest 的函数，如代码清单 17-1 所示。

代码清单 17-1　New-PowerLabActiveDirectoryForest 函数

```
function New-PowerLabActiveDirectoryForest {
    param(
        [Parameter(Mandatory)]
        [pscredential]$Credential,

        [Parameter(Mandatory)]
        [string]$SafeModePassword,

        [Parameter()]
        [string]$VMName = 'LABDC',

        [Parameter()]
```

```
        [string]$DomainName = 'powerlab.local',

        [Parameter()]
        [string]$DomainMode = 'WinThreshold',

        [Parameter()]
        [string]$ForestMode = 'WinThreshold'
    )

    Invoke-Command -VMName $VMName -Credential $Credential -ScriptBlock {

        Install-windowsfeature -Name AD-Domain-Services

        $forestParams = @{
            DomainName                    = $using:DomainName
            DomainMode                    = $using:DomainMode
            ForestMode                    = $using:ForestMode
            Confirm                       = $false
            SafeModeAdministratorPassword = (ConvertTo-SecureString
                                            -AsPlainText -String $using:
                                            SafeModePassword -Force)
            WarningAction                 = 'Ignore'
        }
        $null = Install-ADDSForest @forestParams
    }
}
```

与第 16 章一样，只需要定义几个参数并传给 ActiveDirectory 模块的 `Install-ADDSForest` 命令。注意，为凭据和密码定义两个参数是必需的（`Mandatory`），即用户必须传入这两个参数（其他参数有默认值，用户可以不传入它们）。调用这个函数时，需要读取保存的管理员密码和凭据，并将这两个值传入该函数。

```
PS> $safeModePw = Import-CliXml -Path C:\PowerLab\SafeModeAdministratorPassword.xml
PS> $cred = Import-CliXml -Path C:\PowerLab\VMCredential.xml
PS> New-PowerLabActiveDirectoryForest -Credential $cred -SafeModePassword $safeModePw
```

运行这段代码便可以得到一个完整可用的 AD 林。当然，应该设法确认成功创建并运行了林。一个好的测试方法是查询域中的所有默认用户账户。但为此需要再创建一个 `PSCredential` 对象，并将其保存到磁盘中。而且，由于 LABDC 现在是域控制器，因此需要创建一个域用户账户（而不是本地用户账户）。我们将使用用户名 `powerlab.local\administrator` 和密码 `P@$$w0rd12` 创建凭据，并保存在 C:\PowerLab\DomainCredential.xml 文件中。注意，这个操作只需要执行一次。然后可以使用新创建的域凭据连接 LABDC。

```
PS> Get-Credential | Export-CliXml -Path C:\PowerLab\DomainCredential.xml
```

创建好域凭据之后，需要在 PowerLab 模块中再定义一个函数，并命名为 Test-PowerLabActiveDirectoryForest。现在这个函数只是获取域中的所有用户，但既然在函数中封装了测试功能，那么就可以根据自己的需求进行修改。

```
function Test-PowerLabActiveDirectoryForest {
    param(
        [Parameter(Mandatory)]
        [pscredential]$Credential,

        [Parameter()]
        [string]$VMName = 'LABDC'
    )

    Invoke-Command -Credential $Credential -ScriptBlock {Get-AdUser -Filter * }
}
```

使用域凭据和 LABDC 的 VMName 参数，可以尝试执行 Test-PowerLabActiveDirectoryForest 函数。如果看到几个用户账户，那么恭喜你，这部分工作结束了！这表明你成功设置了一台域控制器，而且存储的凭据成功连接上了工作组中的虚拟机（还可以连接以后加入域中的其他虚拟机）。

17.3.3　填充域

上一节在 PowerLab 中设置了一台域控制器，现在来创建一些测试对象。因为这是一个测试实验室，所以要创建各种对象（组织单元、用户、组，等等）来涵盖所有基础需求。可以运行所需要的命令一个一个地创建对象，但要创建的对象太多，这么做不切实际。更好的方法是花点儿时间在文件中定义所有数据，然后读入全部对象，一次性创建完毕。

1. 处理存储对象的电子表格

这里在一张 Excel 电子表格中定义全部输入数据。这张 Excel 电子表格可从本章附带资源中下载。打开这张电子表格，你会看到两张工作表：Users（参见图 17-1）和 Groups（参见图 17-2）。

	A	B	C	D	E
1	OUName	UserName	FirstName	LastName	MemberOf
2	PowerLab Users	jjones	Jce	Jones	Accounting
3	PowerLab Users	abertram	Adam	Bertram	Accounting
4	PowerLab Users	jhicks	Jeff	Hicks	Accounting
5	PowerLab Users	jgreen	Jim	Green	Human Resources
6	PowerLab Users	dmiller	David	Miller	Human Resources
7	PowerLab Users	athomson	Andrew	Thomson	Human Resources
8	PowerLab Users	tcook	Thomas	Cook	IT
9	PowerLab Users	bwhite	Bill	White	IT
10	PowerLab Users	gwood	George	Wood	IT
11	PowerLab Users	rkent	Ronald	Kent	IT

图 17-1　Users 工作表

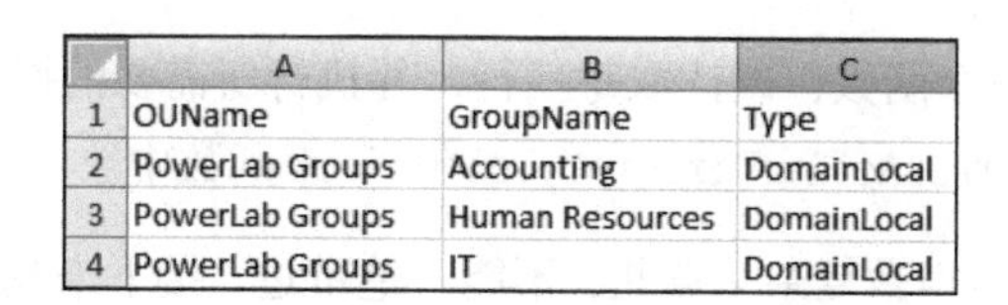

	A	B	C
1	OUName	GroupName	Type
2	PowerLab Groups	Accounting	DomainLocal
3	PowerLab Groups	Human Resources	DomainLocal
4	PowerLab Groups	IT	DomainLocal

图 17-2 Groups 工作表

这两张工作表中的每一行分别对应要创建的一个用户或组，其中包含即将读入 PowerShell 的信息。通过第 10 章我们知道，使用 PowerShell 原生命令处理 Excel 电子表格不是一件简单的事情。然而，可以借助一个受欢迎的社区模块大大减少工作量。通过 ImportExcel 模块，可以像读取 CSV 文件那样轻松读取 Excel 电子表格。可以执行 Install-Module -Name ImportExcel 命令从 PowerShell Gallery 中下载 ImportExcel 模块。出现几次安全提示后，该模块便下载好了，可供使用。

可以使用 Import-Excel 命令解析工作表中的行。

```
PS> Import-Excel -Path 'C:\Program Files\WindowsPowerShell\Modules\PowerLab\
ActiveDirectoryObjects.xlsx' -WorksheetName Users | Format-Table -AutoSize

OUName          UserName  FirstName LastName MemberOf
------          --------  --------- -------- --------
PowerLab Users jjones    Joe       Jones    Accounting
PowerLab Users abertram  Adam      Bertram  Accounting
PowerLab Users jhicks    Jeff      Hicks    Accounting
PowerLab Users jgreen    Jim       Green    Human Resources
PowerLab Users dmiller   David     Miller   Human Resources
PowerLab Users athomson  Andrew    Thomson  Human Resources
PowerLab Users tcook     Thomas    Cook     IT
PowerLab Users bwhite    Bill      White    IT
PowerLab Users gwood     George    Wood     IT
PowerLab Users rkent     Ronald    Kent     IT

PS> Import-Excel -Path 'C:\Program Files\WindowsPowerShell\Modules\PowerLab\
ActiveDirectoryObjects.xlsx' -WorksheetName Groups | Format-Table -AutoSize

OUName          GroupName       Type
------          ---------       ----
PowerLab Groups Accounting      DomainLocal
PowerLab Groups Human Resources DomainLocal
PowerLab Groups IT              DomainLocal
```

使用 Path 参数和 WorksheetName 参数，可以轻易获取所需要的数据。注意，这里用到了 Format-Table 命令。这是一个十分有用的命令，可以迫使 PowerShell 以表格的形式显示输出。AutoSize 参数的作用是让 PowerShell 压缩控制台中每一行的长度，尽量在一行内显示。

2. 制订计划

现在我们知道如何从 Excel 电子表格中读取数据了。接下来需要确定怎样处理数据。我们将在 PowerLab 模块中定义一个函数，以读取每一行，并执行所需要的操作。这里涉及的代码都在 PowerLab 模块的 New-PowerLabActiveDirectoryTestObject 函数中。

这个函数比前面的脚本稍微复杂一点儿，不能一笔带过。接下来我们将分步拆解，方便你回头参考。这一步看似不重要，但从长远来看，在定义大型函数时，事先规划能减少很多工作量。这个函数需要做如下事情。

(1) 读取 Excel 电子表格中的两张工作表，获取所有行中的用户和组。

(2) 读取两张工作表中的每一行，首先确认用户或组即将加入的组织单元是否存在。

(3) 如果对应的组织单元不存在，则创建相应的组织单元。

(4) 如果用户或组不存在，则创建相应的用户或组。

(5) 仅针对用户：将用户添加为指定组中的成员。

大致列出要做的事情后，下面开始编程。

3. 创建 AD 对象

第一轮一切从简，先集中处理一个对象。现在不要想得太复杂，别担心如何处理全部对象。前面在 LABDC 服务器中安装了 Windows 功能 AD-Domain-Services，随之安装了 ActiveDirectory 模块。这个模块提供了大量有用的命令（参见第 11 章）。还记得吗？大多数命令遵守 Get/Set/New-AD 命名约定。

打开一个空.ps1 脚本并开始编程。先根据前面列出的大纲写出需要用到的所有命令，如代码清单 17-2 所示。

代码清单 17-2　写出检查及创建新用户和组的代码

```
Get-ADOrganizationalUnit -Filter "Name -eq 'OUName'" ❶
New-ADOrganizationalUnit -Name OUName ❷

Get-ADGroup -Filter "Name -eq 'GroupName'" ❸
New-ADGroup -Name $group.GroupName -GroupScope GroupScope -Path
"OU=$group.OUName,DC=powerlab,DC=local" ❹

Get-ADUser -Filter "Name -eq 'UserName'" ❺
New-ADUser -Name $user.UserName -Path "OU=$($user.OUName),DC=powerlab,DC=local" ❻

UserName -in (Get-ADGroupMember -Identity GroupName).Name ❼
Add-ADGroupMember -Identity GroupName -Members UserName ❽
```

根据前面的计划，首先要检查组织单元是否存在❶，如果不存在就创建❷。对每个组也是一样：检查组是否存在❸，如果不存在就创建❹。对每个用户依然如此：先检查❺，后创建❻。最后，检查用户是否为电子表格中指定组的成员❼，如果不是，就将用户添加到相应的组中❽。

现在唯一缺少的是条件结构。下面将其加上，如代码清单 17-3 所示。

代码清单 17-3　仅当用户和组不存在时才创建

```
if (-not (Get-ADOrganizationalUnit -Filter "Name -eq 'OUName'")) {
    New-ADOrganizationalUnit -Name OUName
}

if (-not (Get-ADGroup -Filter "Name -eq 'GroupName'")) {
    New-ADGroup -Name GroupName -GroupScope GroupScope -Path "OU=OUName,DC=powerlab,DC=local"
}

if (-not (Get-ADUser -Filter "Name -eq 'UserName'")) {
    New-ADUser -Name $user.UserName -Path "OU=OUName,DC=powerlab,DC=local"
}

if (UserName -notin (Get-AdGroupMember -Identity GroupName).Name) {
    Add-ADGroupMember -Identity GroupName -Members UserName
}
```

至此，我们知道如何创建单个用户或组的代码了，接下来要确定如何创建所有用户和组。在此之前需要读取工作表。我们已经知道使用什么命令，只是现在要将所有行存入变量。严格来说，这一步不是必需的，但这样做可以更明确地表明代码的意图，不借助文档便可知晓代码的作用。我们将使用 foreach 循环读取所有用户和组，如代码清单 17-4 所示。

代码清单 17-4　编写代码结构来迭代 Excel 工作表中的每一行

```
$users = Import-Excel -Path 'C:\Program Files\WindowsPowerShell\Modules\
PowerLab\ActiveDirectoryObjects.xlsx' -WorksheetName Users
$groups = Import-Excel -Path 'C:\Program Files\WindowsPowerShell\Modules\
PowerLab\ActiveDirectoryObjects.xlsx' -WorksheetName Groups

foreach ($group in $groups) {

}
foreach ($user in $users) {

}
```

写好遍历每一行的结构后，可以使用前面针对单行的代码处理每一行，如代码清单 17-5 所示。

代码清单 17-5　对所有用户和组执行任务

```
$users = Import-Excel -Path 'C:\Program Files\WindowsPowerShell\Modules\PowerLab\
ActiveDirectoryObjects.xlsx' -WorksheetName Users
$groups = Import-Excel -Path 'C:\Program Files\WindowsPowerShell\Modules\PowerLab\
ActiveDirectoryObjects.xlsx' -WorksheetName Groups
```

```
foreach ($group in $groups) {
    if (-not (Get-ADOrganizationalUnit -Filter "Name -eq '$($group.OUName)'")) {
        New-ADOrganizationalUnit -Name $group.OUName
    }
    if (-not (Get-ADGroup -Filter "Name -eq '$($group.GroupName)'")) {
        New-ADGroup -Name $group.GroupName -GroupScope $group.Type
        -Path "OU=$($group.OUName),DC=powerlab,DC=local"
    }
}

foreach ($user in $users) {
    if (-not (Get-ADOrganizationalUnit -Filter "Name -eq '$($user.OUName)'")) {
        New-ADOrganizationalUnit -Name $user.OUName
    }
    if (-not (Get-ADUser -Filter "Name -eq '$($user.UserName)'")) {
        New-ADUser -Name $user.UserName -Path "OU=$($user.OUName),DC=powerlab,DC=local"
    }
    if ($user.UserName -notin (Get-ADGroupMember -Identity $user.MemberOf).Name) {
        Add-ADGroupMember -Identity $user.MemberOf -Members $user.UserName
    }
}
```

就快抵达终点了！脚本已经编写好了，现在要在 LABDC 服务器中运行。我们不直接在 LABDC 虚拟机中运行代码，而是将所有代码放在一个脚本块中，使用 Invoke-Command 命令在 LABDC 服务器中远程运行。因为想要一次性创建并填充 AD 林，所以需要将所有“勉强可用”的代码移到 New-PowerLabActiveDirectoryTestObject 函数中。这个函数的完整代码可从本章的附带资源中下载。

17.4　编写并运行 Pester 测试

创建并填充 AD 林的代码已经编写完毕，接下来要编写一些 Pester 测试，以确认一切能按预期运行。需要测试的内容有很多，因此 Pester 测试要比之前复杂。与创建 New-PowerLab-ActiveDirectoryTestObject.ps1 脚本时一样，需要先创建一个 Pester 测试脚本，然后开始构思测试用例。如果想回顾 Pester 的知识，请翻回第 9 章。本书的附带资源中有本章的全部 Pester 测试。

需要测试什么呢？本章做了下面几件事。

- 创建一个 AD 林
- 创建一个 AD 域
- 创建 AD 用户
- 创建 AD 组
- 创建 AD 组织单元

不仅要确认这些对象存在，还要确保对象有正确的属性（创建对象时通过参数传给命令的属性）。需要确认的属性如表 17-1 所示。

表 17-1　AD 属性

对　象	属　性
AD 林	DomainName、DomainMode、ForestMode、安全格式的管理员密码
AD 用户	组织单元路径、名称、组成员
AD 组	组织单元路径、名称
AD 组织单元	名称

至此，我们对 Pester 测试的内容有了大致了解。打开本章附带资源中的 Creating an AD Forest.Tests.ps1 脚本，你会发现，我将这几种对象分别放入了不同的上下文，在各自的上下文中分别单独测试全部相关的属性。

为了让你直观感受这些测试是如何编写的，代码清单 17-6 摘录了部分测试代码。

代码清单 17-6　部分 Pester 测试代码

```
context 'Domain' {
❶ $domain = Invoke-Command -Session $session -ScriptBlock { Get-AdDomain }
   $forest = Invoke-Command -Session $session -ScriptBlock { Get-AdForest }

❷ it "the domain mode should be Windows2016Domain" {
       $domain.DomainMode | should be 'Windows2016Domain'
   }

   it "the forest mode should be WinThreshold" {
       $forest.ForestMode | should be 'Windows2016Forest'
   }

   it "the domain name should be powerlab.local" {
       $domain.Name | should be 'powerlab'
   }
}
```

这个上下文会检查有没有正确创建 AD 域和林。首先，创建域和林❶；然后，确认域和林有预期的属性❷。

运行整个测试，得到的输出如下所示。

```
Describing Active Directory Forest
    Context Domain
     [+] the domain mode should be Windows2016Domain 933ms
     [+] the forest mode should be WinThreshold 25ms
     [+] the domain name should be powerlab.local 41ms
    Context Organizational Units
     [+] the OU [PowerLab Users] should exist 85ms
     [+] the OU [PowerLab Groups] should exist 37ms
    Context Users
     [+] the user [jjones] should exist 74ms
```

```
    [+] the user [jjones] should be in the [PowerLab Users] OU 35ms
    [+] the user [jjones] should be in the [Accounting] group 121ms
    [+] the user [abertram] should exist 39ms
    [+] the user [abertram] should be in the [PowerLab Users] OU 30ms
    [+] the user [abertram] should be in the [Accounting] group 80ms
    [+] the user [jhicks] should exist 39ms
    [+] the user [jhicks] should be in the [PowerLab Users] OU 32ms
    [+] the user [jhicks] should be in the [Accounting] group 81ms
    [+] the user [jgreen] should exist 45ms
    [+] the user [jgreen] should be in the [PowerLab Users] OU 40ms
    [+] the user [jgreen] should be in the [Human Resources] group 84ms
    [+] the user [dmiller] should exist 41ms
    [+] the user [dmiller] should be in the [PowerLab Users] OU 40ms
    [+] the user [dmiller] should be in the [Human Resources] group 125ms
    [+] the user [athomson] should exist 44ms
    [+] the user [athomson] should be in the [PowerLab Users] OU 27ms
    [+] the user [athomson] should be in the [Human Resources] group 92ms
    [+] the user [tcook] should exist 58ms
    [+] the user [tcook] should be in the [PowerLab Users] OU 33ms
    [+] the user [tcook] should be in the [IT] group 73ms
    [+] the user [bwhite] should exist 47ms
    [+] the user [bwhite] should be in the [PowerLab Users] OU 29ms
    [+] the user [bwhite] should be in the [IT] group 84ms
    [+] the user [gwood] should exist 50ms
    [+] the user [gwood] should be in the [PowerLab Users] OU 33ms
    [+] the user [gwood] should be in the [IT] group 78ms
    [+] the user [rkent] should exist 56ms
    [+] the user [rkent] should be in the [PowerLab Users] OU 30ms
    [+] the user [rkent] should be in the [IT] group 78ms
  Context Groups
    [+] the group [Accounting] should exist 71ms
    [+] the group [Accounting] should be in the [PowerLab Groups] OU 42ms
    [+] the group [Human Resources] should exist 48ms
    [+] the group [Human Resources] should be in the [PowerLab Groups] OU 29ms
    [+] the group [IT] should exist 51ms
    [+] the group [IT] should be in the [PowerLab Groups] OU 31ms
```

17.5　小结

本章在开发 PowerLab 项目的路上又向前迈进了一步，添加了一个 AD 林，并填充了一些对象。我们不仅介绍了手动方法，也实现了自动化，而且在这个过程中还回顾了前面章节学习的 AD 知识。最后还稍微深入介绍了 Pester 测试，详细了解了如何根据自己的需求定制测试。第 18 章将继续开发 PowerLab 项目，介绍如何自动安装和配置 SQL 服务器。

第 18 章

创建并配置 SQL 服务器

目前，我们开发的模块可以创建虚拟机、依附虚拟硬盘、安装 Windows 系统，还可以创建（并填充）AD 林。本章再添加一个功能：部署 SQL 服务器。我们已经配置了虚拟机、安装了操作系统，还设置了域控制器，多数困难的工作已经完成。在现有函数的基础上，稍微调整一下便可以安装 SQL 服务器了。

18.1 环境要求

本章假设你始终跟着第三部分一起操作，在 Hyper-V 主机中至少创建了一个名为 LABDC 的虚拟机作为域控制器。另外，因为将通过 PowerShell Direct 功能连接多个虚拟机，所以需要将域凭据保存到 Hyper-V 主机中（具体做法参见第 17 章）。

我们将通过 ManuallyCreatingASqlServer.ps1 脚本（位于本章的附带资源中）说明如何正确地自动部署 SQL 服务器。这个脚本大致包含本章涵盖的所有步骤，可在阅读本章的过程中供你参考。

一同往常，请运行本章附带资源中的测试脚本，确保你的环境满足所有要求。

18.2 创建虚拟机

提到 SQL 服务器，你的脑海中浮现的可能是数据库、作业和表。但在接触这些内容之前，要做很多准备工作：SQL 数据库要在服务器中运行、服务器需要操作系统、操作系统需要安装到物理设备或虚拟设备中。好在经过前几章的操作，我们已经设置好了创建 SQL 服务器所需要的完整环境。

好的自动化项目从分析所需要的依赖开始。自动化操作围绕依赖展开，利用依赖实现自动化。这样将得到解耦的模块化架构，具备一定的灵活性，比较方便以后修改。

最终我们希望得到一个函数，该函数使用标准的配置即可创建 SQL 服务器，且想创建多少就创建多少。为了达成目标，需要将这个项目分成几个层次。第一层是虚拟机。下面先来处理这一层。

PowerLab 模块中已经有用于创建虚拟机的函数，因此就使用这个函数。因为我们搭建的所有实验室环境都一样，而且配置虚拟机所需要的多数参数已经定义为 New-PowerLabVM 函数的默认参数，所以唯一需要传给该函数的值是虚拟机的名称。

```
PS> New-PowerLabVm -Name 'SQLSRV'
```

18.3 安装操作系统

就这样，我们得到了一个可用的虚拟机，十分简单。下面再来一次，使用第 16 章编写的命令在虚拟机中安装 Windows 系统。

```
PS> Install-PowerLabOperatingSystem -VmName 'SQLSRV'
Get-Item : Cannot find path 'C:\Program Files\WindowsPowerShell\Modules\
powerlab\SQLSRV.xml' because it does not exist.
At C:\Program Files\WindowsPowerShell\Modules\powerlab\PowerLab.psm1:138 char:16
+     $answerFile = Get-Item -Path "$PSScriptRoot\$VMName.xml"
+                   ~~~~~~~~~~~~~~~~~~~~~~~~~~~~~~~~~~~~~~~~~~~~~~
    + CategoryInfo          : ObjectNotFound: (C:\Program File...rlab\SQLSRV
                              .xml:String) [Get-Item], ItemNotFoundException
```

糟糕！我们使用 PowerLab 模块中现有的 Install-PowerLabOperatingSystem 函数在用作 SQL 服务器的虚拟机中安装操作系统，却失败了，因为这里引用了模块文件夹中名为 SQLSRV.xml 的文件。定义这个函数时，我们假定模块文件夹中有一个.xml 文件。构建这样一个大型自动化项目时，出现路径差错或文件不存在等问题是很常见的。依赖总要一个一个解决。要想排除所有 bug，唯一的办法是在尽可能多的环境中多次执行代码。

18.4 添加 Windows 无人值守应答文件

Install-PowerLabOperatingSystem 函数假定 PowerLab 模块文件夹中始终有一个.xml 文件。这意味着，在部署新服务器前，必须先确保正确的位置上有这么一个文件。好在前面已经为 LABDC 虚拟机创建了无人值守应答文件，现在再创建就简单了。首先，复制现有的 LABDC.xml 文件，并命名为 SQLSRV.xml。

```
PS> Copy-Item -Path 'C:\Program Files\WindowsPowerShell\Modules\PowerLab\LABDC.xml' -Destination
'C:\Program Files\WindowsPowerShell\Modules\PowerLab\SQLSRV.xml'
```

得到副本后必须做一些修改，即修改主机名称和 IP 地址。由于尚未部署 DHCP 服务器，因此只能使用静态 IP 地址并不得不修改它们（否则只能修改服务器名称）。

打开 C:\Program Files\WindowsPowerShell\Modules\SQLSRV.xml 文件，找到定义主机名的地方。找到后，修改 ComputerName 的值，如下所示。

```
<component name="Microsoft-Windows-Shell-Setup" processorArchitecture="amd64"
publicKeyToken="31bf3856ad364e35" language="neutral" versionScope="nonSxS"
    xmlns:xsi="http://www.w3.org/2001/XMLSchema-instance">
    <ComputerName>SQLSRV</ComputerName>
    <ProductKey>XXXXXXXXXXXXX</ProductKey>
</component>
```

然后，找到 UnicastIPAddress 节点，如下所示。注意，我使用的是一个 10.0.0.0/24 网络，因此将 SQL 服务器的 IP 地址设为了 10.0.0.101。

```
<UnicastIpAddresses>
    <IpAddress wcm:action="add" wcm:keyValue="1">10.0.0.101</IpAddress>
</UnicastIpAddresses>
```

保存 SQLSRV.xml 文件，并再次执行 Install-PowerLabOperatingSystem 命令。这一次应该能成功执行，并将 Windows Server 2016 部署到 SQLSRV 虚拟机中。

18.5 将 SQL 服务器添加到域中

安装好操作系统之后便可以启动虚拟机了。这一步很简单，使用 Start-VM **cmdlet** 即可。

```
PS> Start-VM -Name SQLSRV
```

剩下的就是等待虚拟机上线，这可能需要一段时间。多久呢？不好说，变数太多。可以使用一个 while 循环不断检查能不能连上虚拟机。

来看看具体方法。首先要获取保存在本地的虚拟机凭据，然后编写一个 while 循环，不断执行 Invoke-Command 命令，直到有内容返回，如代码清单 18-1 所示。

代码清单 18-1 检查服务器是否上线，忽略错误消息

```
$vmCred = Import-CliXml -Path 'C:\PowerLab\VMCredential.xml'
while (-not (Invoke-Command -VmName SQLSRV -ScriptBlock { 1 } -Credential
$vmCred -ErrorAction Ignore)) {
    Start-Sleep -Seconds 10
    Write-Host 'Waiting for SQLSRV to come up...'
}
```

注意，ErrorAction 参数的值是 Ignore。必须使用这个值，否则，如果无法连接计算机，那么 Invoke-Command 命令将返回一个非终止性错误消息。为了避免整个控制台被可预期的错误（因为完全有可能无法连上）霸屏，这里选择忽略错误消息。

等到虚拟机最终上线后，将其添加到第 17 章创建的域中。将计算机添加到域中的命令是 Add-Computer。由于所有命令都在 Hyper-V 主机中运行，而且不依赖网络连接，因此需要将 Add-Computer 命令放在一个脚本块中，通过 PowerShell Direct 功能直接在 SQLSRV 服务器中执行。

注意，在代码清单 18-2 中，虚拟机本地账户和域账户都要用到。为此，首先使用 Invoke-Command 命令连接 SQLSRV 服务器。连上之后，再将域凭据传给域控制器以验证身份，这样才能添加计算机账户。

代码清单 18-2　获取凭据，然后将计算机添加到域中

```
$domainCred = Import-CliXml -Path 'C:\PowerLab\DomainCredential.xml'
$addParams = @{
    DomainName = 'powerlab.local'
    Credential = $domainCred
    Restart    = $true
    Force      = $true
}
Invoke-Command -VMName SQLSRV -ScriptBlock { Add-Computer ❶@using:addParams } -Credential $vmCred
```

注意，这里用到了@using 关键字❶。我们使用这个关键字将本地变量$addParams 传给 SQLSRV 服务器中的远程会话。

我们为 Add-Computer 命令指定了 Restart 开关参数，因此服务器将在添加到域之后立即重启。同样，还有进一步的工作要做，因此要等待重启完毕。但这一次需要先等服务器下线，然后再上线（参见代码清单 18-3）。这是因为脚本运行的速度非常快，如果不先等服务器下线，则检测到的在线状态有可能是服务器还没下线时的情况。

代码清单 18-3　等待服务器重启

```
❶ while (Invoke-Command -VmName SQLSRV -ScriptBlock { 1 } -Credential $vmCred
  -ErrorAction Ignore) {
   ❷ Start-Sleep -Seconds 10
   ❸ Write-Host 'Waiting for SQLSRV to go down...'
  }

❶ while (-not (Invoke-Command -VmName SQLSRV -ScriptBlock { 1 } -Credential
  $domainCred -ErrorAction Ignore)) {
   ❷ Start-Sleep -Seconds 10
   ❸ Write-Host 'Waiting for SQLSRV to come up...'
  }
```

首先检查 SQLSRV 有没有关机：在 SQLSRV 中返回数字 1❶。如果接收到输出，那么说明

PowerShell 远程功能可用，也就表明 SQLSRV 尚未关机。如果返回了输出，那么暂停 10 秒❷，向屏幕写入一条消息❸，接着再试。

然后，反过来测试 SQLSRV 有没有上线。一旦脚本将控制权释放给控制台，就说明 SQLSRV 上线了，而且已经添加到 AD 域中。

18.5.1 安装 SQL Server

创建好运行 Windows Server 2016 系统的虚拟机后，现在可以在其中安装 SQL Server 2016 了。这一部分代码是全新的。在此之前，我们一直利用现有代码，现在又要开山凿石了。

使用 PowerShell 安装 SQL Server 分为以下几步。

(1) 复制、调整一个 SQL Server 应答文件。

(2) 将 SQL Server ISO 文件复制到 SQL 服务器中。

(3) 在 SQL 服务器中挂载 ISO 文件。

(4) 运行 SQL Server 安装程序。

(5) 卸除 ISO 文件。

(6) 清理复制到 SQL 服务器中的临时文件。

18.5.2 将文件复制到 SQL 服务器中

根据计划，首先要将一些文件放到 SQL 服务器中。我们需要 SQL Server 安装程序所需要的无人值守应答文件，还需要包含 SQL Server 安装内容的 ISO 文件。因为假定 Hyper-V 主机到虚拟机之间没有网络连接，所以仍要使用 PowerShell Direct 功能复制这些文件。如果想使用 PowerShell Direct 功能复制文件，那么首先要在远程虚拟机中创建一个会话。以下代码通过 `Credential` 参数在 SQLSRV 服务器中验证身份。如果服务器与你当前使用的计算机在同一个 AD 域中，那就没必要指定 `Credential` 参数了。

```
$session = New-PSSession -VMName 'SQLSRV' -Credential $domainCred
```

然后复制一份 PowerLab 模块中的 SQLServer.ini 模板文件。

```
$sqlServerAnswerFilePath = "C:\Program Files\WindowsPowerShell\Modules\
PowerLab\SqlServer.ini"
$tempFile = Copy-Item -Path $sqlServerAnswerFilePath -Destination "C:\Program
Files\WindowsPowerShell\Modules\PowerLab\temp.ini" -PassThru
```

复制好后，根据自己的需求修改副本中的配置。之前需要修改配置值时，我们都是自己动手打开无人值守的 XML 文件。你可能不信，这比你想象的工作量要大，其实这一步也可以实现自动化。

在代码清单 18-4 中，我们读取了模板文件副本，寻找字符串 SQLSVCACCOUNT=、SQLSVCPASSWORD= 和 SQLSYSADMINACCOUNTS=，并替换为具体值。替换之后，又将修改好的字符串重新写入了模板文件副本。

代码清单 18-4　替换字符串

```
$configContents = Get-Content -Path $tempFile.FullName -Raw
$configContents = $configContents.Replace('SQLSVCACCOUNT=""', 'SQLSVCACCOUNT="PowerLabUser"')
$configContents = $configContents.Replace('SQLSVCPASSWORD=""', 'SQLSVCPASSWORD="P@$$w0rd12"')
$configContents = $configContents.Replace('SQLSYSADMINACCOUNTS=""', 'SQLSYSADMINACCOUNTS=
"PowerLabUser"')
Set-Content -Path $tempFile.FullName -Value $configContents
```

配置好应答文件，并将该文件和 SQL Server ISO 文件复制到 SQL 服务器后，接下来就可以运行安装程序了。

```
$copyParams = @{
    Path        = $tempFile.FullName
    Destination = 'C:\'
    ToSession   = $session
}
Copy-Item @copyParams
Remove-Item -Path $tempFile.FullName -ErrorAction Ignore
Copy-Item -Path 'C:\PowerLab\ISOs\en_sql_server_2016_standard_x64_dvd_8701871.iso'
-Destination 'C:\' -Force -ToSession $session
```

18.5.3　运行 SQL Server 安装程序

一切就绪，可以安装 SQL Server 了，如代码清单 18-5 所示。

代码清单 18-5　使用 Invoke-Command 命令挂载、安装和卸除映像

```
$icmParams = @{
    Session      = $session
    ArgumentList = $tempFile.Name
    ScriptBlock  = {
        $image = Mount-DiskImage -ImagePath 'C:\en_sql_server_2016_standard_x64_dvd_8701871
        .iso' -PassThru ❶
        $installerPath = "$(($image | Get-Volume).DriveLetter):"
        $null = & "$installerPath\setup.exe" "/CONFIGURATIONFILE=C:\$($using:tempFile.Name)" ❷
        $image | Dismount-DiskImage ❸
    }
}
Invoke-Command @icmParams
```

首先，在远程设备中挂载复制的 ISO 文件❶；然后，运行安装程序，将输出赋值给`$null`❷，因为用不到；最后，安装完毕后卸除映像❸。代码清单 18-5 使用 `Invoke-Command` 命令和 PowerShell Direct 功能远程执行了这些命令。

安装好 SQL Server 后，需要做些清理工作，删除所有复制的临时文件，如代码清单 18-6 所示。

代码清单 18-6　清理临时文件

```
$scriptBlock = { Remove-Item -Path 'C:\en_sql_server_2016_standard_x64_dvd
_8701871.iso', "C:\$($using:tempFile.Name)" -Recurse -ErrorAction Ignore }
Invoke-Command -ScriptBlock $scriptBlock -Session $session
$session | Remove-PSSession
```

至此，SQL Server 已完全设置好，可以正常使用了。我们只用 64 行 PowerShell 代码就在一个 Hyper-V 主机中安装好了 SQL Server。这是一个很大的进展，但还可以做得更好。

18.6　自动安装 SQL Server

多数棘手的问题已经解决。现在我们得到了一个脚本，该脚本可以执行所需要的一切操作。接下来需要将所有功能都转移到几个函数中，在 PowerLab 模块中定义 `New-PowerLabSqlServer` 函数和 `Install-PowerLabSQLServer` 函数。

我们将采用前几章建立起来的模式：围绕所有常规操作定义函数，尽量不硬编码值，需要执行某个操作时再调用函数。也就是将功能包装在函数中，供用户调用。在代码清单 18-7 中，我们使用现有的函数创建虚拟机和虚拟硬盘，再使用另一个新定义的函数 `Install-PowerLabSQLServer` 安装 SQL Server。

代码清单 18-7　`New-PowerLabSqlServer` 函数

```
function New-PowerLabSqlServer {
    [CmdletBinding()]
    param
    (
        [Parameter(Mandatory)]
        [string]$Name,

        [Parameter(Mandatory)]
        [pscredential]$DomainCredential,

        [Parameter(Mandatory)]
        [pscredential]$VMCredential,

        [Parameter()]
        [string]$VMPath = 'C:\PowerLab\VMs',

        [Parameter()]
```

```
        [int64]$Memory = 2GB,

        [Parameter()]
        [string]$Switch = 'PowerLab',

        [Parameter()]
        [int]$Generation = 2,

        [Parameter()]
        [string]$DomainName = 'powerlab.local',

        [Parameter()]
        [string]$AnswerFilePath = "C:\Program Files\WindowsPowerShell\Modules\PowerLab
        \SqlServer.ini"
    )

    ## 构建虚拟机
    $vmparams = @{
        Name       = $Name
        Path       = $VmPath
        Memory     = $Memory
        Switch     = $Switch
        Generation = $Generation
    }
    New-PowerLabVm @vmParams
    Install-PowerLabOperatingSystem -VmName $Name
    Start-VM -Name $Name
    Wait-Server -Name $Name -Status Online -Credential $VMCredential
    $addParams = @{
        DomainName = $DomainName
        Credential = $DomainCredential
        Restart    = $true
        Force      = $true
    }
    Invoke-Command -VMName $Name -ScriptBlock { Add-Computer @using:addParams } -Credential
    $VMCredential
    Wait-Server -Name $Name -Status Offline -Credential $VMCredential
    Wait-Server -Name $Name -Status Online -Credential $DomainCredential
    $tempFile = Copy-Item -Path $AnswerFilePath
    -Destination "C:\Program Files\WindowsPowerShell\Modules\PowerLab\temp.ini" -PassThru

    Install-PowerLabSqlServer -ComputerName $Name -AnswerFilePath $tempFile.FullName
}
```

这段代码的大部分对你来说应该并不陌生：你不久前刚刚用过，这里只是包装成了一个函数以方便重用。主体代码是一样的，但没有硬编码值，而是将很多属性参数化了，如此一来，无须修改代码即可使用不同的参数来安装 SQL Server。

将具体脚本改造成通用函数不仅保留了代码的功能，而且提供了更强的灵活性，以防未来需要改变部署 SQL 服务器的行为。

下面来看看 Install-PowerLabSqlServer 函数的重要部分，如代码清单 18-8 所示。

代码清单 18-8 PowerLab 模块中的 Install-PowerLabSqlServer 函数

```
function Install-PowerLabSqlServer {
❶ param
    (
        [Parameter(Mandatory)]
        [string]$ComputerName,

        [Parameter(Mandatory)]
        [pscredential]$DomainCredential,

        [Parameter(Mandatory)]
        [string]$AnswerFilePath,

        [Parameter()]
        [string]$IsoFilePath = 'C:\PowerLab\ISOs\en_sql_server_2016_standard
        _x64_dvd_8701871.iso'
    )

    try {
        --snip--

      ❷ ## 检查是否已经安装 SQL Server
        if (Invoke-Command -Session $session
        -ScriptBlock { Get-Service -Name 'MSSQLSERVER' -ErrorAction Ignore }) {
            Write-Verbose -Message 'SQL Server is already installed'
        } else {

          ❸ PrepareSqlServerInstallConfigFile -Path $AnswerFilePath
        --snip--
    } catch {
        $PSCmdlet.ThrowTerminatingError($_)
    }
}
```

我们将安装 SQL Server 所需要的全部输入都参数化了❶，还添加了错误处理步骤❷，检查是否已经安装 SQL Server。这样便可以反复多次运行该函数，如果已经安装 SQL Server，就跳过安装过程。

注意，我们调用了一个之前没有见过的函数，即 PrepareSqlServerInstallConfigFile❸。这是一个**辅助函数**，包装了一个小功能，以便重用（辅助函数通常不对用户开放，只在内部使用）。其实，完全没必要这么做，但是将小功能独立出来可以提高代码的可读性。一般来说，一个函数应该只做一件“事情”。当然，这里所说的**事情**比较含糊，随着编程经验的增加，你将越发直观感受到一个函数有没有做太多事情。

PrepareSqlServerInstallConfigFile 函数的代码如代码清单 18-9 所示。

代码清单 18-9　辅助函数 PrepareSqlServerInstallConfigFile

```
function PrepareSqlServerInstallConfigFile {
    [CmdletBinding()]
    param (
        [Parameter(Mandatory)]
        [string]$Path,

        [Parameter()]
        [string]$ServiceAccountName = 'PowerLabUser',

        [Parameter()]
        [string]$ServiceAccountPassword = 'P@$$w0rd12',

        [Parameter()]
        [string]$SysAdminAccountName = 'PowerLabUser'
    )

    $configContents = Get-Content -Path $Path -Raw
    $configContents = $configContents.Replace('SQLSVCACCOUNT=""',
    ('SQLSVCACCOUNT="{0}"' -f $ServiceAccountName))
    $configContents = $configContents.Replace('SQLSVCPASSWORD=""',
    ('SQLSVCPASSWORD="{0}"' -f $ServiceAccountPassword))
    $configContents = $configContents.Replace('SQLSYSADMINACCOUNTS=""',
    ('SQLSYSADMINACCOUNTS="{0}"' -f $SysAdminAccountName))
    Set-Content -Path $Path -Value $configContents
}
```

这段代码与代码清单 18-4 差不多，没有太大变化。我们添加了 Path、ServiceAccountName、ServiceAccountPassword 和 SysAdminAccountName 四个参数，以表示之前硬编码的各个值。

现在所有函数都定义好了，执行几个命令便可从头开始创建一台 SQL 服务器。运行下述代码，从头开始创建一台 SQL 服务器。

```
PS> $vmCred = Import-CliXml -Path 'C:\PowerLab\VMCredential.xml'
PS> $domainCred = Import-CliXml -Path 'C:\PowerLab\DomainCredential.xml'
PS> New-PowerLabSqlServer -Name SQLSRV -DomainCredential $domainCred -VMCredential $vmCred
```

18.7　运行 Pester 测试

又到测试时间了：运行一些 Pester 测试来检查新实现的功能。本章在现有的 SQLSRV 虚拟机中安装了 SQL Server。安装时没有做太多配置，多数参数使用的是默认值，所需要的 Pester 测试并不多：确保安装了 SQL Server，以及在安装过程中读取了指定的无人值守配置文件。对此，可以确认 PowerLabUser 是服务器的系统管理员角色，而且 SQL Server 是以 PowerLabUser 账户运行的。

```
PS> Invoke-Pester 'C:\PowerShellForSysAdmins\Part II\Creating and Configuring
SQL Servers\Creating and Configuring SQL Servers.Tests.ps1'

Describing SQLSRV
    Context SQL Server installation
     [+] SQL Server is installed 4.33s
    Context SQL Server configuration
     [+] PowerLabUser holds the sysadmin role 275ms
     [+] the MSSQLSERVER is running under the PowerLabUser account 63ms
Tests completed in 6.28s
Passed: 3 Failed: 0 Skipped: 0 Pending: 0 Inconclusive: 0
```

一切正常，可以放心了。

18.8 小结

本章终于介绍了一个更为具体的示例，我们充分认识到了 PowerShell 的强大功能。本章在前几章的基础上为自动化布局添加了最后一层：在运行于虚拟机上层的操作系统中安装软件（SQL Server）。整个过程基本上与前几章一样。我们通过例子设计出了所需要的代码，然后将相关代码封装为一种可重用的形式放在 PowerLab 模块中。这部分艰辛的工作做完之后，只需要几行代码就能创建 SQL 服务器，而且想创建多少都可以。

第 19 章将做点儿不同的事情：回头审视已经编写的代码，重构一番。我们将学习最佳编程实践，确保模块出现在正确的位置上，最后在第 20 章完成整个项目。

第 19 章

重构代码

通过少量编程，第 18 章将一个操作系统 ISO 文件安装到了现有的 Hyper-V 主机中，从而创建了一个运行 SQL 服务器的虚拟机。这个过程综合运用了前面几章定义的多个函数。本章做点儿不一样的事情：不为 PowerLab 模块新增功能，而是深入分析，努力提升代码的模块化程度。

这里所说的**模块化**是指根据功能将代码拆分为可重用的函数，以适应更多场景。代码的模块化程度越高，适用范围就会越广，代码也就越有使用价值。代码实现模块化后，可以重复使用 `New-PowerLabVM` 或 `Install-PowerLabOperatingSystem` 等函数安装各种各样的服务器（参见第 20 章）。

19.1 回头看 New-PowerLabSqlServer 函数

第 18 章的目的是设置一台 SQL 服务器，主要定义了两个函数：`New-PowerLabSqlServer` 和 `Install-PowerLabSqlServer`。如果想让这两个函数适用更一般的情况呢？毕竟其他服务器与 SQL 服务器有很多共同的组成部分：虚拟机、虚拟硬盘、Windows 操作系统，等等。我们可以直接复制函数，并根据具体的服务器类型做相应改动。

然而，这不是建议的做法。完全没必要再多写一遍代码。其实简单重构现有代码就能满足需求。重构指修改代码的内部实现，同时保持代码的功能。也就是说，重构考验的是程序员。作为程序员，可以通过重构提升代码的可读性，确保项目在发展过程中不会遇到太多代码组织层面上令人头疼的问题。

先来看看第 18 章定义的 `New-PowerLabSqlServer` 函数，如代码清单 19-1 所示。

代码清单 19-1 New-PowerLabSqlServer 函数

```
function New-PowerLabSqlServer {
    [CmdletBinding()]
 ❶ param
    (
        [Parameter(Mandatory)]
        [string]$Name,

        [Parameter(Mandatory)]
        [pscredential]$DomainCredential,

        [Parameter(Mandatory)]
        [pscredential]$VMCredential,

        [Parameter()]
        [string]$VMPath = 'C:\PowerLab\VMs',

        [Parameter()]
        [int64]$Memory = 4GB,

        [Parameter()]
        [string]$Switch = 'PowerLab',

        [Parameter()]
        [int]$Generation = 2,

        [Parameter()]
        [string]$DomainName = 'powerlab.local',

        [Parameter()]
      ❷ [string]$AnswerFilePath = "C:\Program Files\WindowsPowerShell\Modules
        \PowerLab\SqlServer.ini"
    )

 ❸ ## 构建虚拟机
    $vmparams = @{
        Name       = $Name
        Path       = $VmPath
        Memory     = $Memory
        Switch     = $Switch
        Generation = $Generation
    }
    New-PowerLabVm @vmParams

    Install-PowerLabOperatingSystem -VmName $Name
    Start-VM -Name $Name

    Wait-Server -Name $Name -Status Online -Credential $VMCredential

    $addParams = @{
        DomainName = $DomainName
        Credential = $DomainCredential
```

```
        Restart     = $true
        Force       = $true
    }
    Invoke-Command -VMName $Name -ScriptBlock { Add-Computer
    @using:addParams } -Credential $VMCredential

    Wait-Server -Name $Name -Status Offline -Credential $VMCredential

❹ Wait-Server -Name $Name -Status Online -Credential $DomainCredential

    $tempFile = Copy-Item -Path $AnswerFilePath -Destination "C:\Program
    Files\WindowsPowerShell\Modules\PowerLab\temp.ini" -PassThru

    Install-PowerLabSqlServer -ComputerName $Name -AnswerFilePath $tempFile
    .FullName -DomainCredential $DomainCredential
}
```

如何重构这段代码呢？首先，我们知道每台服务器都需要一个虚拟机、一个虚拟硬盘和一个操作系统。这部分需求在❸和❹之间处理。

但经过观察发现，不能直接将这段代码复制并粘贴到新函数中。这几行代码用到了 New-PowerLabSqlServer 函数定义的参数❶。注意，这些参数中只有 AnswerFilePath❷是 SQL 服务器专属的。

找出不是 SQL 服务器专属的代码后，将相关代码拿出来，新定义一个函数，并命名为 New-PowerLabServer，如代码清单 19-2 所示。

代码清单 19-2　更加通用的 New-PowerLabServer 函数

```
function New-PowerLabServer {
    [CmdletBinding()]
    param
    (
        [Parameter(Mandatory)]
        [string]$Name,

        [Parameter(Mandatory)]
        [pscredential]$DomainCredential,

        [Parameter(Mandatory)]
        [pscredential]$VMCredential,

        [Parameter()]
        [string]$VMPath = 'C:\PowerLab\VMs',

        [Parameter()]
        [int64]$Memory = 4GB,

        [Parameter()]
        [string]$Switch = 'PowerLab',
```

```
        [Parameter()]
        [int]$Generation = 2,

        [Parameter()]
        [string]$DomainName = 'powerlab.local'
    )

    ## 构建虚拟机
    $vmparams = @{
        Name       = $Name
        Path       = $VmPath
        Memory     = $Memory
        Switch     = $Switch
        Generation = $Generation
    }
    New-PowerLabVm @vmParams

    Install-PowerLabOperatingSystem -VmName $Name
    Start-VM -Name $Name

    Wait-Server -Name $Name -Status Online -Credential $VMCredential

    $addParams = @{
        DomainName = $DomainName
        Credential = $DomainCredential
        Restart    = $true
        Force      = $true
    }
    Invoke-Command -VMName $Name
    -ScriptBlock { Add-Computer @using:addParams } -Credential $VMCredential

    Wait-Server -Name $Name -Status Offline -Credential $VMCredential

    Wait-Server -Name $Name -Status Online -Credential $DomainCredential
}
```

现在我们得到了一个更加通用的服务器配置函数，可是无法指明要创建的服务器类型。为了解决这个问题，再添加一个名为 ServerType 的参数。

```
[Parameter(Mandatory)]
[ValidateSet('SQL', 'Web', 'Generic')]
[string]$ServerType
```

注意 ValidateSet 参数。本章后文会详述这种参数的作用，现在你只需要知道，我们的目的是确保用户只能传入集合中包含的服务器类型。

声明这个参数之后要具体使用。可以在函数的末尾插入一个 switch 语句，并根据用户输入的服务器类型执行不同的代码。

```
switch ($ServerType) {
    'Web' {
        Write-Host 'Web server deployments are not supported at this time'
        break
    }
    'SQL' {
        $tempFile = Copy-Item -Path $AnswerFilePath -Destination "C:\Program
        Files\WindowsPowerShell\Modules\PowerLab\temp.ini" -PassThru
        Install-PowerLabSqlServer -ComputerName $Name -AnswerFilePath
        $tempFile.FullName -DomainCredential $DomainCredential
        break
    }
    'Generic' {
        break
    }
 ❶ default {
        throw "Unrecognized server type: [$_]"
    }
}
```

可以看到，我们处理了输入的三种服务器类型（通过 default 分支处理其他情况❶）。但这里有一个问题。SQL 服务器类型的代码是从 New-PowerLabSqlServer 函数中复制粘贴而来的，包含一个未定义的变量 AnswerFilePath。还记得吗？我们将通用代码移到新函数时去掉了这个变量，这表明现在不能使用该变量了，对吧？

19.2　使用参数集

在某些情况下，一个参数是否存在取决于另一个参数，上一节就是这样，PowerShell 为此提供了一个便利的功能——**参数集**。可以将参数集理解为通过条件逻辑控制用户可以输入哪些参数。

这个示例将使用三个参数集：一个用于配置 SQL 服务器、一个用于配置 Web 服务器，还有一个默认参数集。

可以使用 ParameterSetName 属性后跟一个名称来定义参数集，如下所示。

```
[Parameter(Mandatory)]
[ValidateSet('SQL', 'Web', 'Generic')]
[string]$ServerType,

[Parameter(ParameterSetName = 'SQL')]
[string]$AnswerFilePath = "C:\Program Files\WindowsPowerShell\Modules\PowerLab\SqlServer.ini",

[Parameter(ParameterSetName = 'Web')]
[switch]$NoDefaultWebsite
```

注意，没有为 ServerType 分配参数集。不属于参数集的参数可以同任何参数集一起使用。

因此，ServerType 可以同 AnswerFilePath 一起使用，也可以同新增的用于配置 Web 服务器的 NoDefaultWebsite 参数一起使用。

通过以下代码可以看出，执行函数时指定的参数大致相当，只不过最后还可以根据传入的 ServerType 值再增加一个参数。

```
PS> New-PowerLabServer -Name WEBSRV -DomainCredential CredentialHere -VMCredential CredentialHere
-ServerType 'Web' -NoDefaultWebsite
PS> New-PowerLabServer -Name SQLSRV -DomainCredential CredentialHere -VMCredential CredentialHere
-ServerType 'SQL' -AnswerFilePath 'C:\OverridingTheDefaultPath\SqlServer.ini'
```

两个参数集中的参数不可混在一起使用。

```
PS> New-PowerLabServer -Name SQLSRV -DomainCredential CredentialHere -VMCredential CredentialHere
-ServerType 'SQL' -NoDefaultWebsite -AnswerFilePath 'C:\OverridingTheDefaultPath\SqlServer.ini'

New-PowerLabServer : Parameter set cannot be resolved using the specified named parameters.
At line:1 char:1
+ New-PowerLabServer -Name SQLSRV -ServerType 'SQL' -NoDefaultWebsite - ...
+ ~~~~~~~~~~~~~~~~~~~~~~~~~~~~~~~~~~~~~~~~~~~~~~~~~~~~~~~~~~~~~~~~~~~~~~~~~
    + CategoryInfo          : InvalidArgument: (:) [New-PowerLabServer], ParameterBindingException
    + FullyQualifiedErrorId : AmbiguousParameterSet,New-PowerLabServer
```

如果反过来，既不指定 NoDefaultWebsite 参数，也不提供 AnswerFilePath 参数呢？

```
PS> New-PowerLabServer -Name SQLSRV -DomainCredential CredentialHere -VMCredential CredentialHere
-ServerType 'SQL'
New-PowerLabServer : Parameter set cannot be resolved using the specified named parameters.
At line:1 char:1
+ New-PowerLabServer -Name SQLSRV -DomainCredential $credential...
+ ~~~~~~~~~~~~~~~~~~~~~~~~~~~~~~~~~~~~~~~~~~~~~~~~~~~~~~~~~~~~~~~~~~~~~~~~~
    + CategoryInfo          : InvalidArgument: (:) [New-PowerLabServer], ParameterBindingException
    + FullyQualifiedErrorId : AmbiguousParameterSet,New-PowerLabServer

PS> New-PowerLabServer -Name WEBSRV -DomainCredential CredentialHere -VMCredential CredentialHere
-ServerType 'Web'
New-PowerLabServer : Parameter set cannot be resolved using the specified named parameters.
At line:1 char:1
+ New-PowerLabServer -Name WEBSRV -DomainCredential $credential...
+ ~~~~~~~~~~~~~~~~~~~~~~~~~~~~~~~~~~~~~~~~~~~~~~~~~~~~~~~~~~~~~~~~~~~~~~~~~
    + CategoryInfo          : InvalidArgument: (:) [New-PowerLabServer], ParameterBindingException
    + FullyQualifiedErrorId : AmbiguousParameterSet,New-PowerLabServer
```

与前面一样，这也会得到一个错误，报告无法解析参数集。为什么呢？这是因为 PowerShell 不知道要使用哪个参数集。前面说需要三个参数集，可是只定义了两个。还需要定义一个默认参数集。通过前面的试验可以看出，没有显式分配给参数集的参数可以同任何参数集中的参数一起使用。然而，定义默认参数集后，如果没有提供任何参数集中的参数，则 PowerShell 将使用默认参数集中的参数。

定义默认参数集时，可以选择前面定义的 SQL 或 Web 参数集为默认参数集，也可以不具体指定，而是定义为 blah blah，为所有未显式分配参数集的参数创建供继承的参数集。

```
[CmdletBinding(DefaultParameterSetName = 'blah blah')]
```

如果不想将已定义的任何一个参数集设为默认参数集，可以将参数集名称设为任何值。此时，如果没有使用参数集中的参数，那么 PowerShell 将同时忽略这两个参数集。现在遇到的正是这种情况。完全没必要使用某个已定义的参数集，因为可以通过 ServerType 参数判断要部署的是 Web 服务器还是 SQL 服务器。

增加参数集后，New-PowerLabServer 函数的参数部分如代码清单 19-3 所示。

代码清单 19-3 修改后的 New-PowerLabServer 函数

```
function New-PowerLabServer {
    [CmdletBinding(DefaultParameterSetName = 'Generic')]
    param
    (
        [Parameter(Mandatory)]
        [string]$Name,

        [Parameter(Mandatory)]
        [pscredential]$DomainCredential,

        [Parameter(Mandatory)]
        [pscredential]$VMCredential,

        [Parameter()]
        [string]$VMPath = 'C:\PowerLab\VMs',

        [Parameter()]
        [int64]$Memory = 4GB,

        [Parameter()]
        [string]$Switch = 'PowerLab',

        [Parameter()]
        [int]$Generation = 2,

        [Parameter()]
        [string]$DomainName = 'powerlab.local',

        [Parameter()]
        [ValidateSet('SQL', 'Web')]
        [string]$ServerType,

        [Parameter(ParameterSetName = 'SQL')]
        [string]$AnswerFilePath = "C:\Program Files\WindowsPowerShell\Modules
```

```
        \PowerLab\SqlServer.ini",

        [Parameter(ParameterSetName = 'Web')]
        [switch]$NoDefaultWebsite
    )
```

注意，这个函数调用了 Install-PowerLabSqlServer 函数，背后的思想与引起此次重构的 New-PowerLabSqlServer 函数一样。New-PowerLabServer 函数负责创建虚拟机、安装操作系统，而安装 SQL 服务器软件、执行基本配置等操作则交给 Install-PowerLabSqlServer 函数。你可能还想对 Install-PowerLabSqlServer 函数重构一番，但仔细分析代码后便会发现，安装 SQL 服务器与安装其他类型的服务器基本上没有相通的操作。安装 SQL 服务器是一个独特的过程，很难针对其他服务器实现“通用化”。

19.3 小结

很好，重构后的代码更通用了，我们得到了一个用于配置 SQL 服务器的函数。绕了一圈好像又回到了起点，是吗？但愿不是这样。虽然没有改变代码的功能，但是为增加创建 Web 服务器的代码奠定了基础（参见第 20 章）。

通过本章可以发现，重构 PowerShell 代码的过程并不枯燥乏味。知道代码可以重构并不够，还需要确定哪种方式更适合眼下遇到的情况，而这需要经验积累。牢记程序员口中的 DRY 原则，便不会在重构的道路上偏离太远。遵守 DRY 原则主要是为了避免代码重复和功能冗余。为了创建新的服务器，本章选择定义一个通用的函数，而不是再定义一个 New-PowerLabInsertServer-TypeHereServer 函数，这体现的正是 DRY 原则。

我们的辛勤付出不会白费。第 20 章将继续实现自动化，添加创建 IIS Web 服务器所需要的代码。

第 20 章

创建并配置 IIS Web 服务器

我们的自动化旅程走到了最后一步：Web 服务器。本章将使用 IIS，这是 Windows 内置的一项服务，负责为客户端提供 Web 服务。在 IT 业工作时常会遇到 IIS 这种服务器类型，用得多也表明这是一个成熟的自动化领域。与第 19 章一样，本章会先从头开始部署一台 IIS Web 服务器，然后安装相关服务，再做些基本配置。

20.1 环境要求

至此，你应该对创建和设置虚拟机的过程不陌生了，具体步骤不再赘述。本章假设你已经创建好虚拟机，而且运行的是 Windows Server 系统。如果还没准备好，可以执行下述命令来利用 PowerLab 模块当前实现的功能。

```
PS> New-PowerLabServer -ServerType Generic
-DomainCredential (Import-Clixml -Path C:\PowerLab\DomainCredential.xml)
-VMCredential (Import-Clixml -Path C:\PowerLab\VMCredential.xml) -Name WEBSRV
```

注意，这一次指定的服务器类型是 Generic，因为还没有完全实现 Web 服务器支持（这是本章任务）。

20.2 安装和设置

创建好虚拟机后就可以设置 IIS 了。IIS 是 Windows 的一个功能，好在 PowerShell 内置了安装 Windows 功能的命令，即 Add-WindowsFeature。如果只是临时测试，可以直接执行这个命令来安装 IIS，而我们是在一个大型项目中实现安装自动化，因此要像安装 SQL 服务器时那样定义一个函数。不妨将这个函数命名为 Install-PowerLabWebServer。

这个函数采用的模式与前面定义的 Install-PowerLabSqlServer 函数一样。随着在项目中添加对更多服务器类型的支持，你会发现，哪怕定义只有一行代码的函数，也可以为使用和修改模块提供极大方便。

为了尽量与 Install-PowerLabSqlServer 函数保持一致，最简单的方法是删除 SQL Server 相关的代码，留下“骨架”。通常来说，建议重用现有函数，而不是再定义一个，可现在面对的是完全不同的“对象”，一个是 SQL Server，一个是 IIS 服务器，新定义函数更合理。在代码清单 20-1 中，我们直接将 Install-PowerLabSqlServer 函数复制过来，删除主体部分，留下了所有通用的参数（去掉了 AnswerFilePath 参数和 IsoFilePath 参数，因为 IIS 用不到）。

代码清单 20-1 Install-PowerLabWebServer 函数的“骨架”

```
function Install-PowerLabWebServer {
    param
    (
        [Parameter(Mandatory)]
        [string]$ComputerName,

        [Parameter(Mandatory)]
        [pscredential]$DomainCredential
    )

    $session = New-PSSession -VMName $ComputerName -Credential $DomainCredential

    $session | Remove-PSSession
}
```

真正安装 IIS 服务的代码就简单了：只需要执行一个命令来安装 Web-Server 功能。可以将这行代码添加到 Install-PowerLabWebServer 函数中，如代码清单 20-2 所示。

代码清单 20-2 Install-PowerLabWebServer 函数

```
function Install-PowerLabWebServer {
    param
    (
        [Parameter(Mandatory)]
        [string]$ComputerName,

        [Parameter(Mandatory)]
        [pscredential]$DomainCredential
    )

    $session = New-PSSession -VMName $ComputerName -Credential $DomainCredential

    $null = Invoke-Command -Session $session -ScriptBlock { Add-WindowsFeature -Name 'Web-Server' }

    $session | Remove-PSSession
}
```

Install-PowerLabWebServer 函数顺利定义完成，接下来继续添加代码。

20.3　从头开始构建 Web 服务器

定义好安装 IIS 的函数后，该更新 New-PowerLabServer 函数了。回想一下第 19 章的内容，重构 New-PowerLabServer 函数时，Web 服务器部分只编写了一行占位代码，即 Write-Host 'Web server deployments are not supported at this time'，因为当时还没有实现所需要的功能。现在，请替换那行代码，调用刚定义的 Install-PowerLabWebServer 函数。

```
PS> Install-PowerLabWebServer -ComputerName $Name -DomainCredential $DomainCredential
```

这样修改后便可以像创建 SQL 服务器那样创建 Web 服务器了。

20.4　WebAdministration 模块

Web 服务器运行起来之后，要让它做点儿事情。在服务器中启用 Web-Server 功能时，随之也安装了一个名为 WebAdministration 的 PowerShell 模块。这个模块包含很多处理 IIS 对象的命令。Web-Server 功能还创建了一个名为 IIS 的 PowerShell 驱动器，用于管理常见的 IIS 对象（网站、应用池等）。

就像文件系统一样，**PowerShell 驱动器**可以方便我们浏览数据源。你会发现，网站、应用池等 IIS 对象的处理方式与文件和文件夹一模一样，也使用 Get-Item、Set-Item 和 Remove-Item 等 cmdlet。

如果想使用 IIS 驱动器，那么首先要导入 WebAdministration 模块。现在请通过远程处理功能连接刚创建的 Web 服务器，试用一下这个模块，看看它有哪些功能。

首先，创建一个 PowerShell Direct 会话，进入交互模式。之前大都使用 Invoke-Command 将命令发给虚拟机。现在我们只是想探索一下 IIS，因此使用 Enter-PSSession 命令进入会话的交互模式。

```
PS> $session = New-PSSession -VMName WEBSRV
-Credential (Import-Clixml -Path C:\PowerLab\DomainCredential.xml)
PS> Enter-PSSession -Session $session
[WEBSRV]: PS> Import-Module WebAdministration
```

注意最后一个提示符前面的[WEBSRV]。这表明我们现在位于 WEBSRV 主机中，可以导入 WebAdministration 模块了。将模块导入会话后，执行 Get-PSDrive 命令，以确认创建了 IIS 驱动器。

```
[WEBSRV]: PS> Get-PSDrive -Name IIS | Format-Table -AutoSize

Name Used (GB) Free (GB) Provider          Root      CurrentLocation
---- --------- --------- --------          ----      ---------------
IIS                      WebAdministration \\WEBSRV
```

这个驱动器用起来与其他驱动器一样，完全可以把其当成一个文件系统：可以使用 Get-ChildItem 命令列出驱动器中的内容，可以使用 New-Item 命令创建新内容，还可以使用 Set-Item 命令修改内容。但这不算自动化操作，只是在命令行中管理 IIS。我们的目的是实现自动化！这里提到 IIS 驱动器是因为后面的自动化任务能用到，而且知道如何手动操作不会有什么损失，万一自动化过程中出现问题，进行排查就用得到了。

网站和应用池

WebAdministration 模块中的命令基本上可用于管理 IIS 的各个方面，进而实现自动化。下面先来看看如何处理网站和应用池，现实中这是系统管理员最常处理的两个组件。

1. 网站

先看一个简单的命令：Get-Website。这个命令会查询 IIS，并返回当前存在于 Web 服务器中的所有网站。

```
[WEBSRV]: PS> Get-Website -Name 'Default Web Site'

Name             ID   State      Physical Path                  Bindings
----             --   -----      -------------                  --------
Default Web Site 1    Started    %SystemDrive%\inetpub\wwwroot  http *:80:
```

这表明已经创建了一个网站，它是安装 IIS 时默认创建的，名为 Default Web Site。假设我们不想使用这个默认网站，而想自己创建。可以将 Get-Website 命令的输出通过管道传给 Remove-Website 命令，以删除默认网站。

```
[WEBSRV]: PS> Get-Website -Name 'Default Web Site' | Remove-Website
[WEBSRV]: PS> Get-Website
[WEBSRV]: PS>
```

要想创建网站，执行 New-Website 命令即可。

```
[WEBSRV]: PS> New-Website -Name PowerShellForSysAdmins
-PhysicalPath C:\inetpub\wwwroot\

Name             ID   State      Physical Path                  Bindings
----             --   -----      -------------                  --------
```

```
PowerShellForSys 1052 Stopped    C:\inetpub\wwwroot\          http *:80:
Admins           6591
```

如果网站没有绑定端口，或者想要修改绑定的端口（比如想绑定到非标准的端口上），可以使用 Set-WebBinding 命令。

```
[WEBSRV]: PS> Set-WebBinding -Name 'PowerShellForSysAdmins'
-BindingInformation "*:80:" -PropertyName Port -Value 81
[WEBSRV]: PS> Get-Website -Name PowerShellForSysAdmins

Name             ID   State      Physical Path               Bindings
----             --   -----      -------------               --------
PowerShellForSys 1052 Started    C:\inetpub\wwwroot\          http *:81:
Admins           6591
                 05
```

对网站可以执行的操作有很多。下面来看看能对应用池做些什么。

2. 应用池

应用池会将运行在同一台服务器中的多个应用相互隔离开。如此一来，如果某个应用出错，那么不会导致其他应用下线。

处理应用池的命令与处理网站的命令差不多，如下述代码片段所示。因为我的服务器中只有一个应用池，所以只显示了 DefaultAppPool。在自己的 Web 服务器中执行这个命令，你可能会看到多个应用池。

```
[WEBSRV]: PS> Get-IISAppPool

Name                 Status      CLR Ver  Pipeline Mode  Start Mode
----                 ------      -------  -------------  ----------
DefaultAppPool       Started     v4.0     Integrated     OnDemand

[WEBSRV]: PS> Get-Command -Name *apppool*

CommandType     Name                                Version    Source
-----------     ----                                -------    ------
Cmdlet          Get-IISAppPool                      1.0.0.0    IISAdministration
Cmdlet          Get-WebAppPoolState                 1.0.0.0    WebAdministration
Cmdlet          New-WebAppPool                      1.0.0.0    WebAdministration
Cmdlet          Remove-WebAppPool                   1.0.0.0    WebAdministration
Cmdlet          Restart-WebAppPool                  1.0.0.0    WebAdministration
Cmdlet          Start-WebAppPool                    1.0.0.0    WebAdministration
Cmdlet          Stop-WebAppPool                     1.0.0.0    WebAdministration
```

前文创建了一个网站，现在来看看如何创建应用池，并将其分配给该网站。可以使用 New-WebAppPool 命令创建应用池，如代码清单 20-3 所示。

代码清单 20-3 创建应用池

```
[WEBSRV]: PS> New-WebAppPool -Name 'PowerShellForSysAdmins'

Name                     State        Applications
----                     -----        ------------
PowerShellForSysAdmins   Started
```

问题是，不是所有 IIS 任务都有内置的 cmdlet。如果想将应用池分配给某个网站，则需要使用 Set-ItemProperty 命令修改 IIS 驱动器中的网站❶（参见如下代码片段）。为了让此次修改生效，还要停止网站❷，然后重启❸。

```
❶ [WEBSRV]: PS> Set-ItemProperty -Path 'IIS:\Sites\PowerShellForSysAdmins'
  -Name 'ApplicationPool' -Value 'PowerShellForSysAdmins'
❷ [WEBSRV]: PS> Get-Website -Name PowerShellForSysAdmins | Stop-WebSite
❸ [WEBSRV]: PS> Get-Website -Name PowerShellForSysAdmins | Start-WebSite
  [WEBSRV]: PS> Get-Website -Name PowerShellForSysAdmins |
     Select-Object -Property applicationPool

  applicationPool
  ---------------
  PowerShellForSysAdmins
```

可以查看 Get-Website 命令返回的 applicationPool 属性，以确认已经修改了应用池。

20.5 为网站配置 SSL

我们知道可以使用哪些命令来处理 IIS 了，现在回到 PowerLab 模块中，编写一个函数来安装 IIS 证书，并将绑定的端口改为 443。

可以从正规的证书颁发机构获得一个“真实”的证书，也可以使用 New-SelfSignedCertificate 函数自己签发证书。由于只是演示操作过程，因此就自己签发证书来使用吧。

先来拟定函数的结构，指定所需要的全部参数，如代码清单 20-4 所示。

代码清单 20-4 New-IISCertificate 函数基本结构

```
function New-IISCertificate {
    param(
            [Parameter(Mandatory)]
            [string]$WebServerName,

            [Parameter(Mandatory)]
            [string]$PrivateKeyPassword,

            [Parameter()]
            [string]$CertificateSubject = 'PowerShellForSysAdmins',
```

```
        [Parameter()]
        [string]$PublicKeyLocalPath = 'C:\PublicKey.cer',

        [Parameter()]
        [string]$PrivateKeyLocalPath = 'C:\PrivateKey.pfx',

        [Parameter()]
        [string]$CertificateStore = 'Cert:\LocalMachine\My'
    )
    ## 下文实现的代码
}
```

这个函数要做的第一件事是使用 New-SelfSignedCertificate 命令创建一个自签发证书。这个命令会将证书导入本地计算机中的 LocalMachine **证书存储区**，这里存储着计算机的所有证书。调用 New-SelfSignedCertificate 函数时可以传入 Subject 参数，以指定一个字符串来说明证书的用途。证书生成后将立即导入本地计算机中。

代码清单 20-5 使用传入的主题（$CertificateSubject）生成了证书。注意，可以使用$null 变量存储命令的返回结果，防止命令向控制台输出内容。

代码清单 20-5　创建自签名证书

```
$null = New-SelfSignedCertificate -Subject $CertificateSubject
```

创建好证书后需要做两件事：一是获取证书的指纹，二是从证书中导出私钥。证书的**指纹**是独一无二标识证书的字符串，证书的**私钥**用于加密和解密发给服务器的数据（细节较复杂，不再详述）。

指纹本可以从 New-SelfSignedCertificate 命令的输出中获取，可是我们假设使用证书的计算机和创建证书的计算机不是同一台，因为这更符合实际情况。对此，需要先使用 Export-Certificate 命令从自签名证书中导出公钥。

```
$tempLocalCert = Get-ChildItem -Path $CertificateStore |
    Where-Object {$_.Subject -match $CertificateSubject }
$null = $tempLocalCert | Export-Certificate -FilePath $PublicKeyLocalPath
```

上述命令会得到一个.cer 格式的公钥文件。然后，利用一些.NET 编程技巧，临时导入公钥，并获取指纹。

```
$certPrint = New-Object System.Security.Cryptography.X509Certificates.X509Certificate2
$certPrint.Import($PublicKeyLocalPath)
$certThumbprint = $certprint.Thumbprint
```

获取证书的指纹后，接下来要导出私钥，再将其依附到 Web 服务器绑定的 SSL 证书上。导出私钥的命令如下所示。

```
$privKeyPw = ConvertTo-SecureString -String $PrivateKeyPassword -AsPlainText -Force
$null = $tempLocalCert | Export-PfxCertificate -FilePath $PrivateKeyLocalPath -Password $privKeyPw
```

获得私钥后，使用 Import-PfxCertificate 命令将证书导入 Web 服务器的证书存储区中。在此之前要检查是否已经导入证书。正是因为有这一步，我们才要获取证书的指纹。可以使用证书独一无二的指纹确认 Web 服务器中是否已经存在该证书。

为了导入证书，需要使用本章前文用过的几个命令：创建 PowerShell 直连会话、导入 WebAdministration 模块、检查证书是否存在，以及证书不存在时将其导入。最后一步暂时不管，先编写其他几步的代码，如代码清单 20-6 所示。

代码清单 20-6　检查证书是否已经存在

```
$session = New-PSSession -VMName $WebServerName
-Credential (Import-CliXml -Path C:\PowerLab\DomainCredential.xml)

Invoke-Command -Session $session -ScriptBlock {Import-Module -Name
WebAdministration}

if (Invoke-Command -Session $session -ScriptBlock { $using:certThumbprint -in
(Get-ChildItem -Path Cert:\LocalMachine\My).Thumbprint}) {
      Write-Warning -Message 'The Certificate has already been imported.'
} else {
      # 导入证书的代码
}
```

前两行代码应该不陌生了，本章前文用过，不过请注意，需要使用 Invoke-Command 命令远程导入模块。同样，由于 if 语句中的脚本块用到了一个本地变量，因此前面要使用$using:，以便将变量延伸到远程设备中。

else 语句的代码如代码清单 20-7 所示。设置 IIS 证书的过程分为四步：第一步，将私钥复制到 Web 服务器中；第二步，使用 Import-PfxCertificate 命令导入私钥；第三步，绑定 SSL 端口；第四步，设定使用指定的私钥。

代码清单 20-7　为 IIS 服务器绑定 SSL 证书

```
Copy-Item -Path $PrivateKeyLocalPath -Destination 'C:\' -ToSession $session

Invoke-Command -Session $session -ScriptBlock { Import-PfxCertificate
-FilePath $using:PrivateKeyLocalPath -CertStoreLocation
$using:CertificateStore -Password $using:privKeyPw }
```

```
Invoke-Command -Session $session -ScriptBlock { Set-ItemProperty "IIS:\Sites
\PowerShellForSysAdmins" -Name bindings
-Value @{protocol='https';bindingInformation='*:443:*'} }

Invoke-Command -Session $session -ScriptBlock {
    $cert = Get-ChildItem -Path $CertificateStore |
        Where-Object { $_.Subject -eq "CN=$CertificateSubject" }
    $cert | New-Item 'IIS:\SSLBindings\0.0.0.0!443'
}
```

注意，这段代码为网站绑定的端口是 443，而不是 80。SSL 惯常使用 443 端口，这样做是为了遵守惯例，让 Web 浏览器知道我们使用的是加密 Web 流量。

至此，工作结束了！我们成功地在 Web 服务器中安装了一个自签名证书，为网站绑定了 SSL 端口，还指明了要使用指定的 SSL 证书。现在唯一剩下的工作就是清理一直在使用的会话。

```
$session | Remove-PSSession
```

清理会话后在浏览器中打开 https://<webservername>，你会看到一个提示框要求你信任证书。所有浏览器都会这么做，因为我们签发的是自签名证书，而不是公众熟悉的证书颁发机构签发的证书。信任证书之后，你会看到 IIS 的默认 Web 页面。

如果想在一处集中查看全部命令，可以打开本章附带资源中的 PowerLab 模块，找到 `New-IISCertificate` 函数。

20.6　小结

本章又配置了一种服务器，即 Web 服务器。本章介绍了如何从头开始创建 Web 服务器，与创建 SQL 服务器的过程完全一样。还介绍了随 IIS 一起安装的 WebAdministration 模块中的一些命令。我们学习了如何使用内置的命令执行基础的任务，还了解了 IIS 创建的 PowerShell 驱动器。最后详细分析了一个真实的场景，综合运用了前面学习的众多命令和技术。

恭喜你坚持读完了本书！本书介绍了大量基础知识，很高兴你能坚持下来。从本书中学到的技能，以及通过项目开发掌握的经验为你奠定了基础，可以让你使用 PowerShell 去解决其他问题。学完之后，请合上本书，实际动手编写脚本。找一个方向使用 PowerShell 实现自动化。书本概念唯有实践才能真正为你所用。时不我待，行动起来吧！